KONGJIAN WANGGE JIEGOU
GONGCHENG SHIGONG

# 空间网格结构
# 工程施工

戚豹　康文梅　叶军　编著

江苏大学出版社
JIANGSU UNIVERSITY PRESS

镇　江

**图书在版编目(CIP)数据**

空间网格结构工程施工 / 戚豹,康文梅,叶军编著
. — 镇江 : 江苏大学出版社,2021.7
ISBN 978-7-5684-1636-8

Ⅰ. ①空… Ⅱ. ①戚… ②康… ③叶… Ⅲ. ①空间结
构—网格结构—工程施工 Ⅳ. ①TU399

中国版本图书馆 CIP 数据核字(2021)第 141182 号

**空间网格结构工程施工**

编　著/戚　豹　康文梅　叶　军
责任编辑/徐　婷
出版发行/江苏大学出版社
地　　址/江苏省镇江市梦溪园巷 30 号(邮编:212003)
电　　话/0511-84446464(传真)
网　　址/http://press.ujs.edu.cn
排　　版/镇江市江东印刷有限责任公司
印　　刷/南京互腾纸制品有限公司
开　　本/787 mm×1 092 mm　1/16
印　　张/15.75
字　　数/357 千字
版　　次/2021 年 7 月第 1 版
印　　次/2021 年 7 月第 1 次印刷
书　　号/ISBN 978-7-5684-1636-8
定　　价/60.00 元

如有印装质量问题请与本社营销部联系(电话:0511-84440882)

# 前　言

　　本书根据《空间网格结构技术规程》(JGJ 7—2010)、《钢结构设计规范》(GB 50017—2017)、《钢结构工程施工质量验收标准》(GB 50205—2020)、《钢结构工程施工规范》(GB 50755—2012)、《钢结构焊接规范》(GB 50661—2011)等编写而成,主要内容分为空间网格结构预备知识、网架结构工程施工、管桁架结构工程施工三个学习单元。学习单元 1 主要介绍空间网格结构涉及的材料、连接及焊接工艺评定等基础知识,学习单元 2 和学习单元 3 的内容是按照"基本知识与图纸识读→加工与制作→现场拼装与施工安装→工程验收"的工作过程设置的。

　　本书在结合编者空间网格结构工程设计与施工实践的基础上,引入行业新材料、新知识和新技术,以任务驱动教学法的思路进行编写,体现了高职教育以就业为导向、以岗位能力为本位的特点;还利用二维码技术将电子教材、课件、教学微课、现场视频融入教材,构建了立体化的资源体系,增强了学习者的学习兴趣;书中融入了大量空间网格结构工程案例、标准技术文件和图片,便于学习者理解和掌握,并对他们的空间网格结构工程识图、加工和施工安装技能的培养和职业素养的养成有重要作用。

　　本书编写具体分工如下:江苏建筑职业技术学院康文梅编写学习单元 1 和学习单元 2;江苏建筑职业技术学院戚豹编写学习单元 3;安徽中联绿建钢构科技有限公司叶军参与各学习单元资料的整理工作。全书由戚豹、叶军统稿。本书在编写过程中得到了深圳金鑫绿建股份有限公司的大力帮助,在此表示衷心的感谢。

　　由于编著者水平有限,书中难免存在不妥之处,敬请读者批评指正。

# 目　　录

1

# 学习单元1　空间网格结构预备知识

## 【内容提要】

本单元主要讲述钢结构工程施工的基础知识,包括钢结构的材料、钢结构的连接以及钢结构工程结构制图标准。本单元旨在为后续的典型钢结构工程施工提供基本的共性知识;通过阅读钢结构工程设计图和施工详图,完成相关的实训项目,学会从技术文件中提取所需的技术信息,并对技术文件进行初步审查。

## 1.1　钢结构的材料

### 1.1.1　钢结构对所用钢材的要求

通过对建筑材料课程的学习,可以知道钢材的强度指标有屈服强度 $f_y$ 和抗拉强度 $f_u$,塑性指标有伸长率,另外还有冷弯性能、冲击韧性、加工性能等指标。

1. 钢结构对钢材性能的要求

(1)钢材应具有较高的强度,即屈服强度 $f_y$ 和抗拉强度 $f_u$ 都应该比较高。屈服强度高可以减小钢材截面,从而减轻钢材自重、节约钢材、降低工程造价。抗拉强度高可以增加钢结构的安全储备。

微课视频

(2)钢材应具有足够的变形能力,即塑性和韧性性能要好。塑性好,则结构被破坏前变形比较明显,从而减少脆性破坏的危险性,并且塑性变形还能调整局部高峰应力,使之趋于平缓。韧性好表示结构在动荷载作用下破坏时能吸收较多的能量,从而提高结构抵抗动荷载的能力,降低脆性破坏的危险程度。对采用塑性设计的结构和地震区的结构而言,钢材变形能力的大小具有特别重要的意义。

(3)钢材应具有良好的加工性能。即适合冷、热加工,同时具有良好的可焊性;既要易于加工成各种形式的结构,又要不致因加工而对结构的强度、塑性、韧性等造成较大的不利影响。

根据结构的具体工作条件,在必要时钢材还应具有适应低温、抵抗有害介质侵蚀(包括大气锈蚀)以及重复荷载作用等的性能。此外,建筑用的钢材应易生产、价廉物美。

**2. 现行《钢结构设计标准》(GB 50017—2017)规定**

(1) 承重结构所用的钢材应具有屈服强度、抗拉强度、断后伸长率和硫、磷含量的合格保证,对焊接结构尚应具有碳当量的合格保证。焊接承重结构以及重要的非焊接承重结构采用的钢材应具有冷弯试验的合格保证;对直接承受动力荷载或需验算疲劳的构件所用钢材尚应具有冲击韧性的合格保证。

(2) 现行标准推荐的普通碳素结构钢 Q235 和低合金高强度结构钢 Q345、Q390、Q420、Q460 是符合上述要求的常用钢材牌号。

(3) 选用标准未推荐的钢材时,须有可靠依据,以确保钢结构的质量。

### 1.1.2 影响钢材性能的主要因素

钢材的破坏形式分为延性破坏和脆性破坏,其破坏形式主要与钢材的质量、性能、工作环境等有关。延性破坏是指钢材试件或构件破坏前有较大的塑性变形,破坏过程较长。脆性破坏是指钢材试件或构件破坏前塑性变形很小,几乎无任何迹象就突然断裂。相比之下,脆性破坏的危害更严重,应特别注意避免。

影响钢材性能的因素有很多,其中有些因素会促使钢材产生脆性破坏,应格外重视。

**1. 化学成分的影响**

钢结构所用的材料主要有低碳钢及低合金结构钢。影响钢材性能的主要化学成分有以下几种。

1) 碳(C)

碳是决定钢材性能的最重要元素。碳含量越高,则钢材强度越高,但同时钢材的塑性、韧性、冷弯性能、可焊性及抗锈蚀能力会下降。因此,实际工程中不能使用含碳量过高的钢材,以便保持其其他的优良性能。钢结构用钢的碳含量一般不大于0.22%,对于焊接结构,不大于0.2%。因此,建筑钢结构用的钢材基本都是低碳钢。

2) 有益元素

锰(Mn)、硅(Si)是钢材中的有益元素。锰有脱氧作用,是弱脱氧剂;另外,锰还能消除硫对钢的热脆影响,但是锰也会使钢材的可焊性降低。我国低合金钢中锰的含量为1.0%~1.7%。相对于锰,硅有更强的脱氧作用,是强脱氧剂。硅能使钢材的粒度变细,控制适量时可提高钢材强度而不显著影响其塑性、韧性、冷弯性能及可焊性,过量时则会恶化可焊性及抗锈蚀性。硅的含量在碳素镇静钢中为0.12%~0.3%,在低合金钢中为0.2%~0.55%。

钒(V)、铌(Nb)、钛(Ti)都能使钢材晶粒细化。我国的低合金钢都含有这三种元素,作为锰以外的合金元素,它们既可以提高钢材强度,又能保持钢材良好的塑性和韧性。

铝(Al)是强脱氧剂,用铝进行补充脱氧,不仅能进一步减少钢中的有害氧化物,而且能细化晶粒。低合金钢的 C、D、E 级都规定铝含量不低于0.015%,以保证必要的低温韧性。

铬(Cr)和镍(Ni)是提高钢材强度的合金元素,用于 Q390 钢和 Q420 钢。

3）有害元素

硫（S）、氧（O）是钢材中的有害元素，属于杂质。当热加工及焊接使温度达到 800~1000 ℃时，钢材可能出现裂纹，称为热脆。氧的热脆作用比硫剧烈。硫还能降低钢的冲击韧性，同时影响疲劳性能与抗锈蚀性能，因此对硫的含量必须严加控制，一般不得超过 0.045%~0.05%，质量等级为 D、E 级的钢则要求更严，Q345E 的硫含量不应超过 0.25%。近年来发展的抗层间断裂的钢（厚度方向性能的钢板），含硫量要求控制在 0.01% 以下。钢在浇铸过程中，应根据需要进行不同程度的脱氧处理，碳素结构钢的氧含量应不大于 0.008%。

磷（P）、氮（N）既是钢材中的有害元素，也是能利用的合金元素。磷和氮在低温下使钢变脆，这种现象称为冷脆，在高温时磷还能使钢减少塑性，故其含量必须严加控制。然而磷能提高钢的强度和抗锈蚀能力，其含量一般应为 0.035%~0.045%。

2. 成材过程的影响

1）冶炼

钢材的冶炼方法主要有平炉炼钢、氧气顶吹转炉炼钢、碱性侧吹转炉炼钢及电炉炼钢。平炉炼钢及碱性侧吹转炉炼钢目前基本已被淘汰，而电炉冶炼的钢材一般不在建筑结构中使用，因此，在建筑钢结构中，主要使用氧气顶吹转炉生产的钢材。冶炼这一冶金过程形成的钢的化学成分与含量、钢的金相组织结构，不可避免地存在冶金缺陷，从而确定不同的钢种、钢号及其相应的力学性能。

2）浇铸

把熔炼好的钢水浇铸成钢锭或钢坯有两种方法：一是浇入铸模做成钢锭；二是浇入连续浇铸机做成钢坯。前者是传统的方法，所得钢锭需要经过初轧才能成为钢坯；后者浇铸和脱氧同时进行，是近年来迅速发展的新技术。铸锭过程中因脱氧程度不同，最终成为镇静钢、半镇静钢与沸腾钢。镇静钢因浇铸时加入强脱氧剂，如硅，有时还加入铝或钛，保温时间得以加长，氧气杂质少且晶粒较细，偏析等缺陷不严重，所以钢材性能比沸腾钢好，但传统的浇铸方法因存在缩孔从而导致成材率较低。连续浇铸可以生产出没有缩孔的镇静钢，且其化学成分分布比较均匀，只有轻微的偏析现象。采用连续浇铸技术既提高了产品质量，又降低了成本。

钢在冶炼及浇铸过程中会不可避免地产生冶金缺陷。常见的冶金缺陷有偏析、非金属夹杂、气孔及裂纹等。偏析是指金属结晶后化学成分分布不均匀；非金属夹杂是指钢中含有如硫化物等的杂质；气孔是指浇铸时由 FeO 与 C 作用所生成的 CO 气体不能充分逸出而滞留在钢锭内形成的微小空洞。这些缺陷都将影响钢的力学性能。

3）轧制

钢材的轧制既能使金属的晶粒变细，也能使气泡、裂纹等焊合，因而能改善钢材的力学性能。薄板因辊轧次数多，其强度比厚板略高。浇铸时的非金属夹杂物在轧制后能造成钢材的分层，所以分层是钢材（尤其是厚板）的一种缺陷。钢结构设计时应尽量避免拉力垂直于板面的情况，以防止层间撕裂。

4）热处理

一般钢材以热轧状态交货，某些高强度钢材则在轧制后经过热处理才出厂。热处理的目的在于取得高强度的同时能够保持良好的塑性和韧性。国家标准《低合金高强度结构钢》（GB/T 1591—2018）规定："钢材以热轧、控轧、正火、正火轧制或正火加回火、热机械轧制或热机械轧制加回火状态交货。具体交货状态由需方提出并订入合同，否则由供方决定。

把钢材加热至850~900 ℃并保温一段时间，然后在空气中自然冷却，即为正火，正火属于最简单的热处理。如果钢材在终止轧制时温度正好控制在上述温度范围，可得到正火的效果，称为控轧。回火是将钢材重新加热至650 ℃并保温一段时间，然后在空气中自然冷却。淬火加回火也称调质处理，淬火是把钢材加热至900 ℃以上并保温一段时间，然后放入水或油中快速冷却。强度很高的钢材，如Q420中的C、D、E级钢和高强度螺栓的钢材都要经过调质处理。

3. 其他因素的影响

钢材的性能和各种力学指标，除由前面所列各因素决定之外，在钢结构的制造和使用中，还可能受其他因素的影响。

1）钢材硬化

冷加工使钢材产生很大的塑性变形，提高了钢材的屈服点，但降低了钢材的塑性和韧性，这种现象称为冷作硬化（或称应变硬化）。

在高温时，熔化于铁中的少量碳和氮，随着时间的推移逐渐从纯铁中析出，形成自由碳化物和氮化物，对纯铁的塑性变形起遏制作用，从而使钢材的强度提高，但其塑性、韧性下降，这种现象称为时效硬化，俗称老化。

在钢结构中，一般不利用硬化来提高强度，以保证结构具有足够的抗脆性破坏能力。

2）温度影响

钢材性能随温度变化而有所变化，总的趋势：温度升高，钢材强度降低，应变增大；温度降低，钢材强度会略有增加，塑性和韧性却会降低从而变脆。

温度在200 ℃以内，钢材性能没有很大变化；在430~540 ℃之间，强度急剧下降；在600 ℃左右，强度很低不能承担荷载。但在250 ℃左右，钢材的强度反而略有提高，同时塑性和韧性均下降，材料有转脆的倾向，钢材表面氧化膜呈现蓝色，称为蓝脆现象。钢材应避免在蓝脆温度范围进行热加工。当温度在260~320 ℃之间，在应力持续不变的情况下，钢材以很缓慢的速度继续变形，此种现象称为徐变现象。

当温度从常温开始下降，特别是在负温度范围时，钢材强度虽有提高，但其塑性和韧性降低，材料逐渐变脆，这种性质称为低温冷脆。

3）应力集中

在钢结构的构件中，有时存在着孔洞、槽口、凹角、截面突然改变以及钢材内部其他缺陷等。此时，构件中在某些区域产生局部高峰应力，在另外一些区域则出现应力降低，形成应力集中现象。研究表明，在应力高峰区域总是存在着同号的双向或三向应力，使材料处于复杂受力状态，同号的平面或立体应力场有使钢材变脆的趋势。但由于建筑钢材塑性较好，在一定程度上能促使应力进行重新分配，使应力分布严重不均的现象趋于平缓。故受静力荷载作用的构件在常温下工作时，在计算中可不考虑应力集中的影响,但在负温下或动力荷载作用下工作的结构,应力集中的不利影响将十分突出,往往是引起脆性破坏的根源,故在设计中应采取措施避免或减小应力集中,并选用质量优良的钢材。

4)反复荷载作用

钢材在反复荷载作用下,结构的抗力及性能都会发生重要变化,甚至发生疲劳破坏。根据试验,在直接的、连续反复的动力荷载作用下,钢材的强度将降低,即低于一次静力荷载作用下拉伸试验的极限强度 $f_u$,这种现象称为钢材疲劳。疲劳破坏表现为突发的脆性断裂。

5)残余应力的影响

残余应力是钢材在热轧、切割、焊接的加热或冷却过程中产生的,在先冷却的部分形成压应力,而后冷却部分则形成拉应力。残余应力对构件的刚度和稳定性都有影响。

### 1.1.3 结构钢材的种类及牌号

1. 钢材的种类

(1)按用途可将其分为结构钢、工具钢和特殊钢。结构钢又分为建筑用钢和机械用钢。

(2)按冶炼方法可将其分为转炉钢和平炉钢。转炉钢主要采用氧气顶吹转炉炼钢的方法。

(3)按脱氧方法可将其分为沸腾钢(F)、半镇静钢(b)、镇静钢(Z)和特殊镇静钢(TZ),镇静钢和特殊镇静钢的代号可以省去。镇静钢脱氧充分,沸腾钢脱氧较差,半镇静钢介于镇静钢和沸腾钢之间。钢结构一般采用镇静钢。

(4)按化学成分可将其分为碳素钢和合金钢。在建筑工程中采用的是碳素结构钢、低合金高强度结构钢、优质碳素结构钢以及高强钢丝和钢索。

(5)按加工工艺可将其分为热轧型钢及钢板、冷弯成型型钢及压型钢板。

2. 碳素结构钢

按含碳量的大小,碳素结构钢可分为低碳钢、中碳钢和高碳钢。一般而言,含碳量为 0.03%~0.25% 的称为低碳钢;含碳量为 0.26%~0.60% 的称为中碳钢;含碳量为 0.61%~2.00% 的称为高碳钢。含碳量越高,钢材强度越高,建筑结构中主要使用低碳钢。按钢材质量,碳素结构钢可分为 A、B、C、D 四个等级,由 A 到 D 表示质量等级由低到高。不同质量等级的碳素结构钢对冲击韧性(夏比 V 型缺口试验)的要求有所区别。A 级无冲击功的要求;B 级要求提供 20 ℃时冲击功 $A_k \geq 27$ J(纵向);C 级要求提供 0 ℃时冲击功 $A_k \geq 27$ J(纵向);D 级要求提供 -20 ℃时冲击功 $A_k \geq 27$ J(纵向)。按冶炼中的脱氧方法,钢材可分为沸腾钢(F)、半镇静钢(b)、镇静钢(Z)和特殊镇静钢(TZ)四类。碳素结构钢的表示方法如表 1-1 所示。

表 1-1　碳素结构钢的表示方法

| 牌号 | 质量等级 | 脱氧方法 | 说明 |
|---|---|---|---|
| Q195 | — | F、b、Z | 钢材牌号由代表屈服点的字母 Q、屈服点、质量等级和脱氧方法四个部分按顺序组成。例如：<br>Q235—A·F<br>Q235—B·b |
| Q215 | A | F、b、Z | |
| Q215 | B | F、b、Z | |
| Q235 | A | F、b、Z | |
| Q235 | B | F、b、Z | |
| Q235 | C | Z | |
| Q235 | D | TZ | |
| Q255 | A | Z | |
| Q255 | B | Z | |
| Q275 | — | Z | |

3. 低合金结构钢

低合金结构钢是在碳素结构钢中添加一种或几种少量的合金元素（钢内各合金元素的总含量小于 5%），从而提高其强度、耐腐蚀性、耐磨性或低温冲击韧性。低合金结构钢的含碳量一般较低（少于 0.20%），以便于钢材的加工和焊接。低合金结构钢质量等级分为 A、B、C、D、E 五级，由 A 到 E 表示质量等级由低到高。不同质量等级对冲击韧性（夏比 V 型缺口试验）的要求有所区别。A 级无冲击功要求；B 级要求提供 20 ℃时冲击功 $A_k \geq 34$ J（纵向）；C 级要求提供 0 ℃时冲击功 $A_k \geq 34$ J（纵向）；D 级要求提供-20 ℃时冲击功 $A_k \geq 34$ J（纵向）；E 级要求提供-40 ℃时冲击功 $A_k \geq 27$ J（纵向）。不同质量等级对碳、硫、磷、铝的含量要求也有区别。低合金钢的脱氧方法为镇静钢（Z）或特殊镇静钢（TZ）。低合金结构钢的表示方法如表 1-2 所示。

表 1-2　低合金结构钢的表示方法

| 牌号 | 质量等级 | 脱氧方法 | 说明 |
|---|---|---|---|
| Q295 | A | Z | |
| | B | | |
| Q345 | A | Z | |
| | B | | |
| | C | TZ | 　钢材牌号由代表屈服点的字母 Q、屈服点、质量等级和脱氧方法四个部分按顺序组成。例如：|
| | D | | |
| | E | | |
| Q390 | A | Z | Q345B—屈服强度 345 N/mm$^2$，B 级镇静钢；|
| | B | | |
| | C | TZ | Q390D—屈服强度 390 N/mm$^2$，D 级特殊镇静钢；|
| | D | | |
| | E | | Q345C—屈服强度 345 N/mm$^2$，C 级特殊镇静钢；|
| Q420 | A | Z | |
| | B | | Q390A—屈服强度 390 N/mm$^2$，A 级镇静钢。|
| | C | TZ | |
| | D | | |
| | E | | |
| Q460 | C | TZ | |
| | D | | |
| | E | | |

**4. 优质碳素结构钢**

优质碳素结构钢与碳素结构钢的主要区别在于钢中含杂质元素较少,磷、硫等有害元素的含量均不大于 0.035%,其他缺陷的限制也较严格,优质碳素结构钢具有较好的综合性能。按照国家标准《优质碳素结构钢》(GB/T 699—2015)生产的钢材共有两大类:一类为普通含锰量的钢,另一类为较高含锰量的钢。两类的钢号均用两位数字表示,它表示钢中平均含碳量的万分数,前者数字后不加 Mn,后者数字后加 Mn。例如,45 号钢,表示平均含碳量为 0.45%的优质碳素钢;45Mn 号钢,则表示与前者 45 号钢同样含碳量、但锰的含量较高的优质碳素钢。优质碳素结构钢可按不热处理和热处理状态交货,用作压力加工用钢(热压力加工、顶锻及冷拔坯料)和切削加工用钢。由于其价格较高,在钢结构中使用较少,仅用经热处理的优质碳素结构钢作冷拔高强钢丝或制作高强螺栓、自攻螺钉等。

优质碳素结构钢牌号由含碳量、合金元素的种类及其含量三个部分表示。前两位数字表示平均含碳量的万分数,其后的元素符号表示按主次加入的合金元素。合金元素后面如果未附数字,表示这种合金元素平均含量在 1.5% 以下;如果附有数字"2",表示其平均含量为 1.5%~2.5%;牌号最后如果附有"b",表示为半镇静钢,否则为镇静钢。例如,16Mn 表示平均含碳量为 0.16%、平均含 Mn 量低于 1.5% 的镇静钢。

5. 其他建筑用钢

在某些情况下,要采用一些有别于上述牌号的钢材时,其材质应符合国家的相关标准。例如,当焊接承重结构为防止钢材的层状撕裂而采用 Z 向钢时,应符合《厚度方向性能钢板》(GB/T 5313—2010)的规定;当处于外露环境对耐腐蚀有特殊要求或在腐蚀性气态、固态介质作用下的承重结构采用耐候钢时,应满足《焊接结构用耐候钢》(GB/T 4172—2008)的规定;在钢结构中采用铸钢件时,应满足《一般工程用铸造碳钢件》(GB/T 11352—2009)的规定等。

### 1.1.4 结构钢材的选用及质量控制

选择钢材的目的是要做到结构安全可靠,同时用材经济合理。

1. 选择钢材时应考虑的因素

1) 结构或构件的重要性

对重型工业建筑结构、大跨度结构、高层或超高层的民用建筑结构或构筑物等重要结构,应考虑选用质量好的钢材。对一般工业与民用建筑结构,可按其工作性质选用普通质量的钢材。另外,按《建筑结构可靠性设计统一标准》(GB 50068—2018),把建筑物分为一级(重要的)、二级(一般的)和三级(次要的)三个安全等级。安全等级不同,要求的钢材质量也应不同。

2) 荷载性质(静载或动载)

荷载可分为静态荷载和动态荷载两种。直接承受动态荷载的结构和强烈地震区的结构应选用综合性能好的钢材;一般承受静态荷载并且荷载不大的结构则可选用强度较低的钢材。

3) 禁用 Q235F 的情况

下列情况的承重结构和构件不应选用 Q235F。

(1) 焊接结构。

① 直接承受动力荷载或振动荷载且需要验算疲劳的结构。

② 工作温度低于 -20 ℃ 的直接承受动力荷载或振动荷载但可不验算疲劳的结构,以及承受静力荷载的受弯及受拉的重要承重结构。

③ 工作温度等于或低于 -30 ℃ 的所有承重结构。

(2) 非焊接结构。

工作温度等于或低于 -20 ℃ 的直接承受动力荷载且需要验算疲劳的结构。

4) 性能要求

承重结构的钢材应具有屈服强度、抗拉强度、伸长率以及有害元素硫、磷含量的合格保证,对焊接结构尚应具有碳含量的合格保证。

焊接承重结构、重要的非焊接承重结构以及需要弯曲成型的构件等,都要求具有冷弯试验的合格保证。

5）需要疲劳验算的情况

（1）对于需要验算疲劳的焊接结构的钢材,应具有常温冲击韧性的合格保证。当结构工作温度 $-20\ ^{\circ}\mathrm{C}<T\leqslant 0\ ^{\circ}\mathrm{C}$ 时,对 Q235、Q345 钢应具有 $0\ ^{\circ}\mathrm{C}$ 冲击韧性的合格保证;对 Q390、Q420 钢应具有 $-20\ ^{\circ}\mathrm{C}$ 冲击韧性的合格保证。当结构工作温度 $T\leqslant -20\ ^{\circ}\mathrm{C}$ 时,对 Q235、Q345 钢应具有 $-20\ ^{\circ}\mathrm{C}$ 冲击韧性的合格保证;对 Q390、Q420 钢应具有 $-40\ ^{\circ}\mathrm{C}$ 冲击韧性的合格保证。由于钢材在低温时容易冷脆,因此在低温条件下工作的结构,尤其是焊接结构,应选用具有良好抗低温脆断性能的镇静钢。

（2）对于需要验算疲劳的非焊接结构亦应具有常温冲击韧性的合格保证。当结构工作温度 $T\leqslant -20\ ^{\circ}\mathrm{C}$ 时,对 Q235、Q345 钢应具有 $0\ ^{\circ}\mathrm{C}$ 冲击韧性的合格保证;对 Q390、Q420 钢应具有 $-20\ ^{\circ}\mathrm{C}$ 冲击韧性的合格保证。

6）露天环境或腐蚀介质情况

对处于外露环境且对耐腐蚀有特殊要求的或在腐蚀性气态和固态介质作用下的承重结构,宜采用耐候钢。耐候钢是在低碳钢或低合金钢中加入铜、磷、铬、镍、钛等合金元素制成的一种耐大气腐蚀的钢材,在大气作用下,其表面自动生成一种致密的防腐薄膜,起到抗腐蚀作用。其材质要求应符合现行国家标准《焊接结构用耐候钢》（GB/T 4172—2008）的规定。

7）钢材厚度

薄钢材辊轧次数多,轧制的压缩比大,厚度大的钢材压缩比小,所以厚度大的钢材不但强度较小,而且塑性、冲击韧性和焊接性能也较差。因此,厚度大的焊接结构应采用材质较好的钢材。

2．规范推荐钢材

承重结构的钢材宜采用符合质量及性能要求的普通碳素结构钢 Q235 和低合金高强度结构钢 Q345、Q390、Q420。

3．钢材质量控制

1）碳素结构钢

按国家标准《碳素结构钢》（GB/T 700—2006）生产的钢材共有 Q195、Q215、Q235、Q255 和 Q275 五个等级,厚度不大于 16 mm 的板材,塑性、韧性均较好。根据结构对钢材性能的要求,规范将 Q235 牌号的钢材选为承重结构用钢。Q235 钢的化学成分和脱氧方法、拉伸和冲击试验以及冷弯试验结果均应符合表 1-3、表 1-4 和表 1-5 的规定。

表 1-3　Q235 钢的化学成分和脱氧方法（GB/T 700—2006）

| 牌号 | 等级 | 化学成分（质量分数）/% | | | | | 脱氧方法 |
| | | C | Mn | Si | S | P | |
| | | | | | ≤ | | |
| Q235 | A | 0.14~0.22 | 0.30~0.55 | 0.30 | 0.050 | 0.045 | F、b、Z |
| | B | 0.12~0.20 | 0.30~0.70 | | 0.045 | | |
| | C | ≤0.18 | 0.35~0.80 | | 0.040 | 0.040 | Z |
| | D | ≤0.17 | | | 0.035 | 0.035 | TZ |

**表 1-4　Q235 钢的拉伸试验和冲击试验结果要求（GB/T 700—2006）**

| 牌号 | 等级 | 屈服点 $\sigma_i$/(N·mm$^{-2}$) 钢板厚度(直径)/mm | | | | | | 抗拉强度 $\sigma_b$/(N·mm$^{-2}$) | 伸长率 $\delta_i$/% 钢板厚度(直径)/mm | | | | | 冲击试验 温度/℃ | V型冲击功(纵向)/J |
|---|---|---|---|---|---|---|---|---|---|---|---|---|---|---|---|
| | | ≤16 | >16~40 | >40~60 | >60~100 | >100~150 | >150 | | ≤40 | >40~60 | >60~100 | >100~150 | >150~200 | | |
| | | ≥ | | | | | | | ≥ | | | | | | ≥ |
| Q235 | A | 235 | 225 | 215 | 215 | 195 | 185 | 370~500 | 26 | 25 | 24 | 22 | 21 | — | — |
| | B | | | | | | | | | | | | | +20 | 27 |
| | C | | | | | | | | | | | | | 0 | |
| | D | | | | | | | | | | | | | −20 | |

**表 1-5　Q235 钢的冷弯试验结果要求（GB/T 700—2006）**

| 牌号 | 试样方向 | 冷弯试验 $180°B=2a$① 钢材厚度(直径)②/mm | |
|---|---|---|---|
| | | ≤60 | >60~100 |
| | | 弯心直径 $d$ | |
| Q235 | 纵向 | $a$ | $2a$ |
| | 横向 | $1.5a$ | $2.5a$ |

注：① $B$ 为试样宽度，$a$ 为试样厚度（或直径）；

　　② 钢材厚度（直径）大于 100 mm 时，弯曲试验由双方协商确定。

2）低合金高强度结构钢

按国家标准《低合金高强度结构钢》（GB/T 1591—2018）生产的钢材共有 Q355、Q390、Q420、Q460、Q500、Q550、Q620 和 Q690 八个强度等级，板材厚度不大于 16 mm 的相应牌号钢材的屈服点分别为 355 N/mm$^2$、390 N/mm$^2$、420 N/mm$^2$、460 N/mm$^2$、500 N/mm$^2$、550 N/mm$^2$、620 N/mm$^2$ 和 690 N/mm$^2$。Q355、Q390 和 Q420 这三种牌号的钢材均有较高的强度和较好的塑性、韧性、焊接性能，被规范选为承重结构用钢。Q355、Q390 和 Q420 这三种牌号钢材的化学成分和拉伸试验、冲击试验、弯曲试验结果应符合表 1-6、表 1-7、表 1-8 和表 1-9 的规定。

表 1-6　部分低合金钢的化学成分规定（GB/T 1591—2018）

| 牌号 | 质量等级 | 化学成分[①][②]（质量分数）/% | | | | | | | | | | | | | |
| | | C | Si | Mn | P | S | Nb | V | Ti | Cr | Ni | Cu | N | Mo | B | Als |
| | | | | | | | 不大于 | | | | | | | | | 不小于 |
| Q355 | A | ≤0.20 | ≤0.50 | ≤1.70 | 0.035 | 0.035 | 0.07 | 0.15 | 0.20 | 0.30 | 0.50 | 0.30 | 0.012 | 0.10 | — | — |
| | B | | | | 0.035 | 0.035 | | | | | | | | | | |
| | C | | | | 0.030 | 0.030 | | | | | | | | | | |
| | D | ≤0.18 | | | 0.030 | 0.025 | | | | | | | | | | 0.015 |
| | E | | | | 0.025 | 0.020 | | | | | | | | | | |
| Q390 | A | ≤0.20 | ≤0.50 | ≤1.70 | 0.035 | 0.035 | 0.07 | 0.20 | 0.20 | 0.30 | 0.50 | 0.30 | 0.015 | 0.10 | — | — |
| | B | | | | 0.035 | 0.035 | | | | | | | | | | |
| | C | | | | 0.030 | 0.030 | | | | | | | | | | |
| | D | | | | 0.030 | 0.025 | | | | | | | | | | 0.015 |
| | E | | | | 0.025 | 0.020 | | | | | | | | | | |
| Q420 | A | ≤0.20 | ≤0.50 | ≤1.70 | 0.035 | 0.035 | 0.07 | 0.20 | 0.20 | 0.30 | 0.80 | 0.30 | 0.015 | 0.20 | — | — |
| | B | | | | 0.035 | 0.035 | | | | | | | | | | |
| | C | | | | 0.030 | 0.030 | | | | | | | | | | |
| | D | | | | 0.030 | 0.025 | | | | | | | | | | 0.015 |
| | E | | | | 0.025 | 0.020 | | | | | | | | | | |

注：① 型材及棒材 P、S 含量可提高 0.005%，其中 A 级钢上限可为 0.045%；

　　② 当细化晶粒元素组合加入时，20(Nb+V+Ti)≤0.22%，20(Mo+Cr)≤0.30%。

### 表 1-7 部分低合金钢的拉伸性能（GB/T 1591—2018）①②③

| 牌号 | 质量等级 | 拉伸试验 — 下屈服强度 (R_eL)/MPa 以下公称厚度（直径、边长） | | | | | | | | | 拉伸试验 — 抗拉强度 (R_m)/MPa 以下公称厚度（直径、边长） | | | | | | | 拉伸试验 — 断后伸长率 (A)/% 以下公称厚度（直径、边长） | | | | | |
|---|---|---|---|---|---|---|---|---|---|---|---|---|---|---|---|---|---|---|---|---|---|---|---|
| | | ≤16 mm | >16~40 mm | >40~63 mm | >63~80 mm | >80~100 mm | >100~150 mm | >150~200 mm | >200~250 mm | >250~400 mm | ≤40 mm | >40~63 mm | >63~80 mm | >80~100 mm | >100~150 mm | >150~250 mm | >250~400 mm | ≤40 mm | >40~63 mm | >63~100 mm | >100~150 mm | >150~250 mm | >250~400 mm |
| Q355 | A | ≥355 | ≥345 | ≥335 | ≥325 | ≥315 | ≥295 | ≥285 | ≥275 | — | 470~630 | 470~630 | 470~630 | 470~630 | 450~600 | 450~600 | — | ≥20 | ≥19 | ≥19 | ≥18 | ≥17 | — |
| | B | ≥355 | ≥345 | ≥335 | ≥325 | ≥315 | ≥295 | ≥285 | ≥275 | — | 470~630 | 470~630 | 470~630 | 470~630 | 450~600 | 450~600 | — | ≥20 | ≥19 | ≥19 | ≥18 | ≥17 | — |
| | C | ≥355 | ≥345 | ≥335 | ≥325 | ≥315 | ≥295 | ≥285 | ≥275 | — | 470~630 | 470~630 | 470~630 | 470~630 | 450~600 | 450~600 | — | ≥21 | ≥20 | ≥20 | ≥19 | ≥18 | — |
| | D | ≥355 | ≥345 | ≥335 | ≥325 | ≥315 | ≥295 | ≥285 | ≥275 | ≥265 | 470~630 | 470~630 | 470~630 | 470~630 | 450~600 | 450~600 | 450~600 | ≥21 | ≥20 | ≥20 | ≥19 | ≥18 | ≥17 |
| | E | ≥355 | ≥345 | ≥335 | ≥325 | ≥315 | ≥295 | ≥285 | ≥275 | ≥265 | 470~630 | 470~630 | 470~630 | 470~630 | 450~600 | 450~600 | 450~600 | ≥21 | ≥20 | ≥20 | ≥19 | ≥18 | ≥17 |
| Q390 | A | ≥390 | ≥370 | ≥350 | ≥330 | ≥310 | — | — | — | — | 490~650 | 490~650 | 490~650 | 490~650 | 470~620 | — | — | ≥20 | ≥19 | ≥19 | ≥18 | — | — |
| | B | ≥390 | ≥370 | ≥350 | ≥330 | ≥310 | — | — | — | — | 490~650 | 490~650 | 490~650 | 490~650 | 470~620 | — | — | ≥20 | ≥19 | ≥19 | ≥18 | — | — |
| | C | ≥390 | ≥370 | ≥350 | ≥330 | ≥310 | — | — | — | — | 490~650 | 490~650 | 490~650 | 490~650 | 470~620 | — | — | ≥20 | ≥19 | ≥19 | ≥18 | — | — |
| | D | ≥390 | ≥370 | ≥350 | ≥330 | ≥310 | — | — | — | — | 490~650 | 490~650 | 490~650 | 490~650 | 470~620 | — | — | ≥20 | ≥19 | ≥19 | ≥18 | — | — |
| | E | ≥390 | ≥370 | ≥350 | ≥330 | ≥310 | — | — | — | — | 490~650 | 490~650 | 490~650 | 490~650 | 470~620 | — | — | ≥20 | ≥19 | ≥19 | ≥18 | — | — |
| Q420 | A | ≥420 | ≥400 | ≥380 | ≥360 | ≥340 | — | — | — | — | 520~680 | 520~680 | 520~680 | 520~680 | 500~650 | — | — | ≥19 | ≥18 | ≥18 | ≥18 | — | — |
| | B | ≥420 | ≥400 | ≥380 | ≥360 | ≥340 | — | — | — | — | 520~680 | 520~680 | 520~680 | 520~680 | 500~650 | — | — | ≥19 | ≥18 | ≥18 | ≥18 | — | — |
| | C | ≥420 | ≥400 | ≥380 | ≥360 | ≥340 | — | — | — | — | 520~680 | 520~680 | 520~680 | 520~680 | 500~650 | — | — | ≥19 | ≥18 | ≥18 | ≥18 | — | — |
| | D | ≥420 | ≥400 | ≥380 | ≥360 | ≥340 | — | — | — | — | 520~680 | 520~680 | 520~680 | 520~680 | 500~650 | — | — | ≥19 | ≥18 | ≥18 | ≥18 | — | — |
| | E | ≥420 | ≥400 | ≥380 | ≥360 | ≥340 | — | — | — | — | 520~680 | 520~680 | 520~680 | 520~680 | 500~650 | — | — | ≥19 | ≥18 | ≥18 | ≥18 | — | — |

注：① 当屈服不明显时，可测量 $R_{0.2}$ 代替下的屈服强度；
② 宽度不小于 600 mm 的扁平材，拉伸试验取横向试样；宽度小于 600 mm 的扁平材、型材及棒材取纵向试样，断后伸长率最小值之和应提高1%（绝对值）；
③ 厚度>250~400 mm 的数值适用于扁平材。

表 1-8 部分低合金钢夏比(Ｖ型)冲击试验的试验温度和冲击吸收能量

| 牌号 | 质量等级 | 试验温度/℃ | 冲击吸收能量$(KV_2)$[①]/J | | |
|---|---|---|---|---|---|
| | | | 公称厚度(直径、边长) | | |
| | | | 12~150 mm | 150~250 mm | >250~400 mm |
| Q355 | B | 20 | ≥34 | ≥27 | — |
| | C | 0 | | | 27 |
| | D | −20 | | | |
| | E | −40 | | | |
| Q390 | B | 20 | ≥34 | — | — |
| | C | 0 | | | |
| | D | −20 | | | |
| | E | −40 | | | |
| Q420 | B | 20 | ≥34 | — | — |
| | C | 0 | | | |
| | D | −20 | | | |
| | E | −40 | | | |

注:① 冲击试验取纵向试样。

表 1-9 部分低合金钢弯曲试验

| 牌号 | 试样方向 | 180°弯曲试验<br>[$d$=弯心直径,$a$=试样厚度(直径)] | |
|---|---|---|---|
| | | 钢材厚度(直径、边长) | |
| | | ≤16 mm | >16~100 mm |
| Q355<br>Q390<br>Q420 | 宽度不小于 60 mm 的扁平材,拉伸试验取横向试样;宽度小于 600 mm 的扁平材、型材及棒材取纵向试样 | $2a$ | $3a$ |

3)钢材性能的鉴定

反映钢材性能的主要力学指标有屈服强度、抗拉强度、伸长率、冷弯性能及冲击韧性。此外,钢材的工艺性能和化学成分也是反映钢材性能的重要内容。根据《钢结构工程施工质量验收标准》(GB 50205—2020)的规定,需对进入钢结构工程实施现场的主要材料进行进场验收,即检查钢材的质量合格证明文件、中文标识及检验报告,确认钢材的品种、规格、性能是否符合现行国家标准和设计要求。对属于下列情

行业规范

况之一的钢材,应进行抽样复验,其复验结果应符合现行国家产品标准和要求:

(1) 国外进口钢材;

(2) 钢材混批;

(3) 板厚等于或大于 40 mm,且设计有 Z 向性能要求的厚板;

(4) 建筑结构安全等级为一级,大跨度钢结构中主要受力构件所采用的钢材;

(5) 设计有复验要求的钢材;

(6) 对质量有疑义的钢材。

复检时各项试验都应按国家标准《金属材料　室温拉伸试验方法》(GB/T 228—2002)、《金属材料　夏比摆锤冲击试验方法》(GB/T 229—2007)和《金属材料　弯曲试验方法》(GB/T 232—2010)的规定执行。试件的取样按国家标准《钢及钢产品力学性能试验取样位置及试样制备》(GB/T 2975—1998)和《钢的成品化学成分允许偏差》(GB/T 222—2006)的规定执行。做热轧型钢的力学性能试验时,原则上应该从翼缘上切取试样,这是因为翼缘厚度比腹板大,屈服点比腹板低,并且翼缘是受力构件的关键部位,钢板的轧制过程使它的纵向力学性能优于横向,因此采用纵向试样或横向试样,试验结果会有差别。国家标准中要求钢板、钢带的拉伸和弯曲试验取横向试样,而冲击韧性试验则取纵向试样。

钢材质量的抽样检验应由具有相应资质的质检单位进行。

### 1.1.5　钢材的规格及标注方法

常用型钢的标注方法详见《建筑结构制图标准》(GB/T 50105—2010)中的"4　钢结构"部分。

钢结构构件一般宜直接选用型钢,这样可减少制造的工作量,降低造价。型钢尺寸不够合适或构件很大时则用钢板制作,构件间或直接连接或附以连接钢板进行连接。因此,钢结构中的元件是型钢及钢板。型钢有热轧成型和冷轧成型两种,钢板及热轧型钢的截面形式如图 1-1 所示。

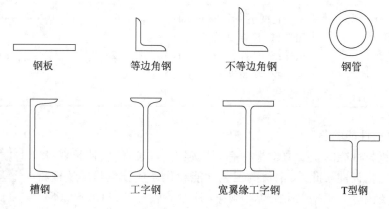

图 1-1　钢板及热轧型钢的截面形式

1. 钢材的规格

钢结构所用的钢材主要为热轧成型的钢板和型钢、冷弯成型的薄壁型钢等。

1) 钢板

钢板主要有厚钢板、薄钢板和扁钢(带钢)。

厚钢板:厚度 4.5~60 mm,宽度 600~3000 mm,长度 4~12 m。

薄钢板:厚度 0.35~4 mm,宽度 500~1500 mm,长度 0.5~4 m。

扁钢:厚度 3~60 mm,宽度 10~200 mm,长度 3~9 m。

厚钢板主要用于焊接梁柱构件的腹板、翼缘及节点板。薄钢板主要用于制造冷弯薄壁型钢。扁钢可作为节点板和连接板等。在图纸中钢板用"厚×宽"表示。

2) 热轧型钢

钢结构常用热轧型钢为角钢、槽钢、圆管、工字钢和宽翼缘工字形截面等。宽翼缘工字形截面可用于轻型钢结构中的受压和压弯构件,其他型钢截面在轻型钢结构中一般用于辅助结构或支撑结构构件。

(1) 角钢。角钢有等边和不等边两种。等边角钢(也叫等肢角钢),以边宽和厚度表示,如∟100×10 表示肢宽 100 mm、厚 10 mm 的等边角钢。不等边角钢(也叫不等肢角钢)则以两边宽度和厚度表示,如∟100×80×8 等。我国目前生产的等边角钢,其肢宽为 20~200 mm,不等边角钢的肢宽为 25 mm×16 mm~200 mm×125 mm。

(2) 槽钢。槽钢有热轧普通槽钢与热轧轻型槽钢。普通槽钢以符号"["后加截面高度(单位为 cm)表示,并以 a、b、c 区分同一截面高度中的不同腹板厚度,如[30a 指槽钢截面高度为 30 cm 且腹板厚度为最薄的一种。轻型槽钢以符号"Q["后加截面高度(单位为 cm)表示,如 Q[25,其中 Q 是汉语拼音"轻"的拼音字首。同样型号的槽钢,由于轻型槽钢腹板薄及翼缘宽而薄,因而截面小但回转半径大,能节约钢材、减少自重。

(3) 工字钢。与槽钢相同,工字钢也分成普通型和轻型两个尺寸系列。与槽钢一样,工字钢外轮廓高度的厘米数即为型号。普通型工字钢当型号较大时腹板厚度分 a、b、c 三种;轻型工字钢由于壁厚较薄,故不再按厚度划分。两种工字钢表示法如 I32c、I32Q 等。

(4) H 型钢。热轧 H 型钢分为三类:宽翼缘 H 型钢(HW)、中翼缘 H 型钢(HM)和窄翼缘 H 型钢(HN)。H 型钢型号的表示方法是先用符号 HW、HM 和 HN 表示 H 型钢的类别,在其后面加"截面高度(毫米)×翼缘宽度(毫米)",如 HW300×300 即表示截面高度为 300 mm、翼缘宽度为 300 mm 的宽翼缘 H 型钢。

H 型钢是一种截面尺度合理,承载效能优良的高效型材,特别是弱轴方向的截面性能明显优于相同重量的工字钢。与焊接 H 型钢相比,热轧 H 型钢的外观、内在质量更好,价格较低,其生产工艺耗能也较少,故当使用性能相同时,宜优先选用热轧 H 型钢。现标准中的 HW 系列适用于柱构件,HM 系列适用于梁、柱构件,HN 系列适用于梁构件,HT 系列薄壁 H 型钢适用于轻型薄壁构件(可代替部分高频焊接薄壁 H 型钢,其翼缘与腹板结合部分性能更好)。

(5) 剖分 T 型钢。剖分 T 型钢也分为三类,即宽翼缘剖分 T 型钢(TW)、中翼缘剖分 T 型钢(TM)和窄翼缘剖分 T 型钢(TN)。剖分 T 型钢是由对应的 H 型钢沿腹板中部对等剖分而成。其表示方法与 H 型钢类同,如 TN225×200 即表示截面高度为

225 mm、翼缘宽度为 200 mm 的窄翼缘剖分 T 型钢。在屋架结构中,若采用由双角钢组合而成的 T 形截面,则存在节点板、填板(连接两角钢的钢板)用钢量大(占总用钢量的 12%～15%),以及节点板和填板之间的缝隙不易涂刷油漆难以彻底防锈的情况,所以在材料供应可能的条件下,综合考虑荷载轻重及经济技术性能的合理性,可选择轧制的 T 型钢。

3)冷弯薄壁型钢

冷弯薄壁型钢的截面尺寸可按合理方案设计,能充分利用钢材的强度,节约钢材。冷弯薄壁型钢是用 2～6 mm 厚的薄钢板经冷弯或模压成型的,其截面各部分厚度相同,转角处均呈圆弧形,冷弯薄壁型钢有各种截面形式,如图 1-2 所示。其特点是壁薄(容易锈蚀)、截面开展、具有较大的惯性矩。由于刚度较大、用料经济,主要用于屋面(墙面)的檩条、支撑以及封闭截面的屋架、天窗架。随着冷轧技术的不断改进,冷弯薄壁型钢也不再是传统意义上的薄壁,目前冷弯型钢所用钢板的厚度有加大范围的趋势,如美国可用到 1 英寸(25.4 mm)厚。

卷边 Z 型钢:Z120×60×20×3(高×宽×肋×厚)。

卷边槽钢:C120×60×20×3(高×宽×肋×厚)。

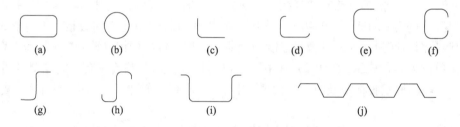

图 1-2　冷弯薄壁型钢截面形式

冷成型方(矩)钢管成型后,因冷加工效应,其截面强度有一定程度的提高(计算时一般不考虑),而延性(伸长率等)有所降低,此种影响在角部圆弧部位更为集中并降低了其焊接性能,设计施工时宜采取相应的焊接措施。

4)压型钢板

压型钢板是以冷轧薄壁钢板(厚度一般为 0.6～1.2 mm)为基板,经镀锌或镀锌后被覆彩色涂层再经冷加工辊压成形的波形板材构件,如图 1-2j 所示。其特点是具有良好的承载力与抗大气腐蚀能力,用作建筑屋面及墙面围护材料,还具有超轻、美观、施工快捷等特点。

压型钢板根据其波形截面可分为高波板(波高大于 75 mm,适用于重型屋面)、中波板(波高 50～75 mm,用于一般屋面)、低波板(波高小于 50 mm,适用于墙面)。当有保温或隔热的需求时,可采用在压型钢板内加设矿棉等轻质保温层的做法形成保温或隔热的屋面或墙面。压型钢板的寿命一般在 15～20 年,而采用无紧固件或咬合接缝构造的压型钢板,其寿命可达 30 年以上。

2.常见型钢的标注方法

常见型钢的标注方法如表 1-10 所示。

表 1-10  常见型钢的标注方法

| 序号 | 名称 | 截面 | 标注 | 序号 | 名称 | 截面 | 标注 |
|---|---|---|---|---|---|---|---|
| 1 | 等边角钢 | ∟ | ∟ $b×t$ | 9 | 钢管 | ○ | DN×× $d×t$ |
| 2 | 不等边角钢 | ∟$B$ | ∟ $B×b×t$ | 10 | 薄壁方钢管 | □ | $B$□ $b×t$ |
| 3 | 工字钢 | I | $\underline{N}$ Q $\underline{N}$ | 11 | 薄壁等肢角钢 | ∟ | $B$∟ $b×t$ |
| 4 | 槽钢 | ⊏ | $\underline{N}$ Q $\underline{N}$ | 12 | 薄壁等肢卷边角钢 | ⌐ $a$ | $B$⌐ $b×a×t$ |
| 5 | 方钢 | ▨ $b$ | □ $b$ | 13 | 薄壁槽钢 | ⊏ $h$ | $B$⊏ $h×b×t$ |
| 6 | 扁钢 | $b$ | — $b×t$ | 14 | 薄壁卷边槽钢 | ⊏ $h$ $a$ | $B$⊏ $h×b×a×t$ |
| 7 | 钢板 | — | $\dfrac{-b×t}{l}$ | 15 | 薄壁卷边 Z 型钢 | $h$ $a$ | $B$ $h×b×a×t$ |
| 8 | 圆钢 | ⬤ | $\phi d$ | 16 | H 型钢 | H | HW×× HM×× HN×× |
| 说明 | ① $b$ 为短肢宽, $B$ 为长肢宽, $t$ 为肢厚;② Q 表示轻型工字钢及槽钢;③ N 表示轻型工字钢槽钢型号;④ $\dfrac{-b×t}{l}$ 表示钢板的 $\dfrac{宽×厚}{板长}$。 | | | 说明 | ① DN×× 表示内径, $d×t$ 表示外径×壁厚;② 薄壁型钢加 B 注字, $t$ 为壁厚;③ HW、HM、HN 分别表示宽翼缘、中翼缘、翼缘 II 型钢。 | | |

## 1.2  钢结构的连接

电子教材

钢结构的基本构件由钢板、型钢等连接而成,再由构件通过一定的连接方式组合成整体结构。钢结构的连接方式通常有焊缝连接、螺栓连接和铆钉连接三种,如图 1-3 所示。连接时一般采用其中一种连接方式,有时也采用螺栓和焊接的混合连接方式,因铆钉连接费工费料,目前已基本被焊接和高强度螺栓连接取代。钢结构的连接方式各有特点,其直接影响到结构的构造、制造工艺和工程造价,连接质量对结构的安全性和使用寿命也至关重要。因此,选择恰当的连接方式,保证连接质量安全在钢结构中占有重要地位。

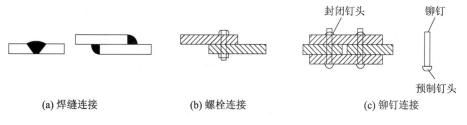

(a) 焊缝连接        (b) 螺栓连接        (c) 铆钉连接

图 1-3  钢结构的连接方式

### 1.2.1 焊缝连接

焊缝连接简称焊接,它是用加热、加压等方法把两个金属元件永久连接起来的一种方法,如电弧焊、电阻焊、气焊等。建筑钢结构常用的焊接方法是电弧焊。

电弧焊是通过电弧产生热量,使焊条和焊件局部熔化,然后经冷却凝结成焊缝,从而使被焊接金属连接成一体的焊接方法。它包括手工电弧焊、自动(半自动)埋弧焊、气体保护焊等。

焊缝连接是现代钢结构最主要的连接方法。

优点:① 不打孔钻眼,不削弱截面,省工经济;② 焊件间可直接焊接,不受形状限制,构造简单,制造省工;③ 连接的密闭性好,刚度大;④ 易于采用自动化作业,提高焊接结构的质量。

缺点:① 位于焊缝热影响区的材质有些变脆;② 在焊件中会产生焊接残余应力和残余变形,其对结构大多不利;③ 焊接结构对裂纹很敏感,一旦局部发生裂纹便有可能迅速扩展到整个截面,尤其在低温下易发生脆断。因此,焊接施工时要采取合理的施工工艺和施工工序,在设计、施工中满足规范要求,注意焊接的使用环境和保证焊缝的质量等级成为钢结构工程中克服和削弱焊接缺点的主要措施。

焊缝的接头形式根据被连接件间的相互位置分为平接接头、搭接接头、T 形接头和角接接头四种,如图 1-4a~d 所示。

焊缝按截面形式划分为对接焊缝和贴角焊缝(也叫角焊缝)两种,如图 1-4e,f 所示。

焊缝的施焊位置按施焊时焊工所持焊条与焊件间的相互位置的不同,分为平焊、立焊、横焊和仰焊四种,如图 1-5 所示。平焊又称俯焊,焊缝质量最易保证。T 形连接的角焊缝可以取船形位置施焊,如图 1-5a 右图所示。立焊、横焊施焊较难,质量和效果均低于平焊;仰焊操作最难,质量不易保证,应尽量避免。

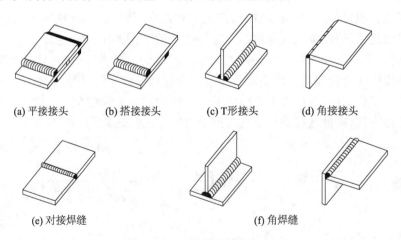

(a) 平接接头　　(b) 搭接接头　　(c) T形接头　　(d) 角接接头

(e) 对接焊缝　　　　　　(f) 角焊缝

图 1-4　焊接接头及焊缝的形式

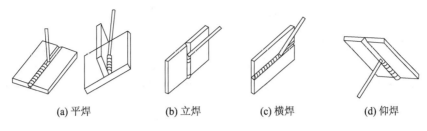

(a) 平焊　　　　(b) 立焊　　　　(c) 横焊　　　　(d) 仰焊

**图 1-5　焊缝的施焊位置**

1. 对接焊缝

对接焊缝(butt weld)是指焊条融熔金属填充在两焊件间隙或坡口内的焊缝,用于对接连接或在两焊件间隙或 T 形连接中。由于用对接焊缝连接的板件需要把焊接部位的边缘加工成各种形式的坡口,因此对接焊缝又称坡口焊缝。

1)对接焊缝形式

对接焊缝按是否焊透分为焊透对接焊缝和未焊透(或叫部分焊透)对接焊缝。当焊缝融熔金属充满焊件间隙或坡口,且在焊接工艺上采用清根措施时,属于焊透对接焊缝。若焊件只要求一部分焊透(另一部分不焊透)时,属于未焊透对接焊缝,如图 1-6 所示。焊透的对接焊缝强度高,受力性能好,故一般采用焊透对接焊缝。计算中对接焊缝均指焊透的,未焊透的对接焊缝只能按角焊缝考虑。

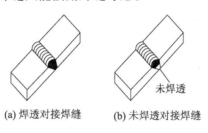

(a) 焊透对接焊缝　　　(b) 未焊透对接焊缝

**图 1-6　对接焊缝分类**

对接焊缝按坡口形式分为 I 形(垂直坡口)、单边 V 形、V 形、单边 U 形(J 形)、U 形、K 形、X 形等,如图 1-7 所示。各种坡口中,沿板件厚度方向通常有高度为 $p$ 的一段不开坡口,称为钝边,焊接从钝边处(根部)开始。其中 $p$ 称为钝边高度,$b$ 称为根部间隙,坡口与钝边延长线夹角称为坡口面角度,两坡口间的夹角称为坡口角度。

2)对接焊缝坡口形式的选用

当采用手工焊时,若焊件厚度很小($t \leqslant 10$ mm),可采用不切坡口的 I 形缝。对于一般厚度($t = 10 \sim 20$ mm)的焊件,可采用有斜坡口的带钝边的单边 V 形缝或 V 形缝,以便斜坡口和焊缝根部共同形成一个焊条能够运转的施焊空间,使焊缝易于焊透。焊件更厚($t > 20$ mm)时,应采用带钝边的 U 形缝或 X 形缝。其中 V 形和 U 形坡口焊缝需在正面焊好后再从背面清根补焊(封底焊缝),对于没有条件清根和补焊者,要事先加垫板,以保证焊透。当焊件可随意翻转施焊时,可用 K 形或 X 形焊缝从两面施焊。用 U 形或 X 形坡口与用 V 形坡口相比可减少焊缝体积。

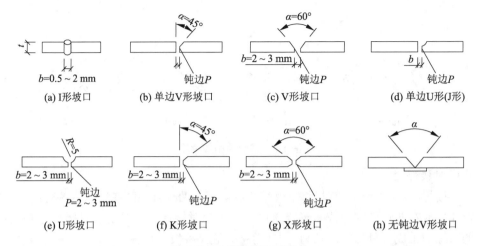

图 1-7 对接焊缝坡口形式

焊缝的坡口形式和尺寸可参见《钢结构焊接规范》(GB 50661—2011)。

3)引弧板的设置

对接焊缝的起弧和落弧点常因不能熔透而出现焊口,易引起应力集中并出现裂纹,对承受动力荷载的结构不利。为了消除焊口的缺陷,《钢结构工程施工质量验收标准》规定,各种接头的对接焊缝均应在焊缝的两端设置引弧板(图 1-8),焊后再用气割切除引弧板,并用砂轮将表面磨平。引弧板材质和坡口形式应与焊件相同,引弧板的焊缝长度为:埋弧焊应大于 50 mm,手工电弧焊及气体保护焊应大于 20 mm。当有特殊情况无法采用引弧板时,应在计算中将每条焊缝的长度减去 $2t$(此处 $t$ 为较薄焊件的厚度)。

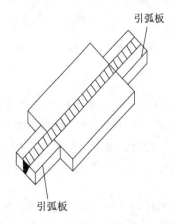

图 1-8 对接焊缝的引弧板

不设引弧板的情况仅限于直接承受静力荷载或间接承受动力荷载结构的焊缝。在直接承受动力荷载的结构中,为提高疲劳强度,应将对接焊缝的表面磨平,打磨方向应与应力方向平行。垂直于受力方向的焊缝不宜采用部分焊透的对接焊缝。

4)不同宽度或厚度的钢板拼接

在对接焊缝的拼接处,当焊件的宽度不同或厚度在一侧相差 4 mm 以上时,应分别在宽度方向或厚度方向将一侧或两侧做成坡度不大于 1∶2.5 的斜角(图 1-9),以使截面平缓过渡,减少应力集中。对直接承受动力荷载且需要进行疲劳计算的结构,斜角坡度不应大于 1:4(见图 1-9 中括号内数字)。

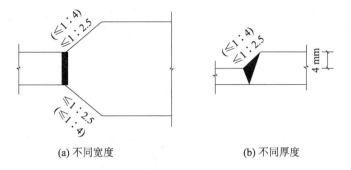

(a) 不同宽度                    (b) 不同厚度

**图 1-9  不同宽度或厚度钢板的拼接**

2. 贴角焊缝的连接构造

1) 贴角焊缝的概念及截面形式

贴角焊缝是指沿两正交或斜交焊件的交线边缘焊接的焊缝。当焊缝的两焊脚边互相垂直时称为直角角焊缝,简称角焊缝,如图 1-10a 所示;当两焊件有一定的倾斜角度时称为斜角角焊缝,如图 1-10b,c 所示。直角角焊缝受力性能较好,应用广泛;斜角角焊缝大多用于钢管结构中,当两焊脚边夹角 $\alpha$ 大于 135°或小于 60°时,除钢管结构外,不宜用作受力焊缝。

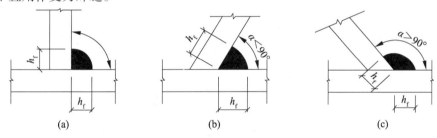

(a)                    (b)                    (c)

**图 1-10  贴角焊缝形式**

角焊缝按其截面形式分为普通型、平坦型和凹面型三种,如图 1-11 和图 1-12 所示。钢结构一般采用普通型截面,其焊脚尺寸相等,节约材料,便于施工,但其力线弯折,应力集中严重,在焊缝根部形成高峰应力,容易开裂。因此,在直接承受动力荷载的连接中,为使传力平缓,可采用两焊脚尺寸比例为 1:1.5 的平坦型(长边顺内力方向)截面形式;若为侧面角焊缝,则宜采用两焊脚尺寸比例为 1:1 的凹面型截面形式。

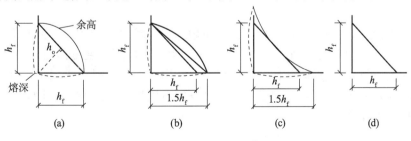

(a)                    (b)                    (c)                    (d)

**图 1-11  直角角焊缝**

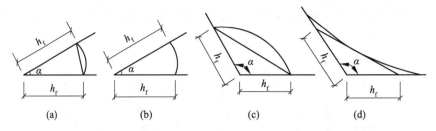

图 1-12　斜角角焊缝

2）角焊缝各部分的名称

角焊缝各部分的名称:焊缝的底部称为焊根;焊缝表面与母材(即焊件)的交界处称为焊趾;角焊缝与焊件的相交线称为焊脚,此相交线的长度称为焊脚尺寸,常用 $h_f$ 表示。对于凸形角焊缝,它是从一个板件的焊趾到焊根(母材与母材的接触点)的距离;对于凹形角焊缝,它是从焊根到垂直于焊缝有效厚度的垂线与板边交点的距离。焊缝有效厚度又称焊喉,它是计算焊缝强度时采用的表示受力范围的焊缝厚度,常用 $h_e$ 表示,在角焊缝中它等于不计余高后焊根至焊缝表面的最短距离。余高是指焊缝在焊趾连接线以外的金属部分的高度,对静力强度有一定的加强作用,对疲劳强度则有一定的降低作用,因此,针对不同受力性质的连接应采取不同截面形式的焊缝。熔深是指在焊缝横截面上母材熔化的深度。角焊缝各部分名称如图 1-13 所示。

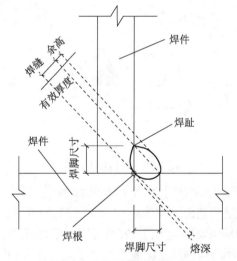

图 1-13　角焊缝各部分的名称

3）角焊缝的分类

角焊缝按其长度方向和外力作用方向的关系可分为侧面角焊缝、正面角焊缝(也叫端焊缝)、斜向角焊缝和围焊缝,如图 1-14 所示。当焊缝长度方向与外力作用方向平行时为侧面角焊缝;当焊缝长度方向与外力作用方向垂直时为正面角焊缝;当焊缝长度方向与外力作用方向斜交时为斜向角焊缝;由侧焊缝、端焊缝和斜焊缝组成的混合焊缝称为围焊缝。

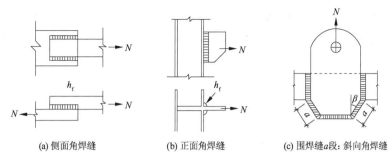

(a) 侧面角焊缝　　　(b) 正面角焊缝　　　(c) 围焊缝a段:斜向角焊缝

图 1-14　角焊缝的分类

4) 角焊缝的构造要求

(1) 最小焊脚尺寸($h_{fmin}$)。角焊缝的焊脚尺寸与焊件的厚度密切相关。当焊件较厚而焊脚过小时,焊缝内部会因冷却过快而产生淬硬组织,容易使焊缝附近的主体金属产生裂纹,因此限制角焊缝的最小焊脚尺寸 $h_{fmin}$。规范规定:角焊缝的焊脚尺寸 $h_f$(mm)不得小于 $1.5\sqrt{t}$,$t$(mm)为较厚焊件的厚度。当采用低氢型碱性焊条施焊时,$t$ 可采用较薄焊件的厚度。但对于埋弧自动焊,最小焊脚尺寸可减少 1 mm;对 T 形连接的单面角焊缝应增加 1 mm。当焊件厚度等于或小于 4 mm 时,最小焊脚尺寸应与焊件厚度相同。

(2) 最大焊脚尺寸($h_{fmax}$)。角焊缝的焊脚尺寸也不能过大,否则易使母材形成"过烧"现象,使构件产生翘曲、变形和较大的焊接应力。规范规定:角焊缝的焊脚尺寸不宜大于较薄焊件厚度的 1.2 倍,但厚度为 $t$ 的板件边缘的角焊缝最大焊脚尺寸应符合:当 $t \leqslant 6$ mm 时,$h_f \leqslant t$;当 $t>6$ mm 时,$h_f \leqslant t-(1\sim2)$ mm。

角焊缝的两焊脚尺寸一般相等。当焊件的厚度相差较大,若采用等焊脚尺寸不能同时满足最小和最大焊脚尺寸时,可采用不等焊脚尺寸。其中,与较薄焊件接触的焊脚边满足最大焊脚尺寸要求,与较厚焊件接触的焊脚边满足最小焊脚尺寸要求。

(3) 最小计算长度 $l_{wmin}$。角焊缝焊脚大而长度过小时,会使焊件局部加热严重,且起落弧的弧坑相距太近,以及焊接时可能产生的缺陷使得焊缝不够牢靠。此外,焊缝集中在一段较短距离内,焊件应力集中也较大,因此需限制焊缝最小计算长度。规范规定:侧面角焊缝或正面角焊缝的计算长度不得小于 $8h_f$ 和 40 mm。

(4) 侧面角焊缝的最大计算长度 $l_{wmax}$。侧面角焊缝沿长度方向受力平均,两端大而中间小,因此规定其最大计算长度,如图 1-15 所示。规范规定:侧面角焊缝的计算长度不宜大于 $60h_f$,当大于上述数值时,其超过部分在计算中不予考虑。若内力沿侧面角焊缝全长分布时,其计算长度不受此限制。

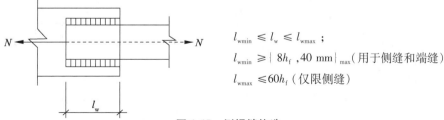

$l_{wmin} \leqslant l_w \leqslant l_{wmax}$；

$l_{wmin} \geqslant \left\{ 8h_f , 40 \text{ mm} \right\}_{max}$(用于侧缝和端缝)

$l_{wmax} \leqslant 60h_f$(仅限侧缝)

图 1-15　侧焊缝构造

（5）断续角焊缝。在次要构件或次要焊缝连接中,可采用断续角焊缝。断续角焊缝焊段的长度 $L$ 不得小于 $10h_f$ 或 50 mm,其净距 $e$ 不应大于 $15t$（对受压构件）或 $30t$（对受拉构件）,$t$ 为较薄焊件的厚度,如图 1-16 所示。

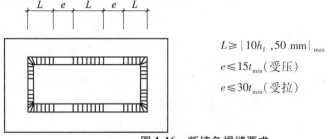

$$L \geqslant \{10h_f, 50 \text{ mm}\}_{max}$$
$$e \leqslant 15t_{min}（受压）$$
$$e \leqslant 30t_{min}（受拉）$$

**图 1-16　断续角焊缝要求**

（6）仅用两侧缝连接。当板件的端部仅有两侧面角焊缝连接时,每条侧面角焊缝的长度 $L$ 不宜小于两侧面角焊缝之间的距离 $D$;同时两侧面角焊缝之间的距离不宜大于 $16t$（当 $t>12$ mm）或 190 mm（当 $t<12$ mm）,$t$ 为较薄焊件的厚度,如图 1-17 所示。

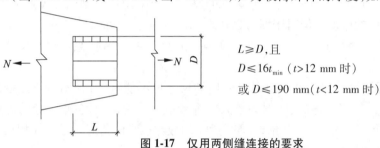

$$L \geqslant D,且$$
$$D \leqslant 16t_{min}（t>12 \text{ mm 时}）$$
$$或 D \leqslant 190 \text{ mm}（t<12 \text{ mm 时}）$$

**图 1-17　仅用两侧缝连接的要求**

（7）搭接长度。在搭接连接中,搭接长度不得小于焊件较小厚度 $t_1$ 的 5 倍,且不得小于 25 mm,如图 1-18 所示。

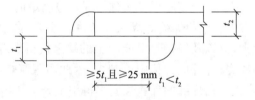

**图 1-18　搭接长度要求**

（8）转角处连续施焊。杆件与节点板的连接焊缝宜采用两面侧焊,也可用三面围焊;对角钢杆件可采用 L 形围焊,所用围焊的转角处必须连续施焊,如图 1-19 所示。

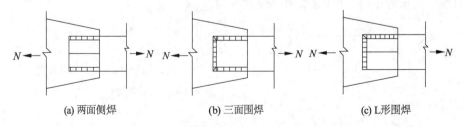

(a) 两面侧焊　　　　(b) 三面围焊　　　　(c) L形围焊

**图 1-19　杆件与节点板的焊缝连接**

当角焊缝的端部在构件转角处做长度为 $2h_f$ 的绕角焊时,转角处必须连续施焊,如图 1-20 所示。

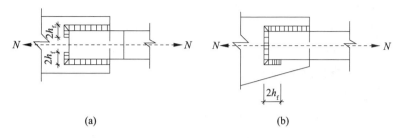

(a)　　　　　　　　　　　　(b)

图 1-20　转角处连续施焊

3. 焊接连接材料

焊接 Q235B、Q345B 钢时可按表 1-11 选用焊条和焊丝。

表 1-11　焊接 Q235B、Q345B 钢时的焊条、焊丝选用

| 钢号 | 焊接方法 | 焊条、焊丝型号 |
|---|---|---|
| Q235B | 手工焊 | E43×× 型焊条 |
|  | 自动或半自动焊 | H08A 焊丝 |
| Q345B | 手工焊 | E50×× 型焊条 |
|  | 自动或半自动焊 | H08MA 焊丝 |

1)碳钢焊条

碳钢焊条型号如 E4315,其中“E”表示焊条;前两位数字表示熔敷金属抗拉强度的最小值,单位为 1/10 MPa;第三位数字表示焊条的焊接位置,“0”及“1”表示焊条适用于全位置焊接(平、立、仰、横),“2”表示焊条适用于平焊及平角焊,“4”适用于向下立焊;第三位和第四位数字组合时表示焊接电流种类及药皮类型。举例如下:

(1)E4303、E5003 型焊条。这两类焊条为钛钙型。药皮中含 30% 以上的氧化钛和 20% 以下的钙或镁的碳酸盐矿,熔渣流动性良好,脱渣容易,电弧稳定,熔深适中,飞溅少,焊波整齐。这类焊条适用于全位置焊接,焊接电流为交流或直流正、反接,主要用于焊接较重要的碳钢结构。

(2)E4315、E5015 型焊条。这两类焊条为低氢钠型。药皮的主要组成成分是碳酸盐矿和萤石。其碱度较高,熔渣流动性好,焊接工艺性能一般,焊波较粗,角焊缝略凸,熔深适中,脱渣性较好,焊接时要求焊条干燥,并采用短弧焊。这类焊条可全位置焊接,焊接电源为直流反接,其熔敷金属具有良好的抗裂性和力学性能,主要用于焊接重要的低碳钢结构及与焊条强度相当的低合金钢结构,也可用于焊接高硫钢和涂漆钢。

(3)E4316、E5016 型焊条。这两类焊条为低氢钾型。药皮在 E4315 和 E5015 型的基础上添加了稳弧剂,如铝镁合金或钾水玻璃等,其电弧稳定,工艺性能好,焊接位置与 E4315 和 E5015 型焊条相似,焊接电源为交流或直流反接。这类焊条的熔敷金

属具有良好的抗裂性和力学性能,主要用于焊接重要的低碳钢结构,也可焊接与焊条强度相当的低合金钢结构。

2)低合金钢焊条

低合金钢焊条型号如 E5018-A1。低合金钢型号的编制方法与碳钢焊条基本相同,但后缀字母为熔敷金属的化学成分分类代号,并以短线"-"与前面数字分开。如果还具有附加化学成分,则附加化学成分直接用元素符号表示,并用短线"-"与前面的后缀字母分开,举例如下:

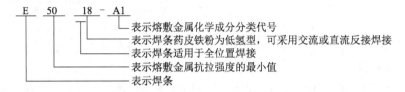

3)不锈钢焊条

不锈钢焊条型号如 E308-15,其中,字母"E"表示焊条,"E"后面的数字表示熔敷金属化学成分分类代号,如有特殊要求的化学成分,则该化学成分用元素符号表示放在数字的后面,短线"-"后面的两位数字表示焊条药皮类型、焊接位置及焊接电流种类,见表 1-12。

表 1-12　不锈钢焊条的分类

| 焊条类型 | 焊接电流 | 焊接位置 |
| --- | --- | --- |
| E×××(×)-17 | 直流反接 | 全位置 |
| E×××(×)-26 | | 平焊、横焊 |
| E×××(×)-16 | 交流或直流反接 | 全位置 |
| E×××(×)-15 | | 平焊、横焊 |
| E×××(×)-25 | | |

举例如下:

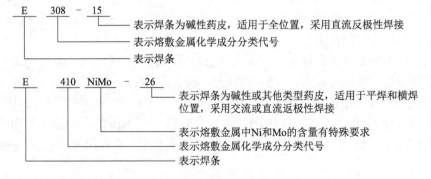

型号为 E308 的焊条,其代号"308"与美国、日本等工业发达国家的不锈钢材的牌号相同。世界上大多数工业国家都是将不锈钢焊条型号与不锈钢材代号取为一致,这样有利于焊条的选择和使用,也便于进行国际交往。

在 GB 983—1985 标准中,与 E308 型号相对应的原先的型号为 E0-19-10,其中"0"表示熔敷金属的含碳量不大于 1‰;"19"表示熔敷金属中 Cr 含量的百分数;"10"为 Ni 含量的百分数。新旧型号的对应关系如表 1-13 所示。

表 1-13　不锈钢新旧型号的对应关系

| GB/T 983—2012 | GB 983—1985 | GB/T 983—2012 | GB 983—1985 |
|---|---|---|---|
| E308 | E0-19-10 | E316L | E00-18-12MO$_2$ |
| E308L | E00-19-10 | E317 | E0-19-13MO$_3$ |
| E308MO | E0-19-10MO$_2$ | E317M0Cu | E0-19-13MO$_2$Cu$_2$ |
| E308MOL | E00-19-10MO$_2$ | E317M0CuL | E00-19-13MO$_2$Cu$_2$ |
| E309 | E1-23-13 | E318 | E0-18-12MO$_2$Nb |
| E309L | E00-23-13 | E347 | E0-19-10Nb |
| E309MO | E1-23-13MO$_2$ | E410 | E1-13 |
| E316 | E0-18-12MO$_2$ | E410NiMO | E0-13-5MO |

注:表中数字均为正值。

对强度等级高的钢材与强度等级低的钢材的焊接,应选取低强度等级钢材相对应的焊条,如 Q345B 与 Q235B 钢材的焊接,应采用 E43×× 型焊条。焊条型号、自动焊或半自动焊的焊丝均应与主体金属强度相适应。拼接焊缝一般为二级焊缝,剖口全熔透焊缝一般为一级焊缝,其余角焊一般均为三级焊缝。Q235B 钢焊条应满足《非合金钢及细晶粒钢焊条》(GB/T 5117—2012)中有关规定,焊丝焊剂应满足《埋弧焊用碳钢焊丝和焊剂》(GB/T 5293—1999)的要求;Q345B 钢焊条应满足《热强钢焊条》(GB/T 5118—2012)的规定,焊丝焊剂应满足《埋弧焊用低合金钢焊丝和焊剂》(GB/T 12470—2003)的要求。

4)埋弧焊用焊丝

埋弧焊用焊丝的作用相当于手工电弧焊焊条的钢芯。焊丝牌号的表示方法与钢号的表示方法类似,只是在牌号前面加上"H"。结构钢用焊丝的牌号如 H08、H08A、H10Mn2 等,H 后面的头两个数字表示焊丝平均含碳量的万分之几。焊丝中如果有合金元素,则将它们用元素符号依次写在碳含量的后面。当元素的含量在 1% 左右时,只写元素名称,不注含量;若元素含量达到或超过 2% 时,则依次将含量的百分数写在该元素的后面。若牌号最后带有"A"字,表示为 S、P 含量较少的优质焊丝。

5)埋弧焊用焊剂

焊剂的作用相当于手工焊焊条的药皮。国产焊剂主要依据化学成分分类,其编号方法是在牌号前面加"HJ"(焊剂),如 HJ431。牌号后面的第一位数字表示氧化锰的平均含量,如"4"表示含 MnO>30%;第二位数字表示二氧化硅、氟化钙的平均含量,如"3"表示高硅低氟型(SiO$_2$>30%,CaF$_2$<10%);末位数字表示同类焊剂的不同序号。

使用不同牌号的焊丝与焊剂搭配施焊,可以得到具有不同机械性能的焊缝金属。国家标准《埋弧焊用非合金钢及细晶粒钢实心焊丝、药芯焊丝和焊丝—焊剂组合分类要求》(GB/T 5293—2018)中规定焊剂型号的表示方法如下:例如,型号为 HJ401-H08A 的焊剂,它表示埋弧焊用焊剂采用 H08A 焊丝,按本标准所规定的焊接工艺参数焊接试板,当其试样状态为焊态时,焊缝金属的抗拉强度为 412 ~ 550 MPa,屈服强度不小于 330 MPa,伸长率不小于 22%,在 0 ℃ 时冲击值不小于 34.3 J/cm²。因此,焊剂的型号既告诉了我们应配用哪种焊丝,又向我们提供了焊缝金属的机械性能指标。

选用电焊条时考虑的因素较多,其最基本的要求是能够形成机械性能与基体金属一致的焊缝;其次,在化学成分方面,如基体金属有一定合金成分的钢种,那么焊条也应符合或接近该钢种的要求;另外,还应根据焊接位置及板厚确定药皮类型。埋弧焊用焊丝及焊剂的选用同样应当考虑上述问题。

4. 焊接连接施工图

1)焊接连接施工图的表示方法

(1)焊缝符号的组成。根据《焊缝符号表示法》(GB/T 324—2008)的标准,焊缝符号主要由指引线和表示焊缝截面形状的基本符号组成,必要时还可以加上辅助符号、补充符号和焊缝尺寸符号。

① 指引线。由一条带箭头的引出线(简称箭头线)和两条基准线(一条为细实线,另一条为细虚线)两部分组成,如图 1-21 所示。

② 基本符号。表示焊缝横截面形状的符号。

③ 辅助符号。表示焊缝表面形状特征的符号。

④ 补充符号。为了补充说明焊缝的某些特征而采用的符号。

⑤ 焊缝尺寸符号。表示焊缝基本尺寸而规定使用的一些符号。在实际施工图中常标注为具体的焊缝尺寸数据。

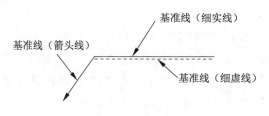

图 1-21　指引线

钢结构中常用的焊缝基本符号、辅助符号和补充符号等如表 1-14 所示。

表 1-14　焊缝符号

| | 名称 | 示意图 | 符号 | 示例 |
|---|---|---|---|---|
| 基本符号 | I 形 | | $\parallel$ | |
| | V 形 | | $\vee$ | |
| | 单边 V 形 | | | |
| | 带钝边 V 形 | | $\curlyvee$ | |
| | 带钝边单边 V 形 | | | |
| | K 形 | | | |
| | 角焊缝 | | | |
| | 塞焊缝 | | | |
| 辅助符号 | 平面符号 | | — | |
| | 凹面符号 | | $\smile$ | |

| 名称 | | 示意图 | 符号 | 示例 |
|---|---|---|---|---|
| 补充符号 | 三面围焊符号 | | | |
| | 周围焊缝符号 | | ○ | |
| | 工地现场焊符号 | | ▲ | 或 |
| | 焊缝底部有垫板的符号 | | □ | |
| | 尾部符号 | | ＜ | |
| 栅线符号 | 正面焊缝 | | | |
| | 背面焊缝 | | | |
| | 安装焊缝 | | | |

钢结构中常用的焊缝尺寸符号如表1-15所示。

表1-15  焊缝尺寸符号

| 符号 | 名称 | 示意图 | 符号 | 名称 | 示意图 |
|---|---|---|---|---|---|
| $\delta$ | 工作厚度 | | $e$ | 焊缝间距 | |
| $\alpha$ | 坡口角度 | | $K$ | 焊脚尺寸 | |
| $b$ | 根部间隙 | | $d$ | 熔核直径 | |
| $P$ | 钝边 | | $S$ | 焊缝有效厚度 | |
| $c$ | 焊缝宽度 | | $N$ | 相同焊缝数量符号 | $N=3$ |
| $R$ | 根部半径 | | $H$ | 坡口深度 | |
| $l$ | 焊缝长度 | | $h$ | 余度 | |
| $n$ | 焊缝段数 | $n=2$ | $\beta$ | 坡口面角度 | |

（2）焊缝标注方法。一般应按《焊缝符号表示法》(GB/T 324—2008)、《技术制图焊缝符号的尺寸、比例及简化表示法》(GB/T 12212—2012)和《建筑结构制图标准》(GB/T 50105—2010)的规定,将焊缝的形式、尺寸和辅助要求用焊缝符号在钢结构施工图中标注。标注的顺序和要求如下:

① 用指引线引出标注位置。箭头线相对焊缝的位置一般无特殊要求,接头焊缝可在箭头侧或非箭头侧(图 1-22),但是在标注单边 V 形、单边 Y 形和 J 形焊缝时,箭头线应指向带有坡口的一侧(图 1-23)。基准线的虚线可以画在实线的下侧或上侧。基准线一般不应与图纸的底边平行,特殊情况下也可与底边相垂直。

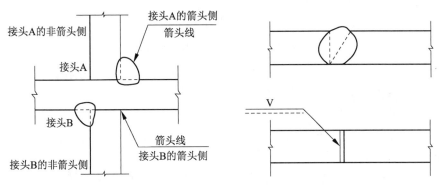

图 1-22　焊缝可在箭头侧和非箭头侧　　　图 1-23　箭头线指向单边坡口一侧

② 用基本符号表示焊缝截面形式。符号线条宜粗于指引线。基本符号相对基准线的位置有如下规定:

a. 对于单面焊缝(图 1-24a),如果焊缝在接头的箭头侧,则将基本符号标在基准线的实线侧(图 1-24b);如果焊缝在接头的非箭头侧,则将基本符号标在基准线的虚线侧(图 1-24c)。

b. 标注对称焊缝及双焊缝时(图 1-24d),可不加虚线(图 1-24e)。不论基本符号位于何处,其朝向不能发生变化(图 1-25)。

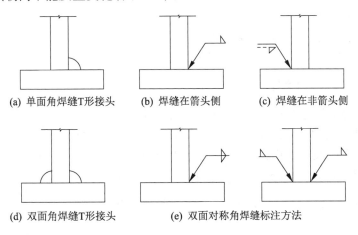

(a) 单面角焊缝T形接头　　　(b) 焊缝在箭头侧　　　(c) 焊缝在非箭头侧

(d) 双面角焊缝T形接头　　　(e) 双面对称角焊缝标注方法

图 1-24　基本符号相对基准线的位置

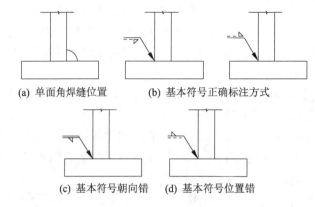

(a) 单面角焊缝位置　　　　(b) 基本符号正确标注方式

(c) 基本符号朝向错　　　　(d) 基本符号位置错

**图 1-25　基本符号位置与朝向**

③ 标注焊缝尺寸符号及数据。焊缝尺寸符号及数据的标注原则如下：

a. 焊缝横截面上的尺寸标在基本符号的左侧；

b. 焊缝长度方向尺寸标在基本符号的右侧；

c. 坡口角度、坡口面角度、根部间隙等尺寸标在基本符号的上侧或下侧；

d. 相同焊缝数量符号标在尾部；

e. 当尺寸较多不易分辨时，可在尺寸数据前标注相应的尺寸符号。

当箭头线方向变化时，上述原则不变，如图 1-26 所示。

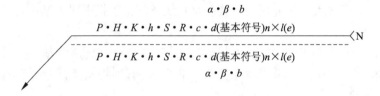

**图 1-26　焊缝尺寸标注原则**

④ 辅助符号的标注。若需标注辅助符号，应将其与基本符号标注在一起。

⑤ 补充符号的标注。

a. 三面围焊符号"⌐"标在焊脚尺寸左侧；

b. 周围焊缝符号"○"绘在指引线转折处；

c. 现场焊缝符号"▶"或"⌐"绘在指引线的转折处。

⑥ 相同焊缝符号的标注。在同一图形上，当焊缝形式、断面尺寸和辅助要求均相同时，可只选择其中一处标注焊缝的符号和尺寸，并加注"相同焊缝符号"。相同焊缝符号为 3/4 圆弧时，绘在引出线的转折处，如图 1-27a 所示。需要时可在符号尾部用大写拉丁字母 A、B、C 等标注相同焊缝的分类编号，如图 1-27b 所示。

(a)　　　　　　　　　　　(b)

**图 1-27　相同焊缝的表示方法**

（3）特别需要说明的问题：

① 角焊缝符号箭头所指处仅表示两焊件间的关系，其背面是指此两焊件的箭头背面，不代表第三焊件。三个或三个以上的焊件相互焊接的焊缝，不得作为双面焊缝的标注，其焊缝符号和尺寸应分别标注，如图 1-28 所示。

② 我国角焊缝尺寸规定用焊脚尺寸 $h_f$ 表示，而不是用有效厚度 $h_e$ 表示。

③ 确定焊缝位置的尺寸不在焊缝符号中给出，而是将其标注在图样上。

④ 在基本符号的右侧无任何标注且又无其他说明时，意味着焊缝在焊件的整个长度上是连续的。

⑤ 在基本符号的左侧无任何标注且又无其他说明时，表示对接焊缝无钝边或要完全焊透。

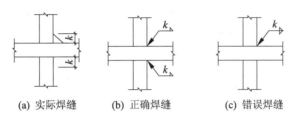

(a) 实际焊缝　　　(b) 正确焊缝　　　(c) 错误焊缝

**图 1-28　三个以上焊件的焊缝标注方法**

2）焊接连接施工图识读

焊接连接是钢结构的重要内容，其直接影响到结构、构件和节点的制作、安装的准确性，是结构构件的质量和安全的必要保证。正确、到位识读钢结构施工图中焊接连接的内容，是保证照图施工的前提。因此，掌握焊接连接施工图的识读是建筑工程专业技术人员必备的专业技能。

（1）识读顺序及内容。

① 从钢结构设计总说明和相关图纸说明中识读焊接连接的方法、焊接的材料及焊缝质量等级等要求；识读构件制作时板件拼接焊缝设置的位置、焊接及加工工艺等基本要求。

② 从构件拼装和节点详图等图样中识读拼装节点处的构件编号、板件编号及相互定位关系、焊缝定位尺寸、焊缝走向、焊缝施焊时间（制作焊缝还是现场施焊）等信息。

③ 从结构构件和节点详图等图样中识读焊接接头部位的工件编号、相互位置、焊缝定位尺寸、焊缝走向等信息。

④ 从每一个焊缝符号中识读焊接处焊缝所在位置、焊缝的截面形式、焊缝尺寸、表面形状、焊缝走向（侧缝、端缝、三面围焊、周边焊等）、施焊时间（制作焊缝还是现场安装焊缝）等具体信息，并在头脑中形成立体图像，用以施工。

（2）识图要点。

① 牢固掌握必备的基础知识，如投影原理、建筑结构施工图制图标准、焊接连接知识、焊缝符号含义及标注方法等。

② 读图时应从粗到细、从大到小看；相关图样要相互联系、相互比照看，除了读出

图样中焊接连接的信息外,还要检查有无漏标、错标之处,有无矛盾之处,有无设计不合理、施工不方便之处等。这是一个渐进的过程,需要反复学习。

③ 读图过程中,对于重要信息和发现的问题要随时记下来,一是为了加强记忆或在忘记时备查,二是在技术交底时能得到答复或在今后得到解决。

④ 结合实际工程反复看图。识图能力是在反复实践中培养和提高的,根据实践、认识、再实践、再认识的规律联系实际反复看图,就能较快地掌握识图知识,把握图纸内容。

总之,能做到按图施工无差错,及时发现图纸中的问题才算是真正地把图纸看懂了。

(3) 识图练习。

【例 1-1】 图 1-29 中标有 1、2、3、4 点位和四个焊缝符号,试分别识读每一个焊缝符号表示的焊缝所在位置、焊缝截面形式和尺寸。

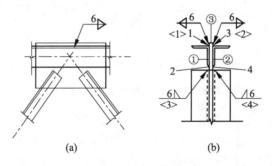

(a)　　　　　　　　　(b)

图 1-29　例 1-1 图

【答】 此图表示的是①号杆件和③号板件、②号杆件和③号板件的焊接连接焊缝,"△"表示焊缝截面形式均为普通型的角焊缝"△","6"表示焊脚尺寸 $h_f = 6 \text{ mm}$。

根据箭头线的箭头指向和焊缝基本符号与基准线的关系,读出:

焊缝符号<1>表示焊缝位置在 1、2 点;

焊缝符号<2>表示焊缝位置在 1、2、3、4 点;

焊缝符号<3>表示焊缝位置在 2 点;

焊缝符号<4>表示焊缝位置在 3 点。

【分析】 符号<1>表示①号和③号工件的焊接连接,箭头侧为 1 点,非箭头侧在 2 点;基准线上下均标有基本符号"△",表示双面对称角焊缝,所以焊缝在 1、2 点;

符号<2>表示②号和③号工件的焊接连接,箭头侧为 3 点,非箭头侧在 4 点,"△"表示 3、4 点为对称角焊缝,指引线转折处 3/4 圆表示 1、2 点焊缝同 3、4 点;

符号<3>基本符号在基准线实线侧,表示焊缝在箭头侧,即 2 点位置;

符号<4>基本符号在基准线虚线侧,表示焊缝在非箭头侧,即 4 点背面,也就是 3 点位置。

【例 1-2】 图 1-30 所示为一"工"字型钢组合梁拼装节点处的剖面图。钢梁由④号翼板和⑤号腹板焊接而成,再与㊹号端板焊接,用⑱号板加劲肋。试读出该图中各板件间的连接焊缝内容。

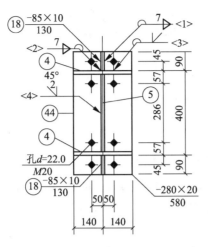

图 1-30　例 1-2 图

【答】　<1>号焊缝符号中"↗"表示⑱号板与㊹号板相交处为双面对称角焊缝，焊脚尺寸为 $h_f = 7$ mm，从图中可以看出焊缝为竖向焊缝。

<2>号焊缝符号表示⑱号板与④号板相交处的两条焊缝为水平焊缝，其他同<1>。

<3>号焊缝符号表示④号板与㊹号板用对接焊缝，"V"表示单边 V 形焊缝，"2"表示根部间隙 $b = 2$ mm，"45°"表示坡口面角度 $\beta = 45°$。

<4>号焊缝符号表示⑤号板与㊹号板间用对接焊缝，其他同<3>。

图中所有"⌐"表示下部未标注的对应位置的焊缝与其相同。所有焊缝长度同板件相交线的长度。

【例 1-3】　图 1-31 所示为一柱脚处的剖面图。①②号为柱翼板，③号为柱腹板，㊽号为柱脚底板，㊾号为加劲肋板，㊿号为柱脚螺栓垫板。试读出该图中所有焊缝连接的内容。

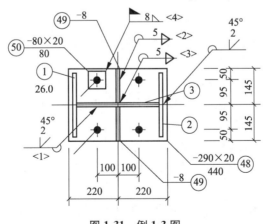

图 1-31　例 1-3 图

【答】　<1>号焊接符号表示①②号板与㊽号板、③号板和㊽号板间采用对接焊缝，做法同例 1-2。

<2>号焊缝符号表示㊾号板与㊽号板相交处的竖向对称角焊缝，焊脚尺寸 5 mm。

<3>号焊缝为⑭号板与③号板相交处的竖向对称角焊缝,焊脚尺寸为 5 mm。

<2><3>号符号中的"╭"表示其对称位置的焊缝与此处相同。

<4>号焊缝表示㊿号垫板与㊽号柱脚底板间的焊缝连接。"◿"表示在箭头侧做单面角焊缝,"8"表示 $h_\mathrm{f} = 8$ mm。"╭"表示周围围焊,在安装现场施工。

所有焊缝的具体位置见图样中的定位尺寸,焊缝长度未标注时均同焊件间相交线的长度。

 焊缝连接识图练习仅举了几个小例子,意在说明识读图样的顺序和内容、注意事项,要想充分掌握钢结构识图知识,提高识图能力,还需要充分练习,不断在读图过程中学习、领会和掌握,从而具备应有的识图能力。

**5. 焊缝连接的应用分析**

焊缝连接作为现代钢结构最主要的连接方式,既有许多优点,也有几大缺点,主要表现为:位于焊缝热影响区的材质有些变脆;焊接残余应力和残余变形大多对结构不利;焊接结构对裂缝敏感,尤其是在低温下焊缝处易发生脆断。因此,钢结构焊缝连接在设计计算、构造要求、施工环节中都要采取针对措施。

1)焊缝金属应与主体金属相适应

当将不同强度的钢材连接时,可采用与低强度钢材相适应的焊接材料。

手工电弧焊焊条要求:Q235 钢焊件用 E43 系列型焊条,Q345 钢焊件用 E50 系列型焊条,Q390 和 Q420 钢焊件用 E55 系列型焊条。

自动或半自动埋弧焊采用的焊丝和焊剂要求:一般情况下,Q235 钢采用 H08(焊08)或 H08A(焊 08 高)焊丝,Q345 钢采用 H08A、H08MnA(焊 08 锰高)和 H10Mn2(焊10 锰 2)焊丝;Q390 钢采用 H08MnA、H10Mn2 和 H08MnMOA 焊丝。对不开坡口、中厚板开坡口的对接焊缝,一般用 HJ430、HJ431 等焊剂;厚板深坡口时多用 HJ350 焊剂。

2)焊缝质量等级选用原则

焊缝应根据结构的重要性、荷载特性、焊缝形式、工作环境以及应力状态等情况,按下述原则分别选用不同的质量等级。

(1)在需要进行疲劳计算的构件中,凡对接焊缝均应焊透,其质量等级如下:

① 作用力垂直于焊缝长度方向的横向对接焊缝或 T 形对接与角接组合的焊缝,受拉时应为一级,受压时应为二级。

② 作用力平行于焊缝长度方向的纵向对接焊缝应为二级。

(2)在不需要计算疲劳的构件中,凡要求与母材等强的对接焊缝应予焊透,其质量等级当受拉时应不低于二级,受压时宜为二级。

(3)重级工作制和起重重量 $Q \geqslant 50$ t 的中级工作制吊车梁的腹板与上翼缘之间以及吊车桁架上弦杆与节点板之间的 T 形接头焊缝均要求焊透,焊缝形式一般为对接与角接的组合焊缝(图 1-32a),其质量等级不应低于二级。

(4)不要求焊透的 T 形接头采用的角焊缝或部分焊透的对接与角接组合焊缝(图 1-32b,c),以及搭接连接采用的角焊缝,其质量等级如下:

① 对直接承受动力荷载且需要验算疲劳的结构和吊车起重重量等于或大于 50 t 的中级工作制吊车梁,焊缝的外观质量标准应符合二级。

② 对其他结构,焊缝的外观质量标准可为三级。

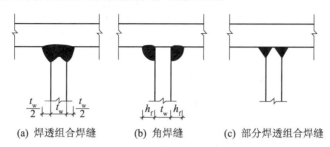

(a) 焊透组合焊缝　　　(b) 角焊缝　　　(c) 部分焊透组合焊缝

**图 1-32　T 形接头焊缝要求**

3) 焊缝缺陷和焊缝质量检验

焊缝的缺陷是指在焊接过程中,产生于焊缝金属或附近热影响区钢材表面或内部的缺陷。最常见的缺陷有裂纹、焊瘤、烧穿、弧坑、气孔、夹渣、咬边、未熔合、未焊透(规定部分焊透工件除外)及焊缝外形尺寸不符合要求、焊缝成型不良等,如图 1-33 所示。

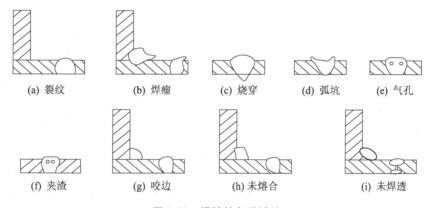

(a) 裂纹　　(b) 焊瘤　　(c) 烧穿　　(d) 弧坑　　(e) 气孔

(f) 夹渣　　(g) 咬边　　(h) 未熔合　　(i) 未焊透

**图 1-33　焊缝的各种缺陷**

焊缝的缺陷将直接影响焊缝质量和连接强度,使焊缝的受力面积削弱,而且在缺陷处形成应力集中,导致产生裂纹并由裂纹扩展开裂,成为连接破坏的根源,对结构极为不利。因此,对焊缝质量的检查极为重要。

《钢结构工程施工质量验收标准》(GB 50205—2020)规定,焊缝质量检查标准分为三级,其中第三级只要求通过外观检查,即检查焊缝实际尺寸是否符合设计要求和有无看得见的裂纹、咬边等缺陷。对于重要结构或要求焊缝金属强度等于被焊金属强度的对接焊缝,必须进行一级和二级质量检验,即在外观检查的基础上再做无损检验。其中二级标准要求用超声波检验每条焊缝 20% 的长度,一级要求用超声波检验每条焊缝的全部长度,以便揭示焊缝内部缺陷。对焊缝缺陷的控制和处理,可参考国家标准《焊缝无损检测　超声检测　技术、检测等级和评定》(GB/T 11345—2013)。对承受动载的重要构件焊缝,还可增加射线探伤。

二级、三级焊缝的外观质量标准如表 1-16 所示。一级焊缝不允许有外观缺陷。

表 1-16　二级、三级焊缝外观质量标准　　　　　　　　　　　mm

| 缺陷类型 | 允许偏差 | |
| --- | --- | --- |
| | 二级 | 三级 |
| 未焊满（指不满足设计要求） | ≤0.2+0.02$t$,且≤1.0 | ≤0.2+0.04$t$,且≤2.0 |
| | 每 100.0 焊缝内缺陷总长≤25.0 | |
| 根部收缩 | ≤0.2+0.02$t$,且≤1.0 | ≤0.2+0.04$t$,且≤2.0 |
| | 长度不限 | |
| 咬边 | ≤0.05$t$,且≤0.5;连续长度≤100.0,且焊缝两侧咬边总长≤10%焊缝全长 | ≤0.1$t$,且≤1.0,长度不限 |
| 弧坑裂纹 | — | 允许存在个别长度≤5.0 的弧坑裂纹 |
| 电弧擦伤 | — | 允许存在个别电弧擦伤 |
| 接头不良 | 缺口深度 0.05$t$,且≤0.5 | 缺口深度 0.1$t$,且≤1.0 |
| | 每 1000.0 焊缝不应超过一处 | |
| 表面夹渣 | — | 深≤0.2$t$,长≤0.5$t$,且≤20.0 |
| 表面气孔 | — | 每 50.0 焊缝长度内允许直径≤0.4$t$,且≤3.0 的气孔 2 个,孔距≥6 倍孔径 |

注:表内 $t$ 均为连接处较薄的板厚。

4）尽量消除或减少焊接残余应力和残余变形

（1）焊接残余应力和残余变形的概念。钢结构在施焊过程中,会在焊缝及附近区域局部范围内加热至钢材熔化,焊缝及附近的温度最高可达 1500 ℃以上,并由焊缝中心向周围区域急剧递降。这样,施焊完毕冷却过程中,由于焊缝各部分之间热胀冷缩的不同步及不均匀,使得结构在受外力之前就在焊件内部产生残存应力并引起变形,称为焊接残余应力和焊接残余变形。

（2）焊接残余应力和残余变形对钢结构的影响。焊接残余应力虽然不会降低结构在静力荷载作用下的承载力,但它会降低结构的刚度和稳定性,降低结构的抗疲劳强度,还会引起结构材料发生低温冷脆现象。焊接残余变形使结构构件不能保持正确的设计尺寸和位置,影响结构的正常工作,严重时还可使各个构件无法安装就位。

总之,焊接残余应力和残余变形一般对结构不利,所以在结构设计和制作过程中必须采取有效预防措施。

（3）消除和减少焊接残余应力和残余变形的措施。消除和减少焊接残余应力和残余变形的措施主要分为两个方面:

① 设计方面。

a. 焊接的位置要合理。焊缝的布置应尽可能对称于构件的形心轴。

b. 焊缝尺寸要适当。在满足焊缝强度和构造要求的前提下,可采用较小的焊脚尺寸。焊件厚度大于 20 mm 的角接接头焊缝,应采用收缩时不易引起层状撕裂的构造,如图 1-34 所示。

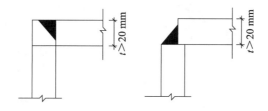

**图 1-34 适宜的角接接头焊缝**

c. 焊缝不宜过分集中,应尽量避免焊缝立体交叉。

如图 1-35a 所示,$a_2$ 的做法比 $a_1$ 好;如图 1-35b 所示为加劲肋与构件腹板、翼缘相交处的切角做法,即可避免焊缝立体交叉。

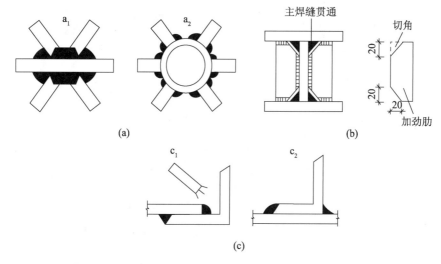

**图 1-35 合理的焊缝设计**

d. 要考虑在施焊时焊条是否易于到达。如图 1-35c 中,$c_1$ 右侧焊缝很难焊好,$c_2$ 则容易施焊。

e. 尽量采用易于保证焊缝质量的施焊方位,优先采用俯焊,依次考虑横焊、立焊,尽量避免仰焊。

② 制造加工方面。

a. 采用合理的施焊次序。对于长焊缝,实行分段倒方向施焊,如图 1-36a 所示;对于较厚的焊缝,实行分层施焊,如图 1-36b 所示;"工"字形顶接焊接时采用对称跳焊,如图 1-36c 所示;钢板分块拼接,当采用对接焊缝拼接时,纵横两个方向的对接焊缝可采用"十"字形交叉或"T"形交叉;当采用"T"形交叉时,交叉点的间距不得小于 200 mm,如图 1-37 所示。

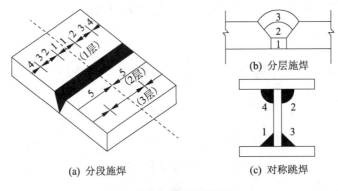

(a) 分段施焊　(b) 分层施焊　(c) 对称跳焊

图 1-36　合理的施焊次序

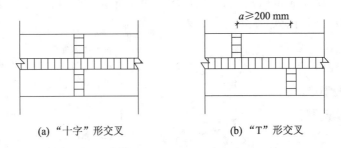

(a) "十字"形交叉　(b) "T"形交叉

图 1-37　拼接交叉焊缝

b. 施焊前给板件一个与焊接变形相反的预变形,使构件焊接后产生的焊接残余变形与预变形相互抵消,以减少最终的总变形,如图 1-38 所示。

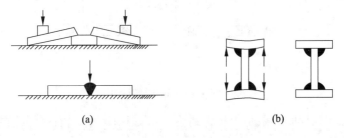

(a)　(b)

图 1-38　用反变形法减少焊接残余变形

c. 对已经产生焊接残余变形的结构,可局部加热后用机械的方法进行矫正。

d. 对于焊接残余应力,可采用退火法或锤击法等措施来消除或减小。退火法是在构件焊成后再将其加热到 600~650 ℃,然后慢慢冷却,从而消除或减小焊接残余应力;锤击法是在构件焊接后用铁锤轻击焊缝,这样可减少焊缝中部的约束,从而减小厚度方向的焊接残余应力。

e. 条件允许时,可在施焊前将构件预热再进行焊接,这样可以减少焊缝不均匀收缩和冷却的速度,这是减小和消除焊接残余应力和残余变形的有效方法。

焊接结构是否需要采用焊前预热或焊后热处理等特殊措施,应根据构件的材质、焊件厚度、焊接工艺、施焊时的气温以及结构的性能要求等综合因素来确定,并在设计文件中加以说明。

5）钢材的工厂焊接拼接

（1）在制造过程中,当材料的长度不能满足构件的长度要求时,必须进行接长拼接。材料的工厂拼接一般是采用焊接连接,通常钢材的工厂拼接连接多按构件截面面积的等强度条件进行计算。

（2）钢板的拼接应满足下列要求：

① 凡能保证连接焊缝强度与钢材强度相等时,可采用对接正焊缝(垂直于作用力方向的焊缝)进行拼接,此时可不必进行焊缝强度计算。

② 凡连接焊缝的强度低于钢材强度时,则应采用对接斜焊缝(与作用力方向的夹角为45°~55°的斜焊缝)进行拼接,此时可认为焊缝强度与钢材强度相等而不必进行焊缝强度计算。

③ 组合"工"字形或"H"形截面的翼缘板和腹板的拼接,一般宜采用完全焊透的坡口对接焊缝进行拼接。

④ 拼接连接焊缝的位置宜设在受力较小的部位,并采用引弧板施焊,以消除弧坑对拼接的影响。

采用双角钢组合的"T"形截面杆件,其角钢的接长拼接通常采用拼接角钢,并应将拼接角钢的背棱切角紧贴于被拼接角钢的内侧,如图 1-39 所示。

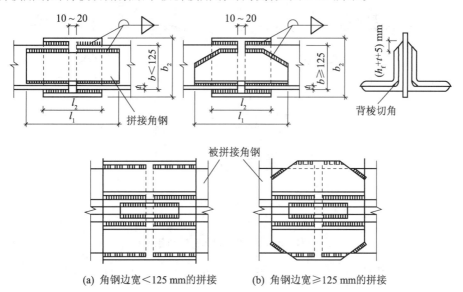

(a) 角钢边宽＜125 mm 的拼接　　(b) 角钢边宽≥125 mm 的拼接

图 1-39 双角钢杆件的拼接连接

拼接角钢通常是采用同号角钢切割制成的,竖肢切去的高度一般为$(h_f+t+5)$ mm,以便布置连接焊缝,切去后的截面削弱由垫板补强。拼接角钢的长度根据连接焊缝的计算长度确定。当拼接角钢边宽≥125 mm 时,宜将其水平肢和竖直肢的两端均切去一角,以布置斜焊缝,使其传力平顺,如图 1-39b 所示。

拼接用的垫板长度根据发挥该垫板强度所需的焊缝强度来确定,此时垫板的宽度$b_2$取被拼接角钢的边宽加上 20~30 mm,垫板厚度一般取与构件连接所用的节点板厚度相同。

单角钢杆件的拼接除可采用角钢拼接外,也可采用钢板拼接,如图 1-40 所示。此时拼接角钢或钢板应按被拼接角钢截面面积的等强度条件来确定。

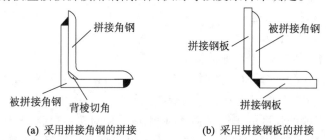

(a) 采用拼接角钢的拼接　　　　　(b) 采用拼接钢板的拼接

**图 1-40　单角钢杆件的拼接连接**

(3) 轧制工字钢、槽钢和 H 型钢的拼接连接,通常有下面两种:

① 轧制工字钢、槽钢的焊接拼接一般采用拼接连接板,并按被拼接的工字钢、槽钢截面面积的等强度条件来确定,如图 1-41 所示。

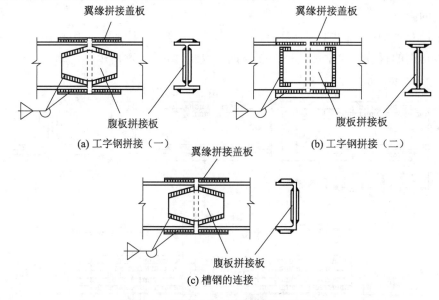

(a) 工字钢拼接（一）　　　　　　(b) 工字钢拼接（二）

(c) 槽钢的连接

**图 1-41　轧制工字钢和槽钢的拼接连接**

② 轧制 H 型钢的焊接拼接通常采用完全焊透的坡口对接焊缝的等强度连接,如图 1-42 所示。

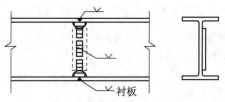

**图 1-42　轧制 H 型钢的拼接连接**

6) 梁和柱现场安装拼接

(1) 轧制工字钢、H 型钢或组合工字形截面、箱形截面梁或柱的现场安装拼接,可根据具体情况采用焊接连接、高强度螺栓连接、高强度螺栓和焊接的混合连接。

（2）梁的拼接连接通常设在距梁端约 1.0 m 位置处；柱的拼接连接通常设在楼板面以上 1.1~1.3 m 位置处。

### 1.2.2　螺栓连接

螺栓连接是指用扳手将螺栓连接副拧紧，使其产生紧固力，从而使被连接件连接成整体的连接方法，可用于钢结构和木结构等的连接。

螺栓连接是轻钢结构现场连接的主要方式。与现场焊接的连接方式相比，螺栓连接具有施工速度快，不受施工条件、施工天气限制等优点，且容易保证施工质量，但螺栓连接也会增加工厂制作和安装成本。

螺栓连接副包括螺栓、螺母和垫圈，如图 1-43 所示。螺栓是指一端为六角形或其他形状的放大头部，另一端为带有螺纹圆杆的连接件。螺母，也叫螺帽，内部带有螺纹，用在连接件另一侧的活动部分，螺纹形状一般同螺栓端头。垫圈用在连接副

(a) 螺栓　　(b) 螺母　　(c) 垫圈

**图 1-43　螺栓连接副**

内，起加强紧固作用，通常用平垫圈，也可用具有弹性的弹簧垫圈，以防止螺母松动。

螺栓连接可分为普通螺栓连接和高强度螺栓连接两类。普通螺栓通常采用强度较低的钢材制成，安装时使用普通扳手拧紧；高强度螺栓则采用高强度低合金钢经热处理后制成，用能控制扭矩或螺栓拉力的特制扳手拧到规定的预拉力值，把被连接件高度夹紧。

1. 普通螺栓连接

1）普通螺栓概述

普通螺栓分为 C 级螺栓和 A 级、B 级螺栓两类。其中 C 级螺栓为粗制螺栓，性能等级有 4.6 级和 4.8 级两种；A 级、B 级螺栓为精制螺栓，性能等级有 5.6 级和 8.8 级两种；A 级螺栓为螺栓杆直径 $d \leqslant 24$ mm 且螺栓杆长度 $L \leqslant 10d$ 或 $L \leqslant 150$ mm（取较小值）的螺栓，B 级螺栓为 $d > 24$ mm 和 $L > 10d$ 或 $L > 150$ mm（取较小值）的螺栓。

建筑工程中常用的螺栓规格有 M16、M20、M22、M24 等，字母 M 为螺栓符号，后面的两位数表示螺栓直径的毫米数。

C 级螺栓表面不经特别加工，C 级螺栓只要求 Ⅱ 类孔，螺栓杆杆径与螺栓孔孔径相差 1.0~2.0 mm。由于螺栓杆与孔之间存在较大的空隙，当传递剪力时，连接变形较大，故工作性能较差，只宜用于不直接承受动力荷载的次要连接或安装时的临时固定和可拆卸结构的连接等。

A 级和 B 级螺栓要求配用 Ⅰ 类孔，螺栓杆杆径和螺栓孔孔径相差 0.30~0.50 mm。由于 A 级和 B 级螺栓对成孔质量要求较高，因此一般钢结构中很少采用，它们主要用于机械设备。

2）普通螺栓连接的排列与构造要求

螺栓的排列有并列和错列两种基本形式，如图 1-44 所示。并列比较简单，但栓孔

对截面削弱多;错列较紧凑,可减少截面削弱,但排列较复杂。

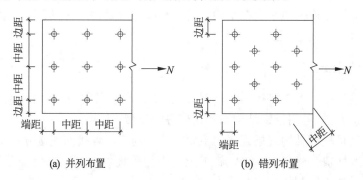

(a) 并列布置　　　　　　　　(b) 错列布置

图 1-44　螺栓的排列

　　螺栓在构件上的排列,一方面应保证螺栓间距及螺栓至构件边缘的距离不应太小,否则,螺栓之间的钢板以及边缘处螺栓孔前的钢板可能沿作用力方向被剪断;同时,螺栓间距及边距太小,也不利于扳手操作。另一方面,螺栓的间距及边距也不应太大,否则连接钢板不宜夹紧,潮气容易侵入钢板缝隙引起钢板锈蚀。对于受压构件,螺栓间距过大还容易引起钢板鼓曲。为此,《钢结构设计规范》(GB 50017—2017)根据螺栓孔孔径、钢材边缘加工情况(轧制边、切割边)及受力方向,规定了螺栓中心间距及边距的最大、最小限值,如表 1-17 所示。

　　对于角钢、工字钢、槽钢上的螺栓排列,除应满足表 1-17 的要求外,还应注意不要在靠近截面倒角和圆角处打孔,为此还应分别符合表 1-18、表 1-19 及表 1-20 的要求。在 H 型钢上的螺栓排列中,腹板上的 $c$ 值可参照普通工字钢取值,翼缘上的 $e$ 值或 $e_1$、$e_2$ 值(指螺栓轴线至截面弱轴($y$ 轴)的距离)可根据外伸宽度参照角钢取值。

表 1-17　螺栓或铆钉的最大、最小容许距离

| 名称 | 位置和方向 | | | 最大容许距离<br>(取两者的较小值) | 最小容许距离 |
|---|---|---|---|---|---|
| 中心间距 | 外排(垂直内力方向或顺内力方向) | | | $8d_0$ 或 $12t$ | $3d_0$ |
| | 中间排 | 垂直内力方向 | | $16d_0$ 或 $24t$ | |
| | | 顺内力方向 | 构件受压力 | $12d_0$ 或 $18t$ | |
| | | | 构件受拉力 | $16d_0$ 或 $24t$ | |
| | 沿对角线方向 | | | — | |
| 中心至构件边缘距离 | 顺内力方向 | | | $4d_0$ 或 $8t$ | $2d_0$ |
| | 垂直内力方向 | 剪切边或手工气割边 | | | $1.5d_0$ |
| | | 轧制边、自动气割或锯割边 | 高强度螺栓 | | |
| | | | 其他螺栓或铆钉 | | $1.2d_0$ |

注:① $d_0$ 为螺栓或铆钉的孔径,$t$ 为外层较薄板件的厚度。

　　② 钢板边缘与刚性构件(如角钢、槽钢等)相连的螺栓或铆钉的最大间距,可按中间排的数值采用。

表 1-18　角钢上螺栓线距离　　　　　　　　　　mm

| 单行排列 | $b$ | 45 | 50 | 56 | 63 | 70 | 75 | 80 | 90 | 100 | 110 | 125 | |
|---|---|---|---|---|---|---|---|---|---|---|---|---|---|
| | $e$ | 25 | 30 | 30 | 35 | 40 | 45 | 45 | 50 | 55 | 60 | 70 | |
| | $d_{0max}$ | 13.5 | 15.5 | 17.5 | 20 | 22 | 22 | 24 | 24 | 24 | 26 | 26 | |

| 双行错列 | $b$ | 125 | 140 | 160 | 180 | 200 | 双行并列 | $b$ | 140 | 160 | 180 | 200 |
|---|---|---|---|---|---|---|---|---|---|---|---|---|
| | $e_1$ | 55 | 60 | 65 | 65 | 80 | | $e_1$ | 55 | 60 | 65 | 80 |
| | $e_2$ | 35 | 45 | 50 | 80 | 80 | | $e_2$ | 60 | 70 | 80 | 80 |
| | $d_{0max}$ | 24 | 26 | 26 | 26 | 26 | | $d_{0max}$ | 20 | 22 | 26 | 26 |

表 1-19　普通工字钢上螺栓线距离　　　　　　　　　　mm

| 型号 | | 10 | 12.6 | 14 | 16 | 18 | 20 | 22 | 25 | 28 | 32 | 36 | 40 | 45 | 50 | 56 | 63 |
|---|---|---|---|---|---|---|---|---|---|---|---|---|---|---|---|---|---|
| 翼缘 | $a$ | 36 | 42 | 44 | 44 | 50 | 54 | 54 | 64 | 64 | 70 | 74 | 80 | 84 | 94 | 104 | 110 |
| | $d_{0max}$ | 11.5 | 11.5 | 13.5 | 15.5 | 17.5 | 17.5 | 20 | 22 | 22 | 22 | 24 | 26 | 26 | 26 | 26 | 26 |
| 腹板 | $c_{min}$ | 35 | 35 | 40 | 45 | 50 | 50 | 50 | 60 | 60 | 65 | 70 | 75 | 75 | 80 | 80 | |
| | $d_{0max}$ | 9.5 | 11.5 | 13.5 | 15.5 | 17.5 | 17.5 | 20 | 22 | 22 | 22 | 24 | 26 | 26 | 26 | 26 | |

表 1-20　普通槽钢上螺栓线距离　　　　　　　　　　mm

| 型号 | | 5 | 6.3 | 8 | 10 | 12.6 | 14 | 16 | 18 | 20 | 22 | 25 | 28 | 32 | 36 | 40 |
|---|---|---|---|---|---|---|---|---|---|---|---|---|---|---|---|---|
| 翼缘 | $a$ | 20 | 22 | 25 | 28 | 30 | 35 | 35 | 40 | 45 | 45 | 50 | 50 | 50 | 60 | 60 |
| | $d_{0max}$ | 11.5 | 11.5 | 13.5 | 15.5 | 17.5 | 17.5 | 20 | 22 | 22 | 22 | 22 | 24 | 24 | 26 | 26 |
| 腹板 | $c_{min}$ | — | — | — | 35 | 45 | 45 | 50 | 55 | 55 | 60 | 60 | 65 | 70 | 75 | 75 |
| | $d_{0max}$ | — | — | — | 11.5 | 13.5 | 17.5 | 20 | 22 | 22 | 22 | 22 | 24 | 26 | 26 | 26 |

3）普通螺栓连接受力原理及破坏形式

普通螺栓连接按其传力方式可分为外力与螺栓杆垂直的受剪螺栓连接、外力与螺栓杆平行的受拉螺栓连接以及同时受剪和受拉的拉剪螺栓连接。受剪螺栓依靠螺栓杆抗剪和螺栓杆对孔壁的承压传力,如图 1-45a 所示;受拉螺栓由板件使螺栓张拉传力,如图 1-45b 所示;同时受剪和受拉的螺栓连接如图 1-45c 所示。计算时要先分清传力形式,再按不同公式分别计算。

（1）普通螺栓的受剪工作性能及破坏形式。受剪螺栓连接受力后,当外力不大时,依靠构件间的摩擦阻力传力,如图 1-46 所示。摩擦阻力的大小取决于上紧螺栓时在螺栓杆件中所形成的初拉力值。普通螺栓的初拉力值是很小的。当外力增大超过摩擦力后,构件之间出现相对滑移,螺栓杆开始接触孔壁而与孔壁相互挤压,螺栓杆则受剪和弯曲。当连接的变形处于弹性阶段时,螺栓群中各螺栓受力不相等,两端较大,中间较小。随着外力的增加,连接进入弹塑性阶段后,各螺栓受力趋于相等,直至破坏。因此,可以认为,当外力作用于螺栓群中心时,各螺栓受力相同。

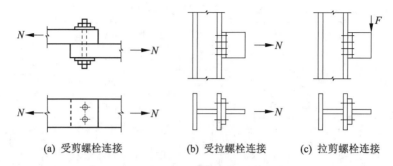

(a) 受剪螺栓连接　　　(b) 受拉螺栓连接　　(c) 拉剪螺栓连接

图 1-45　普通螺栓按传力方式分类

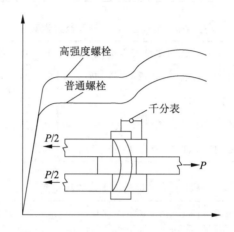

图 1-46　单个受剪螺栓的工作性能示意图

受剪螺栓连接的破坏可能有五种形式,如图 1-47 所示。

① 当螺栓的直径较小而板件较厚时,螺栓杆可能被剪坏,这时连接的承载能力由螺栓杆的抗剪强度控制。

② 当螺栓杆直径较大,构件相对较薄时,连接将由于孔壁被挤压而产生破坏。

③ 构件本身由于截面开孔削弱过多而被拉断。

④ 由于板件端部螺栓孔端距太小而被剪坏。

⑤ 由于连接板叠太厚,螺栓杆太长,杆身可能发生过大的弯曲而被破坏。

(a) 杆身被剪坏　(b) 板被压坏　(c) 板被拉坏　(d) 板被剪坏　(e) 杆身受弯破坏

图 1-47　受剪螺栓连接的破坏形式

在上述五种破坏形式中,后两种破坏可通过构造措施加以防止,如使端距 $\geqslant 2d_0$(栓孔直径)就可避免端板被剪坏;使板叠厚度 $\leqslant 5d$(栓杆直径)就可避免螺栓杆发生过大弯曲而被破坏。前三种破坏形式则须通过计算加以防止,其中板件被拉的计算属于构件的计算,杆身被剪断和孔壁被压坏则属于连接的计算。

(2) 普通螺栓的受拉工作性能及破坏形式。受拉螺栓的破坏形式是栓杆被拉断,拉断的部位通常在螺纹削弱的截面处,因此一个受拉螺栓的承载力设计值应根据螺纹削弱处的有效直径或有效面积来确定。

（3）同时受拉和受剪的普通螺栓的破坏形式。同时受拉和受剪的螺栓群,其破坏发生在最危险的螺栓处,可能发生受剪或受拉破坏。

2. 高强度螺栓连接

1）高强度螺栓连接概述

高强度螺栓和与之相配套的螺母及垫圈合称连接副,其所用的材料一般为热处理低合金钢或优质碳素钢。目前我国常用的高强度螺栓性能等级有 10.9 级和 8.8 级两种,其中整数部分（10 和 8）表示螺栓成品的抗拉强度 $f_u$ 不低于 1000 $N/mm^2$ 和 800 $N/mm^2$,小数部分（0.9 和 0.8）则表示其屈强比 $f_y/f_u$ 为 0.9 或 0.8。

高强度螺栓一般采用 45 号钢、40Cr、40B 或 20MnTiB 等钢制作,且并须满足现行国家标准的相关规定。当前使用的高强度螺栓等级和材料如表 1-21 所示。

表 1-21　高强度螺栓的等级和材料选用

| 螺栓种类 | 螺栓等级 | 螺栓材料 | 螺母 | 垫圈 | 适用规格/mm |
|---|---|---|---|---|---|
| 扭剪型 | 10.9 | 20MnTiB | 35 号钢 10H | 45 号钢 35～45 HRC | $d=16,20,(22),$ 24 |
| 大六角头型 | 10.9 | 35VB | 45 号钢 35 号钢 15MnVTi 10H | 45 号钢 35 号钢 35～45 HRC | $d=12,16,20,(22),$ 24,(27),30 |
| | | 20MnTiB | | | $d\leqslant24$ |
| | | 40B | | | $d\leqslant24$ |
| | 8.8 | 45 号钢 | 35 号钢 8H | 45 号钢 35 号钢 35～45 HRC | $d\leqslant22$ |
| | | 35 号钢 | | | $d\leqslant16$ |

高强度螺栓所采用的钢材在热处理后的机械性能如表 1-22 所示。

表 1-22　高强度螺栓的性能、等级与所采用的钢号

| 螺栓种类 | 性能等级 | 所采用的钢号 | 抗拉强度 $\sigma_b/$ $(N\cdot mm^{-2})$ | 屈服强度 $\sigma_{0.2}/$ $(N\cdot mm^{-2})$ | 伸长率 $\delta_5/$ % | 断面收缩率 $\phi/\%$ | 冲击韧性值 $\alpha_k/(J\cdot cm^{-2})$ | 硬度 |
|---|---|---|---|---|---|---|---|---|
| | | | 不小于 | | | | | |
| 大六角头高强螺栓 | 8.8 | 45 号钢 35 号钢 | 830～1030 | 660 | 12 | 45 | 78(8) | 24～31 HRC |
| | 10.9 | 20MnTiB 40B 35VB | 1040～1240 | 940 | 10 | 42 | 59(6) | 33～39 HRC |

2）高强度螺栓连接的种类和构造

高强度螺栓有扭剪型和大六角头型两种,这两种螺栓的性能都是可靠的,在设计中可以通用,但其抗剪受力特性却有所不同。根据抗剪受力特性,高强度螺栓可分为摩擦型高强螺栓和承压型高强螺栓。

　　摩擦型高强螺栓通过连接板间的摩擦力来传递剪力,按板层间出现滑动作为其承载能力的极限状态。摩擦型连接在抗剪设计时以最危险螺栓所受剪力达到板间接触面间可能产生的最大摩擦力设计值为极限状态。摩擦型高强螺栓适用于重要的结构和承受动力荷载的结构,以及可能出现反向内力构件的连接。高强度螺栓孔应采用钻成孔,其孔径比螺栓的公称直径大 1.5~2.0 mm。

　　承压型连接在受剪时则允许摩擦力被克服并发生相对滑移,之后外力可继续增加,由栓杆抗剪或孔壁承压的最终破坏为极限状态。承压型高强螺栓的计算方法和构造要求与普通螺栓基本相同,可用于允许产生少量滑移的承受静荷载结构或间接承受动力荷载的构件。当允许在某一方向上产生较大滑移时,可以采用长圆孔;当为圆孔时,其孔径比螺栓的公称直径大 1.0~1.5 mm。

　　摩擦型连接和承压型连接在受拉时,两者受力特性无太大区别。

　　以上两种高强螺栓,除了在设计计算的考虑和孔径方面有所不同之外,其他在材料、预拉力、接触面的处理以及施工要求等方面均无差异。高强螺栓按材料性能等级可分为8.8级和10.9级两种,其中10.9级具有更高的受力性能,在钢结构连接中最为常用。高强度螺栓不宜重复使用,特别是10.9级的螺栓不得重复使用。

　　高强度螺栓的排列、布置、间距等要求均与普通螺栓相同,但在具体布置时应考虑使用拧紧工具进行施工的可能性,且有以下特别规定:

　　(1)当环境温度高于150 ℃时,应采用隔热防护措施。

　　(2)当不同板厚连接需设置填板时,填板表面应作与母材相同的表面处理;型钢构件的拼接采用高强螺栓连接时,其连接件宜采用钢板。

　　(3)高强螺栓孔应采用钻孔,不得采用冲孔。

　　(4)在高强螺栓连接范围内,构件接触面的处理方法及所要求的抗滑移系数值,应在施工图中说明。

　　3)高强度螺栓的紧固方法和预拉力

　　(1)高强度螺栓的紧固方法。高强度螺栓的连接副(即一套螺栓)由一个螺栓、一个螺母和两个垫圈组成。我国现有大六角头型和扭剪型两种高强度螺栓,如图1-48所示。大六角头型和普通六角头粗制螺栓形状相同,如图1-48a所示;扭剪型的螺栓头与铆钉头相仿,但在它的螺纹端头设置了一个梅花卡头和一个能够控制紧固扭矩的环形槽沟,如图1-48b所示。高强度螺栓的紧固方法有3种:转角法、扭矩法和扭掉螺栓尾部的梅花卡头法。大六角头型高强螺栓采用转角法和扭矩法,扭剪型高强螺栓采用扭掉螺栓尾部的梅花卡头法。

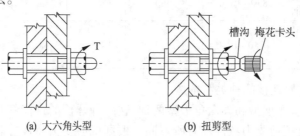

(a) 大六角头型　　　　　　　(b) 扭剪型

图1-48　高强度螺栓

① 转角法。先用扳手将螺母拧到贴紧板面位置(初拧)并作标记线,再用长扳手将螺母转动到一个额定角度(终拧)。终拧角度与螺栓直径及连接件厚度等有关。此法实际上是通过螺栓的应变来控制预拉力,不需专用扳手,工具简单但不够精确。

② 扭矩法。先用普通扳手初拧(不小于终拧扭矩值的50%),使连接件紧贴,然后用扭矩扳手按施工扭矩值终拧。终拧扭矩值根据预先测定的扭矩和预拉力之间的关系确定,施拧时偏差不得超过±10%。

③ 扭掉螺栓尾部的梅花卡头法。紧固螺栓时采用特制的电动扳手,这种扳手有内外两个套筒,外套筒卡住螺母,内套筒卡住梅花卡头。接通电源后,两个套筒按反方向转动,螺母逐步拧紧,梅花卡头的环形槽沟受到越来越大的剪力,当达到所需要的紧固力时,环形槽沟处剪断,梅花卡头掉下,这时螺栓预拉力达到设计值,紧固完毕。

(2)高强度螺栓的预拉力。高强度螺栓的预拉力值应尽可能高些,但需保证螺栓在拧紧过程中不会屈服或断裂,所以控制预拉力是保证连接质量的关键性因素。《钢结构设计规范》(GB 50017—2017)规定的预拉力设计值 $P$ 如表 1-23 所示。

表 1-23  高强度螺栓的预拉力设计值 $P$                                    kN

| 螺栓的性能等级 | 螺栓公称直径/mm | | | | | |
| --- | --- | --- | --- | --- | --- | --- |
| | M16 | M20 | M22 | M24 | M27 | M30 |
| 8.8 级 | 80 | 125 | 150 | 175 | 230 | 280 |
| 10.9 级 | 100 | 155 | 190 | 225 | 290 | 355 |

4)高强度螺栓连接摩擦面的抗滑移系数

高强度螺栓摩擦型连接完全依靠被连接构件间的摩擦阻力传力,而摩擦阻力的大小除了螺栓的预拉力外,还与被连接构件的材料及其接触面的抗滑移系数 $\mu$ 有关。一般干净的钢材轧制表面,若不经处理或只用钢丝刷除去浮锈,其 $\mu$ 值很低;若对轧制表面进行处理,提高其表面的平整度、清洁度及粗糙度,则 $\mu$ 值可以提高。前面提到,高强度螺栓连接必须用钻成孔,就是为了防止冲孔造成钢板下部表面不平整。为了增加摩擦面的清洁度及粗糙度,一般采用下列方法:

(1)喷砂或喷丸。用直径 1.2~1.4 mm 的砂粒(铁丸)在一定压力下喷射钢材表面,可除去表面浮锈及氧化铁皮,提高表面的粗糙度,因此,$\mu$ 值得以增大。由于用喷丸处理的构件表面质量优于喷砂,所以目前大多采用喷丸。

(2)喷砂(丸)后涂无机富锌漆。表面在喷砂或喷丸后若不立即组装可能会受污染或生锈,为此常在表面涂一层无机富锌漆,但这样处理将使摩擦面 $\mu$ 值降低。

(3)喷砂(丸)后生赤锈。实践及研究表明,喷砂(丸)后若露天放置一段时间,让其表面生出一层浮锈,再用钢丝刷除去浮锈,可增加表面的粗糙度,$\mu$ 值会比原来提高。《钢结构设计标准》(GB 50017—2017)也推荐了这种方法,但规定其 $\mu$ 值与喷砂或喷丸处理相同。

《钢结构设计标准》对摩擦面抗滑移系数 $\mu$ 值的规定如表 1-24 所示。承压型连接的板件接触面只要求清除其表面的油污及浮锈。

表 1-24　摩擦面抗滑移系数 $\mu$

| 在连接处构件接触面的处理方法 | 构件的钢材牌号 | | |
|---|---|---|---|
| | Q235 钢 | Q345 钢、Q390 钢 | Q420 钢或以上 |
| 喷硬质石英砂或铸钢棱角砂 | 0.45 | 0.45 | 0.45 |
| 喷丸（喷砂） | 0.40 | 0.40 | 0.40 |
| 用钢丝刷除去浮锈或未经处理的干净轧制表面 | 0.30 | 0.35 | — |

注：① 钢丝刷除锈方向应与受力方向垂直；

② 当连接构件采用不同钢材牌号时，$\mu$ 按相应较低强度者取值；

③ 采用其他方法处理时，其处理工艺及抗滑移系数值均需经试验确定。

试验证明，构件摩擦面涂红丹后，抗滑移系数 $\mu$ 值很低（在 0.14 以下），经处理后仍然较低，故摩擦面应严格避免涂染红丹。另外，构件在潮湿或淋雨状态下进行拼装也会降低 $\mu$ 值，故应采取防潮措施并避免雨天施工，以保证连接处表面干燥。

3. 螺栓连接施工图

1）螺栓连接施工图表示方法

（1）在钢结构施工图上螺栓及栓孔的表示方法如表 1-25 所示。

表 1-25　螺栓及栓孔图例

| 序号 | 名称 | 图例 | 说明 |
|---|---|---|---|
| 1 | 永久螺栓 | | |
| 2 | 安装螺栓 | | |
| 3 | 高强度螺栓 | | ① 细"十"字线表示定位线<br>② 必须标注螺栓直径及孔径 |
| 4 | 圆形螺栓孔 | | |
| 5 | 长圆形螺栓孔 | | |

（2）在钢结构构件加工图或连接节点详图的图样中用表 1-25 规定的表示方法绘出螺栓群，包括细"十"字定位线及螺栓或栓孔的形状、种类。要求所用视图能反映螺栓群布置的全貌，即排数和列数。

（3）从某一"十"字线中心作引出线标注螺栓规格及螺栓孔孔径。引出线由 45°斜线与水平线组成。引出线水平线上标注螺栓规格，其中 M 表示螺栓，后面的两位数表示螺栓公称直径毫米数；引出线水平线下标注螺栓孔孔径，其中 $d_0$ 表示孔径，后面的数字表示孔的直径大小，单位为 mm，如图 1-49 所示。

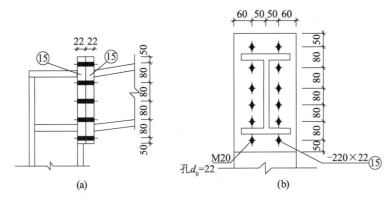

图 1-49　螺栓连接施工图图样示例

（4）标注螺栓排列布置的定位尺寸,包括中距（即行距和列距）、端距和边距等,均以"mm"为单位。

（5）说明中注明螺栓的种类及性能等级,也可标注在图样上。

（6）在零件图或构件加工图样中只需绘出并标注螺栓孔的位置及孔径,标注方法同前,如图1-50所示。

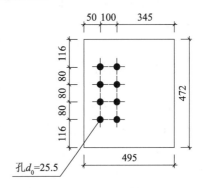

图 1-50　零件加工图螺栓孔示例

2）螺栓连接施工图阅读

螺栓连接是钢结构的另一主要连接方式,是钢结构施工图中必须正确、全面表达的内容。正确、全面地识读施工图中有关螺栓连接的内容是保证零件、构件照图制作加工和钢结构构件准确安装的前提。

（1）识图顺序及内容。

① 从结构设计总说明、相关构件加工图说明、相关图样中识读螺栓连接中螺栓的种类和性能等级,螺栓孔的加工方法、精度及孔径,连接板件接触面的处理方法等。

② 从每一图样中识读螺栓或螺栓孔的排列信息,包括排数、列数、行距、列距、边距、端距、数目等;识读螺栓的规格、螺栓孔的孔径;识读螺栓的使用功能,如是永久螺栓还是安装螺栓;识读螺栓的种类,如是普通螺栓还是高强度螺栓等。

③ 从构件拼装节点详图中识读螺栓连接的构件或板件编号及相互位置关系。

④ 从设计总说明中识读螺栓连接施工注意要点。

（2）识图要点。

① 牢固掌握必备的基础知识,如螺栓的种类、规格、性能等级,螺栓排列的构造要求,以及螺栓的表示方法等。

② 其他识图方法及要点参见焊接连接施工图的识读内容。

（3）识图练习。

【例 1-4】　图 1-49 所示为一刚架在梁与柱处的连接节点大样图,试识读图中螺栓连接的有关内容。

【答】 图 1-49a 中仅能读出两个⑮号板件间要用高强度螺栓连接(涂黑的粗线表示高强度螺栓),共 5 排,行距为 80 mm,端距为 50 mm。

图 1-49b 中能读出螺栓为并列,行距为 80 mm,共 6 排,端距为 50 mm;列距为 100 mm,共两列,边距为 60 mm,每列螺栓中心线与梁腹板中心线距离为 50 mm;螺栓数目 12 个,螺栓规格为 M20,螺栓孔直径 $d_0 = 22$ mm。

高强度螺栓的类型(摩擦型还是承压型)和性能等级、螺栓孔成孔方法、两个⑮板接触面的处理方法、构件制作加工及安装时的注意要点等信息要从设计说明中查得。

【例 1-5】 图 1-50 所示为一零件加工图,识读图中有关信息。

【答】 从图名知此零件长 495 mm,宽 472 mm,上面打 8 个直径为 25.5 mm 的螺栓孔。孔呈并列形式,4 排 2 列,边距为 50 mm,列距为 100 mm,端距为 116 mm,行距为 80 mm。

④号零件厚度可从构件材料表中查得,钢号可从设计说明中查得,螺栓孔的成孔方法及要求可从设计说明中查得。

**4. 螺栓连接的应用分析**

(1)螺栓成孔方法有冲成孔和钻成孔。按孔壁质量和定位精度分为 I 类孔和 II 类孔。I 类孔的精度要求:连接板组装时孔口精确对准、孔壁平滑、孔轴线与板面垂直。质量达不到 I 类孔要求的都为 II 类孔。I 类孔主要用于 A 级和 B 级普通螺栓的孔;II 类孔主要用于 C 级普通螺栓和高强度螺栓(限用钻孔)的孔。

(2)普通螺栓中 C 级螺栓加工精度较低,宜用于沿其杆轴方向受拉的连接。若将其用于受剪连接,一般适用于下列情况:

① 承受静力荷载或间接承受动力荷载结构中的次要连接;

② 承受静力荷载的可拆卸结构的连接;

③ 临时固定构件用的安装连接。

(3)对直接承受动力荷载的普通螺栓受拉连接应采用双螺帽或其他能防止螺帽松动的有效措施,如用弹簧垫圈或将螺帽和螺杆焊死等方法。

(4)当连接承受荷载较大时,一般用高强度螺栓。承压型高强度螺栓的设计承载力高于摩擦型,因而可以节省螺栓用量,但与摩擦型相比,整体性和刚度较差、变形大、动力性能差、实际强度储备小,因此只限用于承受静力荷载或间接承受动力荷载的结构中。摩擦型连接主要用于受剪连接,受拉受剪连接时抗剪承载力有所降低,直接承受动力荷载时可以用摩擦型连接。

(5)加工制作过程中,承压型连接处构件的接触面应清除油污及浮锈,摩擦型连接处构件的接触面处理方法应按图纸要求施工。在高强度螺栓连接范围内,构件接触面的处理方法应在施工图中说明。表面处理后应按要求遮蔽和保护。

(6)为了保证高强度螺栓的预拉应力 $P$,其连接副中必设 1~2 个垫圈(大六角头型高强度螺栓为 2 个,扭剪型高强度螺栓为 1 个)。

(7)每一杆件在节点上以及拼接接头的一端,永久性的螺栓数不宜少于 2 个。对组合构件的缀条,其端部连接可采用一个螺栓。

（8）沿杆轴方向受拉的螺栓连接中的端板（法兰板），应适当增强其刚度（如加设加劲肋），以减少撬力对螺栓抗拉承载力的不利影响。

（9）在下列情况的连接中，应对螺栓实配的数目予以增加：

① 一个构件借助填板或其他中间板件与另一构件连接的螺栓（摩擦型高强度螺栓除外），其数量应按计算增加10%。

② 当采用搭接或拼接板的单面连接传递轴心力，且因偏心引起连接部位弯曲时，螺栓数（摩擦型高强度螺栓除外）应按计算增加10%。

③ 在构件的端部连接中，当利用短角钢连接型钢（角钢或槽钢）的外伸肢以缩短连接长度时，在短角钢两肢中的一肢上，所用的螺栓数目应按计算增加50%。

（10）高强度螺栓连接应按下列要求进行施工质量控制：

① 钢结构制作和安装单位应按《钢结构工程施工规范》（GB 50755—2012）的规定分别进行高强度螺栓连接摩擦面的抗滑移系数试验和复验，各种摩擦表面处理工艺均应单独检验，检查数量为每批三组试件。现场处理的构件摩擦面也应单独进行摩擦面抗滑移系数试验，其结果应符合设计要求。

行业规范

② 高强度螺栓的预拉力、施工扭矩和扭矩系数必须经过试验、复验，当结果符合《钢结构工程施工规范》的规定和设计要求时，方准使用。

③ 高强度大六角头型螺栓连接副终拧完成1 h后、48 h后应各进行一次终拧扭矩检查，检查结果应符合《钢结构工程施工规范》的要求，检查数量为节点数的10%，且不应少于10个；每个被抽查节点按螺栓数抽查10%，且不应少于2个。

④ 扭剪型高强度螺栓连接副终拧后，除因构造原因无法使用专用扳手终拧掉梅花卡头者外，未在终拧中拧掉梅花卡头的螺栓数不应大于该节点螺栓数的5%。对所有梅花卡头未拧掉的扭剪型高强度螺栓连接副应采用扭矩法或转角法进行终拧并作标记，且按《钢结构工程施工规范》的规定进行终拧扭矩检查。检查数量为节点数的10%，但不应少于10个节点；被抽查节点中梅花卡头未拧掉的扭剪型高强度螺栓连接副全数进行终拧扭矩检查。

⑤ 高强度螺栓连接副的拧紧应分为初拧、终拧，对于大型节点应分为初拧、复拧、终拧。施工时应按一定顺序施拧，宜由螺栓群中央顺序向外拧紧。初拧、复拧、终拧应在同一天完成。

⑥ 高强度螺栓连接副终拧后，螺栓丝扣外露应为2~3扣，其中允许有10%的螺栓丝扣外露1扣或4扣。

⑦ 高强度螺栓连接摩擦面应保持干燥、整洁，不应有飞边、毛刺、焊接飞溅物、焊疤、氧化铁皮、污垢等。除设计要求外，摩擦面不应涂漆。

⑧ 高强度螺栓应能自由穿入螺栓孔。高强度螺栓孔不应采用气割扩孔，扩孔数量应征得设计者同意，扩孔后的孔径不应超过1.2$d$（$d$为螺栓直径）。

⑨ 螺栓球节点网架总拼完成后，高强度螺栓与球节点应紧固连接，高强度螺栓拧入螺栓球内的螺纹长度不应小于1.0$d$（$d$为螺栓直径），连接处不应出现有间隙、松动等未拧紧的情况。

### 1.2.3　锚栓连接

锚栓连接用于上部钢结构与下部基础的连接,承受柱弯矩在柱脚底板与基础间产生的拉力,剪力由柱底板与基础面之间的摩擦力抵抗,若该摩擦力不足以抵抗剪力,则需在柱底板上焊接抗剪键以增大抗剪能力。

锚栓的一头埋入混凝土中,埋入的长度要以混凝土对其的握裹力不小于其自身强度为原则,所以对于不同的混凝土标号和锚栓强度,所需埋入的最小长度也不一样。为了增加握裹力,对于 $\phi39$ 以下的锚栓,需将其下端弯成 L 形,弯钩的长度为 $4d$( $d$ 为锚栓直径);对于 $\phi39$ 以上的锚栓,因其直径过大不便于折弯,则在其下端焊接锚固板。

## 1.3　焊接工艺评定

电子教材

### 1.3.1　基本知识

1. 焊接工艺评定程序

焊接工艺评定试件应从工程中使用的相同钢材中取样,并在产品焊接之前完成。焊接工艺评定按下列程序进行:

(1)由技术员提出工艺评定任务书(焊接方法、试验项目和标准);

(2)焊接责任工程师审核任务书并拟定焊接工艺评定指导书(焊接工艺规范参数);

(3)焊接责任工程师安排焊试室责任人组织实施任务书、指导书;

(4)焊接责任工程师依据任务书、指导书,监督由本企业熟练焊工施焊试件及试件和试样的检验、测试等工作;

(5)焊试室责任人负责评定试样的送检工作并汇总评定检验结果,提出焊接工艺评定报告;

(6)评定报告经监理单位和焊接责任工程师审核及企业技术总负责人批准后,正式作为编制指导生产焊接工艺的可靠依据。

2. 焊接工艺评定规定

(1)焊接工艺评定要求。凡符合以下情况之一者,应在钢结构构件制作及安装施工之前进行焊接工艺评定:

① 国内首次应用于钢结构工程的钢材(包括钢材牌号与标准相符但微合金强化元素的类别不同或供货状态不同,或国外钢号国内生产);

② 国内首次应用于钢结构工程的焊接材料;

③ 设计规定的钢材类别、焊接材料、焊接方法、接头形式、焊接位置、焊后热处理制度以及施工单位所采用的焊接工艺参数、预热后的热措施等各种参数的组合条件为施工企业首次采用。

(2)焊接工艺评定应由结构制作企业、安装企业根据所承担钢结构的设计节点形式、钢材类型与规格、采用的焊接方法、焊接位置等制订焊接工艺评定方案,拟定相应的焊接工艺评定指导书,按《焊接工艺规程及评定的一般原则》(GB 19866—2005)的规定施焊试件、切取试样,并由具有国家技术质量监督部门认证资质的检测单位进行检测和试验。

(3)焊接工艺评定的施焊参数包括热输入、预热、后热制度等,应根据被焊材料的焊接性能制订。

(4)焊接工艺评定所用设备、仪表的性能应与实际工程施工焊接相一致并处于正常工作状态。焊接工艺评定所用的钢材、焊钉、焊接材料必须与实际工程所用的材料一致并符合相应标准要求,且具有生产厂商出具的质量证明文件。

(5)焊接工艺评定试件应由该工程施工企业中技能熟练的焊接人员施焊。

(6)焊接工艺评定所用的焊接方法、钢材类别、试件接头形式、施焊位置分类代号应符合表 1-26 ~ 表 1-29 及图 1-51 ~ 图 1-54 的规定。

(7)焊接工艺评定试验完成后,应由评定单位根据检测结果提出焊接工艺评定报告,并连同焊接工艺评定指导书、评定记录、评定试样检验结果一起报工程质量监督验收部门和有关单位审查备案。报告及表格可采用附录的形式。

表 1-26　焊接方法分类

| 类别号 | 焊接方法 | 代号 |
|---|---|---|
| 1 | 手工电弧焊 | SMAW |
| 2-1 | 半自动实芯焊丝气体保护焊 | GMAW |
| 2-2 | 半自动药芯焊丝气体保护焊 | FCAW-G |
| 3 | 半自动药芯焊丝自保护焊 | FCAW-SS |
| 4 | 非熔化极气体保护焊 | GTAW |
| 5-1 | 单丝自动埋弧焊 | SAW |
| 5-2 | 多丝自动埋弧焊 | SAW-D |
| 6-1 | 熔嘴电渣焊 | ESW-MN |
| 6-2 | 丝极电渣焊 | ESW-WE |
| 6-3 | 板极电渣焊 | ESW-BE |
| 7-1 | 单丝气电立焊 | EGW |
| 7-2 | 多丝气电立焊 | EGW-D |
| 8-1 | 自动实芯焊丝气体保护焊 | GMAW-A |
| 8-2 | 自动药芯焊丝气体保护焊 | FCAW-GA |
| 8-3 | 自动药芯焊丝气体保护焊 | FCAW-SA |
| 9-1 | 穿透栓钉焊 | SW-P |
| 9-2 | 非穿透栓钉焊 | SW |

表 1-27　常用钢材分类

| 类别号 | 钢材强度级别 |
|---|---|
| Ⅰ | Q215、Q235 |
| Ⅱ | Q295、Q345 |
| Ⅲ | Q390、Q420 |
| Ⅳ | Q460 |

注：国内新材料和国外钢材按其化学成分、力学性能和焊接性能归入相应级别。

表 1-28　接头形式分类

| 接头形式 | 代号 |
|---|---|
| 对接接头 | B |
| T 形接头 | T |
| 十字接头 | X |

表 1-29　施焊位置分类

| 焊接位置 | | 代号 | 焊接位置 | 代号 |
|---|---|---|---|---|
| 板材 | 平 | F | 水平转动平焊 | 1G |
| | 横 | H | 竖立固定横焊 | 2G |
| | 立 | V | 水平固定全位置焊 | 5G |
| | 仰 | O | 倾斜固定全位置焊 | 6G |
| 管材 | | | 倾斜固定加挡板全位置焊 | 6GR |

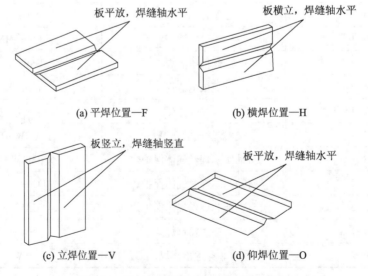

图 1-51　板材对接接头焊接位置示意图（1）

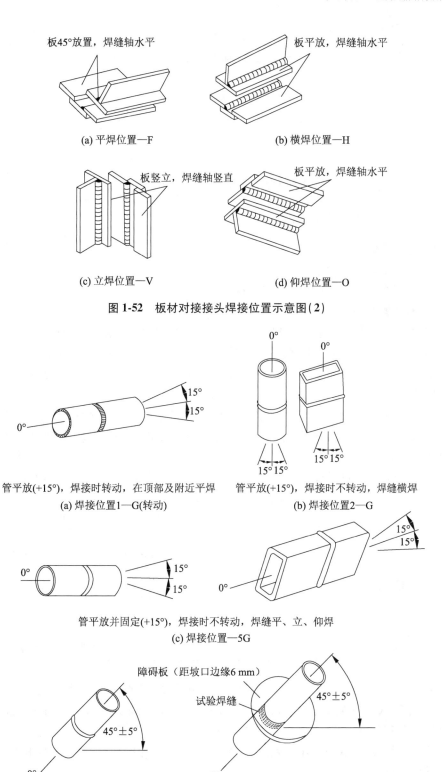

（a）平焊位置—F

（b）横焊位置—H

（c）立焊位置—V

（d）仰焊位置—O

图 1-52 板材对接接头焊接位置示意图（2）

管平放(+15°)，焊接时转动，在顶部及附近平焊

（a）焊接位置1—G(转动)

管平放(+15°)，焊接时不转动，焊缝横焊

（b）焊接位置2—G

管平放并固定(+15°)，焊接时不转动，焊缝平、立、仰焊

（c）焊接位置—5G

（d）焊接位置—6G

（e）焊接位置—6GR(T、K或Y形焊接)

图 1-53 管材对接接头焊接位置示意图

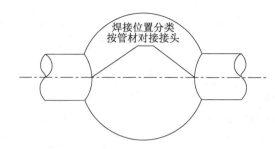

图 1-54 管-球接头试样示意图

### 1.3.2 焊接工艺评定规则

1. 基本规则

（1）不同焊接方法的评定结果不得互相代替。

（2）不同钢材的焊接工艺评定应符合下列规定：

① 不同类别钢材的焊接工艺评定结果不得互相代替。

② Ⅰ、Ⅱ类同类别钢材中当强度和冲击韧性级别发生变化时,高级别钢材的焊接工艺评定结果可代替低级别钢材的评定结果；Ⅰ、Ⅱ类同类别钢材中的焊接工艺评定结果不得相互代替；不同类别的钢材组合焊接时应重新评定,不得用单类钢材的评定结果代替。

③ 接头形式变化时应重新评定,但十字形接头评定结果可代替 T 形接头评定结果,全焊透或部分焊透的 T 形或十字形接头对接与角接组合的焊缝评定结果可代替角焊缝评定结果。

④ 评定合格的试件厚度在工程中适用的厚度范围应符合表 1-30 的规定。

表 1-30　评定合格的试件厚度在工程中适用的厚度范围

| 焊接方法类别号 | 评定合格试件厚度 $t/mm$ | 工程适用厚度范围 | |
| --- | --- | --- | --- |
| | | 板厚最小值 | 板厚最大值 |
| 1、2、3、4、5、8 | ≤25 | $0.75t$ | $2t$ |
| | >25 | $0.75t$ | $1.5t$ |
| 6、7 | 不限 | $0.5t$ | $1.1t$ |
| 9 | ≥12 | $0.5t$ | $2t$ |

⑤ 板材对接的焊接工艺评定结果适用于外径大于 600 mm 的管材对接。

⑥ 评定试件的焊后热处理条件应与钢结构制造、安装焊接中实际采用的焊后热处理条件基本相同。

⑦ 焊接工艺参数的变化不超过"重新进行工艺评定的规定"时,可不用重新进行工艺评定。

⑧ 焊接工艺评定结果不合格时,应分析原因,制订新的评定方案,按原步骤重新评定,直到合格为止。

⑨ 施工企业已具有同等条件焊接工艺评定资料时,可不必重新进行相应项目的焊接工艺评定试验。

2. 重新进行工艺评定的规定

(1) 使用焊条手工电弧焊时,下列条件之一发生变化,应重新进行工艺评定:

① 焊条熔敷金属抗拉强度级别发生变化;

② 由低氢型焊条改为非低氢型焊条;

③ 焊条直径增大 1 mm 以上。

(2) 使用熔化极气体保护焊时,下列条件之一发生变化,应重新进行工艺评定:

① 实芯焊丝与药芯焊丝的相互变换;药芯焊丝气体保护体与自保护的变化;

② 单一保护气体类别的变化,混合保护气体的混合种类和比例的变化;

③ 保护气体流量增加 25% 以上或减少 10% 以上的变化;

④ 焊炬手动与机械行走的变化;

⑤ 按焊丝直径规定的电流值、电压值和焊接速度的变化分别超过评定合格值的 10%、7% 和 10%。

(3) 使用非熔化极气体保护焊时,下列条件之一发生变化,应重新进行工艺评定:

① 保护气体种类的变化;

② 保护气体流量增加 25% 以上或减少 10% 以上的变化;

③ 添加焊丝或不添加焊丝的变化,冷态送丝和热态送丝的变化;

④ 焊炬手动与机械行走的变化;

⑤ 按电极直径规定的电流值、电压值和焊接速度的变化分别超过评定合格值的 25%、7% 和 10%。

(4) 使用埋弧焊时,下列条件之一发生变化,应重新进行工艺评定:

① 焊丝钢号变化,焊剂型号的变化;

② 多丝焊与单丝焊的变化;

③ 添加与不添加冷丝的变化;

④ 电流种类和极性的变化;

⑤ 按焊丝直径规定的电流值、电压值和焊接速度的变化分别超过评定合格值的 10%、7% 和 15%。

(5) 使用电渣焊时,下列条件之一发生变化,应重新进行工艺评定:

① 板极与丝极的变化,有无熔嘴的变化;

② 熔嘴截面积变化大于 30%,熔嘴牌号的变化,焊丝直径的变化,焊剂型号的变化;

③ 单侧坡口与双侧坡口焊接的变化;

④ 焊接电流种类和极性的变化;

⑤ 焊接电源伏安特性为恒压或恒流的变化;

⑥ 焊接电流值变化超过 20% 或送丝速度变化超过 40%,垂直行进速度变化超过 20% 的变化;

⑦ 焊接电压值变化超过 10%;

⑧ 偏离垂直位置超过 10°;

⑨ 成形水冷滑块与挡板的变化;

⑩ 焊剂装入量变化超过 30%。

（6）使用气电立焊时,下列条件之一发生变化,应重新进行工艺评定:

① 焊丝钢号与直径的变化;

② 气体保护与自保护药芯焊丝的变化;

③ 保护气体类别或混合比例的变化;

④ 保护气体流量增加 25% 以上或减少 10% 以上的变化;

⑤ 焊丝极性的变化;

⑥ 焊接电流变化超过 15% 或送丝速度变化超过 30%,焊接电压变化超过 10% 的变化;

⑦ 偏离垂直位置超过 10° 的变化;

⑧ 成形水冷滑块与挡板的变化。

（7）使用栓钉焊时,下列条件之一发生变化,应重新进行工艺评定:

① 焊钉直径或焊钉端头镶嵌(或喷涂)稳弧脱氧剂的变化;

② 瓷环材料与规格的变化;

③ 栓焊机与配套栓焊枪形式、型号与规格的变化;

④ 被焊钢材种类为Ⅰ类(Q215、Q235)、Ⅱ类(Q295、Q345);

⑤ 非穿透焊(被焊钢材上无压型板直接焊接)与穿透焊(被焊钢材上有压型板焊接)的变换;

⑥ 穿透焊中被穿透板材厚度、镀层厚度与种类的变化;

⑦ 焊接电流变化超过 10%,焊接时间在 1 s 以上时变化超过 0.2 s 或焊接时间在 1 s 以下时变化超过 0.1 s;

⑧ 焊钉伸出长度和提升高度的变化分别超过 1 mm;

⑨ 焊钉焊接位置偏离平焊位置 15° 以上的变化或立焊、仰焊位置的变换。

（8）使用其他焊接方法时,下列条件之一发生变化,应重新进行工艺评定:

① 坡口形状的变化超出了规程规定或坡口尺寸变化超出了规定允许偏差;

② 板厚变化超过表 1-30 规定的适用范围;

③ 有衬垫改为无衬垫,清焊根改为不清焊根变化;

④ 规定的最低预热温度下降 15 ℃ 以上或最高层间温度增加 50 ℃ 以上;

⑤ 当热输入有限制且热输入增加值超过 10% 的变化;

⑥ 改变施焊位置的变化;

⑦ 焊后热处理的条件发生变化。

### 1.3.3 焊接工艺评定试件制备

1. 试件制备要求

（1）选择试件厚度应符合评定试件厚度对工程构件厚度的有效适用范围。

（2）母材材质、焊接材料、坡口形状和尺寸应与工程设计图的要求一致,试件的焊接必须符合焊接工艺评定指导书的要求。

（3）试件的尺寸应满足所制备试样的取样要求。各种接头形式的试件尺寸、试样取样位置应符合图 1-55~图 1-62 的要求。

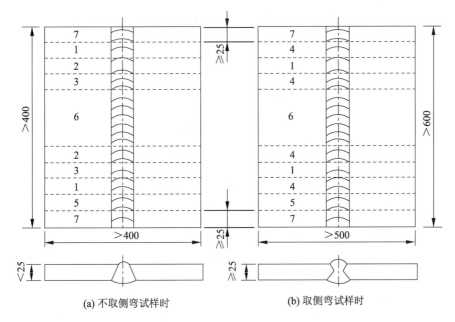

1—拉力试件；2—背弯试件；3—面弯试件；4—侧弯试件；5—冲击试件；6—备用；7—舍弃

**图 1-55  板材对接接头试件及试样示意图**

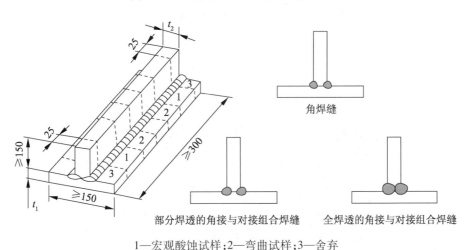

1—宏观酸蚀试样；2—弯曲试样；3—舍弃

**图 1-56  板材角焊缝和 T 形对接与角接组合焊缝接头试件及宏观、弯曲试样示意图**

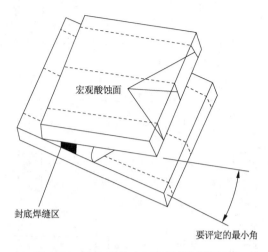

图 1-57　斜 T 形接头示意图(锐角根部)

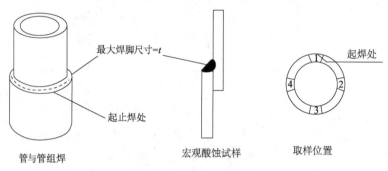

(a) 圆管套管接头与宏观试样

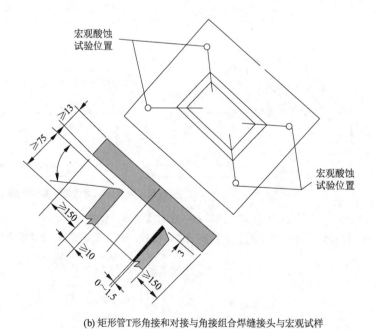

(b) 矩形管T形角接和对接与角接组合焊缝接头与宏观试样

图 1-58　管材角焊缝致密性检验取样位置示意图

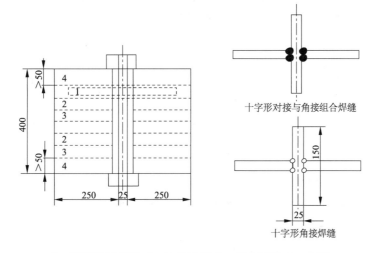

1—宏观酸蚀试样;2—拉伸试样;3—弯曲试样;4—舍弃

**图 1-59　板材十字形角接(斜角接)及对接与角接组合焊缝接头试件及试样示意图**

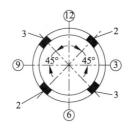

(a) 拉力试样为整管时弯曲试样位置

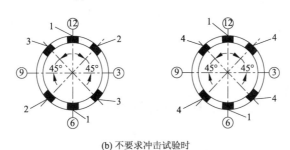

(b) 不要求冲击试验时

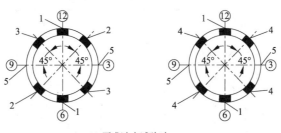

(c) 要求冲击试验时

③⑥⑨⑫—钟点记号,水平固定位置焊接时的定位

1—拉伸试样;2—面弯试样;3—背弯试样;4—冲击试样

**图 1-60　管材十字形角接(斜角接)及对接与角接组合焊缝接头试件及试样示意图**

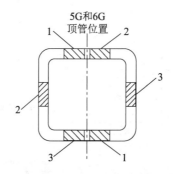

1—拉伸试样;2—面弯或侧弯试样;3—背弯或侧弯试样

**图 1-61　矩形板材对接接头试样位置示意图**

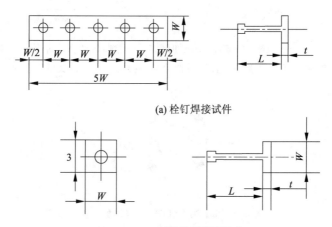

(a) 栓钉焊接试件

(b) 试件的形状及尺寸

$L$—焊钉长度;$t \geqslant 12$ mm;$W \geqslant 80$ mm

**图 1-62　栓钉焊接试件及试样示意图**

**2. 检验试样种类及加工要求**

（1）不同焊接接头形式和板厚的检验试样的取样种类及数量应符合表 1-31 的规定。

**表 1-31　检验类别和试样数量**

| 母材形式 | 试件接头形式 | 试件厚度/mm | 无损探伤 | 全断面拉伸 | 试样数量 | | | | | | | |
|---|---|---|---|---|---|---|---|---|---|---|---|---|
| | | | | | 拉伸 | 面弯 | 背弯 | 侧弯 | T形与十字形接弯曲 | 冲击③ | | 宏观酸蚀及硬度④⑤ |
| | | | | | | | | | | 焊缝 | 热影响区粗晶区 | 宏观酸蚀及硬度④⑤ |
| 板、管 | 对接接头 | <14 | ✓ | 管2① | 2 | 2 | 2 | — | — | 3 | 3 | — |
| | | ≥14 | ✓ | — | 2 | — | — | 4 | — | 3 | 3 | — |

续表

| 母材形式 | 试件接头形式 | 试件厚度/mm | 无损探伤 | 全断面拉伸 | 试样数量 | | | | | | | |
|---|---|---|---|---|---|---|---|---|---|---|---|---|
| | | | | | 拉伸 | 面弯 | 背弯 | 侧弯 | T形与十字形接弯曲 | 冲击③ | | 宏观酸蚀及硬度④⑤ |
| | | | | | | | | | | 焊缝 | 热影响区粗晶区 | 宏观酸蚀及硬度④⑤ |
| 板、管 | 板T形、斜T形和管T、K、Y形角接接头 | 任意 | — | — | — | — | — | — | 板2 | — | — | 板2⑥、管4 |
| 板 | 十字形接头 | ≥25 | 要 | — | 2 | — | — | — | 2 | 3 | 3 | 2 |
| 管-管 | 十字形接头 | 任意 | 要 | 2② | — | — | — | — | — | — | — | 4 |
| 管-球 | | | | | | | | | | | | 2 |
| 板-焊钉 | 栓钉焊接头 | 底板≥12 | | 5 | — | — | — | — | 5 | — | — | |

注：① 管材对接全截面拉伸试样适用于外径小于或等于 76 mm 的圆管对接试件,当管径超过该规定时,应按图 1-60 或图 1-62 截取拉伸试件。

② 管-管、管-球接头全截面拉伸试样适用的管径和壁厚由试验机的能力决定。

③ 冲击试验温度按设计选用钢材质量等级的要求进行。

④ 硬度试验根据工程实际需要进行。

⑤ 圆管 T、K、Y 形和十字形相贯接头试件的宏观酸蚀试样应在接头的趾部、侧面及根部各取一件;矩形管接头全焊透 T、K、Y 形接头试件的宏观酸蚀应在接头的角部各取一个,详见图 1-58b。

⑥ 斜 T 形接头(锐角根部)按图 1-58a 进行宏观酸蚀检验。

（2）对接接头检验试样的加工应符合下列规定：

① 拉伸试样的加工应符合现行国家标准《焊接接头拉伸试验方法》(GB/T 2651—2008)的规定。全截面拉伸试样按试验机的能力和要求加工。

② 弯曲试样的加工应符合现行国家标准《焊接接头弯曲试验方法》(GB/T 2653—2008)的规定。加工时应用机械方法去除焊缝加强高或垫板直至与母材齐平,试样受拉面应保留母材原轧制表面。

③ 冲击试样的加工应符合现行国家标准《焊接接头冲击试验方法》(GB/T 2650—2008)的规定。其取样位置应位于焊缝正面并尽量接近母材原表面。

④ 宏观酸蚀试样的加工应符合图 1-63 的要求。每块试样应取一个面进行检验,任意两检验面不得为同一切口的两侧面。

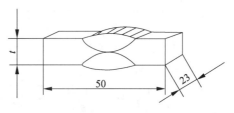

图 1-63　对接接头宏观酸蚀试样尺寸示意图

（3）T形角接接头宏观酸蚀试样的加工应符合图1-64的要求。

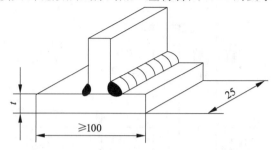

**图1-64　角接接头宏观酸蚀试样尺寸示意图**

（4）十字形角接接头检验试样的加工应符合下列要求：

① 接头拉伸试样的加工应符合图1-65的要求。

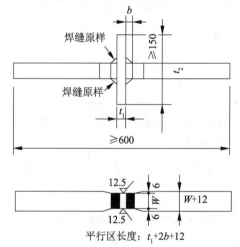

$t_1$—连接板厚度；$t_2$—试验材料厚度；$b$—根部间隙；

$t_2 < 36$ mm 时 $W = 35$ mm，$t_2 \geq 36$ mm 时 $W = 25$ mm；

平行区长度为 $t_1 + 2b + 12$

**图1-65　十字形接头拉伸试样示意图**

② 接头弯曲试样的加工应符合图1-66的要求。

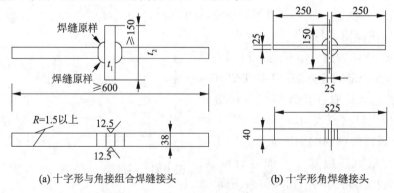

（a）十字形与角接组合焊缝接头　　　　（b）十字形角焊缝接头

**图1-66　十字形接头弯曲试样示意图**

③ 接头冲击试样的加工应符合图 1-67 的要求。

④ 接头宏观酸蚀试样的加工应符合图 1-68 的要求,检验面的选取应符合本条第(2)款的有关规定。

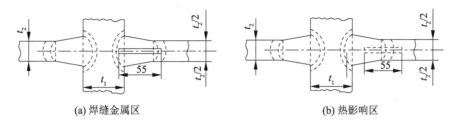

(a) 焊缝金属区　　　　　　　　　　(b) 热影响区

**图 1-67　十字形接头冲击试验的取样位置示意图**

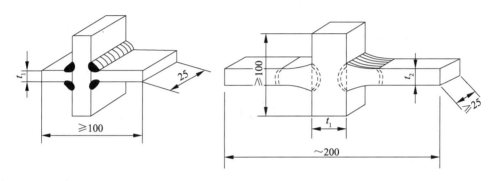

**图 1-68　十字形接头宏观酸蚀试样示意图**

(5) 斜 T 形角接接头、管–球接头、管–管相贯接头的宏观酸蚀试样的加工宜符合图 1-64 的要求。检验面的选取应符合本条第(2)款的有关规定。

### 1.3.4　试验与检验

1. 试件的外观检验要求

(1) 对接、角接及 T 形接头。

① 用不小于 5 倍的放大镜检查试件表面,不得有裂纹、未焊透、未熔合、焊瘤、气孔、夹渣等缺陷。

② 焊缝咬边总长度不得超过焊缝两侧长度的 15%,咬边深度不得超过 0.5 mm。

③ 焊缝外形尺寸应符合表 1-32 的要求。

表 1-32 对接、角接及 T 形接头焊缝外形尺寸允许偏差 mm

| 焊缝余高偏差 | | | 焊缝宽度比坡口每侧增宽 | 角焊缝焊脚尺寸偏差 | | 焊缝表面凹凸高低差 | 焊缝表面宽度差 |
|---|---|---|---|---|---|---|---|
| 不同宽度(*B*)的对接焊缝 | 角焊缝 | 对接与角接组合焊缝 | | 差值 | 不对称 | 在 25 mm 焊缝长度内 | 在 150 mm 焊缝长度内 |
| $B<15$ 时为 $0\sim3$；$15\leq B\leq25$ 时为 $0\sim4$；$B>25$ 时为 $0\sim5$ | $0\sim3$ | $0\sim5$ | $1\sim3$ | $0\sim3$ | $0\sim1+0.1$ 倍焊脚尺寸 | $\leq2.5$ | $\leq5$ |

（2）栓钉焊接头外观检验应符合表 1-33 的要求。当采用手工电弧焊进行焊钉焊接时，其焊缝外观检验应符合角焊缝的要求。

表 1-33 栓钉焊接头外观检验合格标准

| 外观检验项目 | 合格标准 |
|---|---|
| 焊缝外形尺寸 | 360°范围内：焊缝高>1 mm；焊缝宽>0.5 mm |
| 焊缝缺陷 | 无气孔、无夹渣 |
| 焊缝咬肉 | 咬肉深度<0.5 mm |
| 焊钉焊后高度 | 高度允许偏差±2 mm |

**2. 试件的无损检测**

试件的无损检测可用射线或超声波方法进行。射线探伤应符合现行国家标准《金属熔化焊焊接接头射线照相》（GB/T 3323—2005）的规定，焊缝质量不低于 BII 级；超声波探伤应符合现行国家标准《焊缝无损检测 超声检测 技术、检测等级和评定》（GB/T 11345—2013）的规定，焊缝质量不低于 BI 级。

**3. 试样的力学性能、硬度及宏观酸蚀试验方法的规定**

（1）拉伸试验方法

① 对接接头拉伸试验应符合现行国家标准《焊接接头拉伸试验方法》（GB/T 2651—2008）的规定。

② 栓钉焊接头拉伸试验应符合图 1-69 的要求。

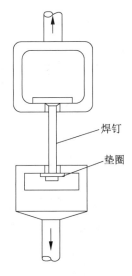

**图 1-69　栓钉焊接头试样拉伸试验方法示意图**

（2）弯曲试验方法

① 对接接头弯曲试验应符合现行国家标准《焊接接头弯曲试验方法》（GB/T 2653—2008）的规定。弯芯直径和冷弯角度应符合母材标准对冷弯的要求。面弯、背弯时试样厚度应为试件全厚度；侧弯时试样厚度应为 10 mm，试样宽度应为试件的全厚度，试件厚度超过 38 mm 时应按 20~38 mm 分层取样。

② T 形接头弯曲试验应符合现行国家标准《T 型角焊接头弯曲试验方法》（GB/T 7032—1986）的规定。弯芯直径应为 4 倍的试件厚度。

③ 十字形接头弯曲试验应符合图 1-70 的要求。

④ 栓钉焊接头弯曲试验应符合图 1-71 的要求。

（3）冲击试验应符合现行国家标准《焊接接头冲击试验方法》（GB/T 2650—2008）的规定。

（4）宏观酸蚀试验应符合现行国家标准《钢的低倍组织及缺陷酸蚀检验法》（GB/T 226—2015）的规定。

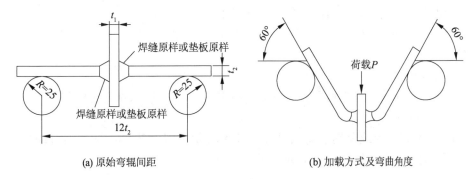

**图 1-70　十字形接头弯曲试验方法示意图**

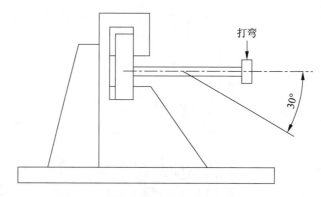

**图1-71　栓钉焊接头弯曲试验方法示意图**

（5）硬度试验应符合现行国家标准《焊接接头硬度试验方法》（GB/T 2654—2008）的规定。

4. 试样检验规定

1）接头拉伸试验

（1）对接接头母材为同钢号时，每个试样的抗拉强度值应不小于该母材标准中相应规格规定的下限值。对接接头母材为两种钢号组合时，每个试样的抗拉强度值应不小于两种母材标准相应规定下限值的较低者。

（2）十字接头拉伸时，应不断于焊缝。

（3）栓钉焊接头拉伸时，应不断于焊缝。

2）接头弯曲试验

（1）对接接头弯曲试验。试样弯至180°后应符合下列规定：各试样任何方向的裂纹及其他缺陷单个长度不大于3 mm；各试样任何方向不大于3 mm的裂纹及其他缺陷的总长不大于7 mm；四个试样各种缺陷总长不大于24 mm（边角处非熔渣引起的裂纹不计）。

（2）T形及十字形接头弯曲试验。弯至左右侧各60°时应无裂纹及明显缺陷。

（3）栓钉焊接头弯曲试验。试样弯曲至30°后焊接部位应无裂纹。

3）冲击试验

焊缝中心及热影响区粗晶区各三个试样的冲击功平均值应分别达到母材标准规定或设计要求的最低值，并允许一个试样低于以上规定值，但不得低于规定值的70%。

4）宏观酸蚀试验

试样接头焊缝及热影响区表面不应有肉眼可见的裂纹、未熔合等缺陷。

5）硬度试验

Ⅰ、Ⅱ类钢材焊缝及热影响区最高硬度不宜超过HV350；Ⅲ、Ⅳ类钢材焊缝及热影响区硬度应根据工程实际要求进行评定。

### 1.3.5　焊接工艺评定流程

焊接工艺评定按图1-72所示的焊接工艺评定流程进行。

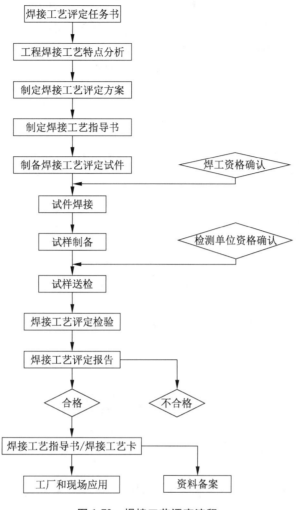

图 1-72　焊接工艺评定流程

单 元 小 结

本单元主要讲述了空间网格结构工程施工的基本知识,包括钢结构的材料、钢结构的连接、制图标准和焊接工艺评定。钢结构的材料包括钢结构对所用钢材的要求、影响钢材性能的主要因素、结构钢材的种类及牌号、结构钢材的选用及质量控制和钢材的规格及标注方法。钢结构的连接包括焊接连接和螺栓连接,焊接连接包括对接连接和角焊缝连接,螺栓连接包括普通螺栓连接及高强度螺栓连接。钢结构制图标准包括型钢及焊缝、螺栓和螺栓孔的标注方法。焊接工艺评定包括钢结构板材焊接、管材焊接、栓钉焊等评定要求、评定规则以及评定方法。

　　本单元的学习旨在为后续的常见空间网格结构工程施工提供基本的共性知识。本单元的重点是钢结构材料及连接的施工图识读,通过识读钢结构工程设计图和施工详图,完成相关的实训项目,帮助学生学会从技术文件中提取所需的技术信息,并初步具备审查技术文件的能力,从而提高学生的学习兴趣,强化学生理论联系实际的意识。

[实训]

(1)识读某钢结构工程施工图,要求:

① 列出该工程所用的材料品种、牌号及规格,对应找出其质量要求。

② 列出该工程所用的连接方式、所在位置,举例识读连接构造,并写出纸质识图说明。

**某钢结构工程图纸**

(2)参观钢结构制作和安装现场,通过理论联系实际了解、熟悉有关连接的材料、方法和加工工艺等。

[课后讨论]

(1)某钢结构工程选用了哪几种材料? 选材考虑了哪些因素? 具体说明。

(2)某钢结构工程采用了哪几种连接方法? 各考虑了哪些因素? 具体说明。

(3)某钢结构工程连接是否满足构造要求,且与构造要求比对说明。

## 练 习 题

(1)钢结构对钢材性能有哪些要求? 这些要求用哪些指标来衡量?

(2)钢材受力有哪两种破坏形式? 它们对结构安全有何影响?

(3)影响钢材机械性能的主要因素有哪些? 为何低温及复杂应力作用下的钢结构要求质量较高的钢材?

(4)钢结构中常用的钢材有哪几种? 钢材牌号的表示方法是什么?

(5)钢材选用应考虑哪些因素? 怎样选用才能保证经济合理?

(6)钢结构常用的连接方法有哪几种? 它们各有何特点?

(7)焊缝连接常用的焊缝基本截面形式有几种? 接头形式有哪些? 绘出它们的示意图。

(8)对接焊缝常用的坡口形式有哪些?

(9)角焊缝的尺寸要求有哪些?

(10)说明焊缝符号的组成和常用焊缝符号所表示的意义。

(11)焊接材料选用的原则是什么? 手工焊接 Q235、Q345、Q390、Q420 钢构件时须分别采用哪种焊条系列?

(12)焊缝的质量等级分为几级? 焊缝质量等级的选用原则是什么?

(13)焊接残余应力和残余变形对结构性能有哪些影响? 工程中如何减小这些影响?

(14)螺栓的排列和构造要求有哪些?

（15）根据传力方式,螺栓连接分为几种？各有何特点？

（16）受剪普通螺栓有哪几种可能的破坏形式？如何防止？

（17）根据受力特征高强度螺栓分哪两种？分别比较二者在受剪连接和受拉连接计算中的异同之处。

（18）叙述在钢结构施工图中螺栓及栓孔的表示方法。

# 学习单元 2　网架结构工程施工

**【内容提要】**

本单元主要介绍网架结构基本知识、网架结构组成与网架结构图纸识读;网架的加工设备、加工工艺、构件拼装;网架的施工安装方法;网架结构的验收要点等内容。旨在培养学生网架结构识图、网架结构构件加工制作与施工安装方面的技能,通过课程讲解使学生掌握网架结构的组成、构造、加工工艺、施工安装方法等知识;通过动画、录像、实操训练等强化学生从事网架结构施工的相关技能。

## 2.1　网架结构基本知识与图纸识读

网架结构是由很多杆件按一定规律组成的网状结构体系,杆件之间互相起支撑作用,形成多向受力的空间结构。网架节点一般视为铰接节点,杆件只承受轴向力;其挠度远小于网架的高度,属小挠度范畴;网架结构的材料都按弹性受力状态考虑。网架结构具有跨度大、覆盖面积大、结构轻、整体性强、稳定性好、空间刚度大等优点,主要用于大空间建筑。

电子课件

### 2.1.1　网架结构基本知识

1. 网架结构的支承情况

网架结构按支承情况可分为周边支承网架、点支承网架、周边与点支承混合网架、三边支承一边开口或两边支承两边开口网架以及悬挑网架等。

微课视频

1)周边支承网架

周边支承网架是目前采用较多的一种形式,所有边界节点都搁置在柱或梁上,传力直接,网架受力均匀,如图 2-1 所示。当网架周边支承于柱顶时,网格宽度可与柱距一致;当网架支承于周边梁上时,网格的划分比较灵活,可不受柱距影响。

2)点支承网架

点支承网架一般有四点支承和多点支承两种情形,由于支承点处集中受力较大,宜在周边设置悬挑以减小网架跨中杆件的内力和挠度,如图 2-2 所示。

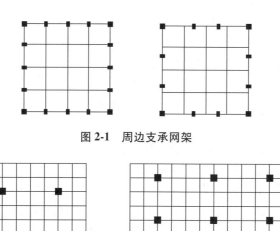

**图 2-1   周边支承网架**

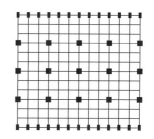

**图 2-2   点支承网架**

3）周边与点支承混合网架

在点支承网架中，当周边没有围护结构和抗风柱时，可采用点支承与周边支承相结合的形式，这种支承方法适用于工业厂房和展览厅等公共建筑结构，如图 2-3 所示。

4）三边支承一边开口或两边支承两边开口网架

根据建筑功能的要求，使网架仅在三边（或两对边）上支承，另一边（或两对边）为自由边，如图 2-4 所示。自由边的存在对网架受力不利，结构中应对自由

**图 2-3   周边与点支承混合网架**

边做加强处理，一般可在自由边附近增加网架层数或在自由边加设托梁或托架。对中小型网架，也可采用增加网架高度或局部加大杆件截面的办法予以加强。

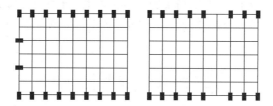

**图 2-4   三边支承一边开口或两边支承两边开口网架**

5）悬挑网架

为满足一些特殊的需求，有时候网架结构的支承形式为一边支承、三边自由。为使网架结构的受力合理，必须在另一方向设置悬挑，以平衡下部支承结构的受力，使之趋于合理，例如体育场看台的罩棚。

2. 网架结构的网格形式

根据《空间网格结构技术规程》(JGJ 7—2010)的规定,目前经常采用的网架结构分为 4 个体系 13 种网格形式。

1) 交叉平面桁架体系

这个体系的网架结构是由一些相互交叉的平面桁架组成的,如图 2-5 所示。一般应使斜腹杆受拉、竖腹杆受压,斜腹杆与弦杆之间的夹角宜为 40°~60°。该体系的网架有以下四种:

(1)两向正交正放网架。两向正交正放网架是由两组平面桁架互成 90°交叉而成,弦杆与边界平行或垂直。上、下弦网格尺寸相同,同一方向的各平面桁架长度一致,制作、安装较为简便,如图 2-6 所示。由于上、下弦为方形网格,属于几何可变体系,应适当设置上、下弦水平支承,以保证结构的几何不变性,有效地传递水平荷载。两向正交正放网架适用于建筑平面为正方形或接近正方形且跨度较小的情况。

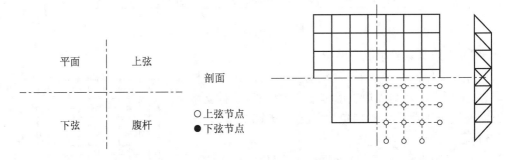

图 2-5　网架结构图示图例　　　　图 2-6　两向正交正放网架

(2)两向正交斜放网架。两向正交斜放网架由两组平面桁架互呈 90°交叉而成,弦杆与边界呈 45°,边界可靠时,为几何不变体系,如图 2-7 所示。各榀桁架长度不同,靠近角部的短桁架相对刚度较大,对与其垂直的长桁架有一定的弹性支撑作用,可以使长桁架中部的正弯矩减小,因而比正交正放网架经济。不过由于长桁架两端有负弯矩,四角支座将产生较大的拉力。当采用一定形式时,可使角部拉力由两个支座负担,避免过大的角支座拉力。两向正交斜放网架适用于建筑平面为正方形或长方形的情况。

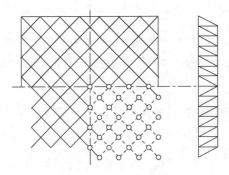

图 2-7　两向正交斜放网架

（3）两向斜交斜放网架。两向斜交斜放网架由两组平面桁架斜向相交而成,弦杆与边界成一斜角,如图 2-8 所示。这类网架在网格布置、构造、计算分析和制作安装上都比较复杂,而且受力性能也比较差。除特殊情况外,一般不宜使用。

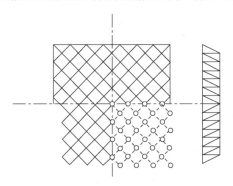

**图 2-8　两向斜交斜放网架**

（4）三向网架。三向网架由三组互成 60°的平面桁架相交而成,如图 2-9 所示。这类网架受力均匀,空间刚度大,但汇交于一个节点的杆件数量较多,节点构造比较复杂,宜采用圆钢管杆件及球节点。三向网架适用于大跨度($L>60$ m)而且建筑平面为三角形、六边形、多边形和圆形等平面形状比较规则的情况。

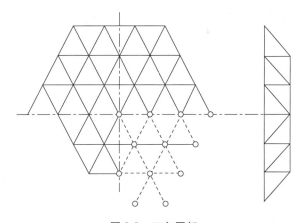

**图 2-9　三向网架**

2）四角锥体系

这类网架的上、下弦均呈正方形(或接近正方形的矩形)网格,相互错开半格,使下弦网格的角点对准上弦网格的形心,再在上、下弦节点间用腹杆连接起来,即形成四角锥体系网架。该体系的网架有以下五种形式:

（1）正放四角锥网架。它由倒置的四角锥体组成,锥底的四边为网架的上弦杆,锥棱为腹杆,各锥顶相连即为下弦杆。它的弦杆均与边界正交,如图 2-10 所示。这类网架杆件受力均匀,空间刚度比其他类的四角锥网架及两向网架好。屋面板规格单一,便于起拱,屋面排水也较容易处理。但杆件数量较多,用钢量略高。正放四角锥网架适用于

电子课件

建筑平面接近正方形的周边支承情况,也适用于屋面荷载较大、大柱距点支承及设有悬挂吊车的工业厂房的情况。

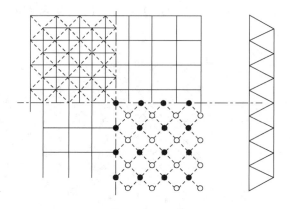

图 2-10　正放四角锥网架

（2）正放抽空四角锥网架。正放抽空四角锥网架是在正放四角锥网架的基础上,除周边网格不动外,适当抽掉一些四角锥单元中的腹杆和下弦杆,使下弦网格尺寸扩大一倍,如图 2-11 所示。其杆件数目较少,降低了用钢量,抽空部分可作采光天窗,下弦内力较正放四角锥约放大一倍,内力均匀性、刚度有所下降,但仍能满足工程要求。正放抽空四角锥网架适用于屋面荷载较轻的中、小跨度网架的情况。

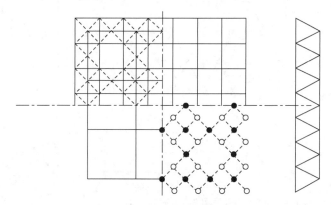

图 2-11　正放抽空四角锥网架

（3）斜放四角锥网架。斜放四角锥网架的上弦杆与边界呈 45°,下弦正放,腹杆与下弦在同一垂直平面内,如图 2-12 所示。上弦杆长度约为下弦杆长度的 0.707 倍。在周边支承情况下,一般为上弦受压、下弦受拉。节点处汇交的杆件较少(上弦节点 6 根,下弦节点 8 根),用钢量较省。但因上弦网格斜放,屋面板种类较多,屋面排水坡的形成也较困难。当平面长宽比为 1~2.25 时,长跨跨中下弦内力大于短跨跨中的下弦内力;当平面长宽比大于 2.5 时,长跨跨中下弦内力小于短跨跨中的下弦内力。当平面长宽比为 1~1.5 时,上弦杆的最大内力不在跨中,而是在网架 1/4 平面的中部。这些内力分布规律不同于普通简支平板的规律。斜放四角锥网架当采用周边支承且周边无刚性联系时,会出现四角锥体绕 $z$ 轴旋转的不稳定情况,因此,必须在网架周边布置刚性边梁。当为点支承时,可在周边布置封闭的边桁架。此类网架适用于中、小跨度周边支承,或周边支承与点支承相结合的方形或矩形平面情况。

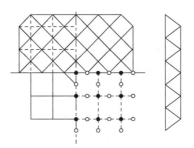

图 2-12  斜放四角锥网架

（4）星形四角锥网架。这种网架的单元体形似星体,星体单元由两个倒置的三角形小桁架相互交叉而成,如图 2-13 所示。两个小桁架底边构成网架上弦,它们与边界呈 45°。在两个小桁架交汇处设有竖杆,各单元顶点相连即为下弦杆。因此,它的上弦为正交斜放,下弦为正交正放,斜腹杆与上弦杆在同一竖直平面内。上弦杆比下弦杆短,受力合理,但在角部的上弦杆可能受拉,该处支座可能出现拉力。网架的

微课视频

受力情况接近交叉梁系,刚度稍差于正放四角锥网架。此类网架适用于中、小跨度周边支承的网架。

（5）棋盘形四角锥网架。棋盘形四角锥网架是在斜放四角锥网架的基础上,将整个网架水平旋转 45°,并加设平行于边界的周边下弦,如图 2-14 所示。此种网架也具有短压杆、长拉杆的特点,受力合理。由于周边满锥,它的空间作用得到保证,受力均匀。棋盘形四角锥网架的杆件较少,屋面板规格单一,用钢指标良好。此类网架适用于小跨度周边支承的网架。

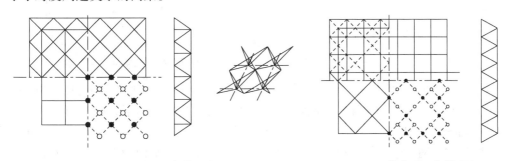

图 2-13  星形四角锥网架         图 2-14  棋盘形四角锥网架

3）三角锥体系

这类网架的基本单元是一倒置的三角锥体。锥底正三角形的三边为网架的上弦杆,其棱为网架的腹杆。三角锥单元体布置的不同,上、下弦网格可为正三角形或正六边形,从而构成不同的三角锥网架。

（1）三角锥网架。三角锥网架上、下弦平面均为三角形网格,下弦三角形网格的顶点对着上弦三角形网格的形心,如图 2-15 所示。此类网架受力均匀,整体抗扭、抗

弯刚度好,但节点构造复杂,上、下弦节点交汇杆件数均为 9 根。适用于建筑平面为三角形、六边形及圆形的情况。

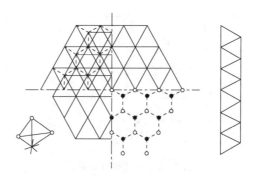

图 2-15　三角锥网架

（2）抽空三角锥网架。抽空三角锥网架是在三角锥网架的基础上,抽去部分三角锥单元的腹杆和下弦杆而形成的。当下弦杆由三角形和六边形网格组成时,称为抽空三角锥网架Ⅰ型,如图 2-16 所示;当下弦单面全为六边形网格时,称为抽空三角锥网架Ⅱ型,如图 2-17 所示。这种网架减少了杆件数量,用钢量省,但空间刚度也较三角锥网架小;其上弦网格较密,便于铺设屋面板,下弦网格较疏,以节省钢材。抽空三角锥网架适用于荷载较小、跨度较小的三角形、六边形及圆形平面的建筑。

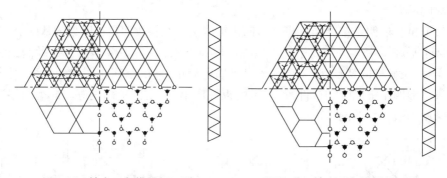

图 2-16　抽空三角锥网架Ⅰ型　　　　图 2-17　抽空三角锥网架Ⅱ型

（3）蜂窝形三角锥网架。蜂窝形三角锥网架由一系列的三角锥组成,其上弦平面为正三角形和正六边形网格,下弦平面为正六边形网格,腹杆与下弦杆在同一垂直平面内,如图 2-18 所示。该网架中上弦杆短、下弦杆长,受力合理,每个节点只汇交 6 根杆件,是常用网架中杆件数和节点数最少的一种,但是上弦平面的六边形网格增加了屋面板布置与屋面找坡的困难。蜂窝形三角锥网架适用于中、小跨度周边支承的情况,可用于六边形、圆形或矩形平面。

（4）折线形网架折线形网架俗称折板网架,它由正放四角锥网架演变而来,也可以看作是折板结构的格构化,如图 2-19 所示。当建筑平面长宽比大于 2 时,正放四角锥网架单向传力的特点很明显,此时网架长跨方向弦杆的内力很小,从强度角度考虑可将长向弦杆(除周边网格外)取消,得到沿短向支承的折线形网架。折线形网架适用于狭长矩形平面的建筑。

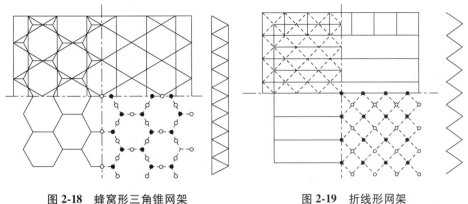

图 2-18　蜂窝形三角锥网架　　　　图 2-19　折线形网架

3. 网架结构的节点构造和杆件

网架结构的节点形式很多,按节点在网架中的位置可分为中间节点(网架杆件交汇的一般节点)、再分杆节点、屋脊节点和支座节点;按节点的连接方式可分为焊接连接节点、高强度螺栓连接节点、焊接和高强度螺栓混合连接节点;按节点的构造形式可分为板节点、半球节点、球节点、钢管圆筒节点、钢管鼓节点等。我国最常用的是焊接钢板节点、焊接空心球节点、螺栓球节点等。

电子课件

网架结构节点形式的选择要根据网架类型、受力性质、杆件截面形状、制造工艺和安装方法等条件来确定。例如,对于交叉平面桁架体系中的两向网架,用角钢作为杆件时,一般多采用钢板节点;对于空间桁架体系(四角锥、三角锥体系等)网架,用圆钢管作为杆件时,若杆件内力不是非常大(一般 ≤750 kN),可采用螺栓球节点,若杆件内力非常大,一般应采用焊接空心球节点。

1)焊接钢板节点

焊接钢板节点一般由十字节点板和盖板组成。十字节点板是用两块带企口的钢板对插焊接而成,也可由三块焊成,如图 2-20 所示。焊接钢板节点多用于双向网架和四角锥体组成的网架。常用焊接钢板节点的双向网架结构形式如图 2-21 所示。

2)焊接空心球节点

空心球由两个压制的半球焊接而成,分为加肋和不加肋两种,如图 2-22 所示,它适用于钢管杆件的连接。当空心球的外径为 1300 mm 且内力较大,需要提高承载能力时,球内可加环肋,其厚度不应小于球壁厚度,同时杆件应连接在环肋的平面内。球节点与杆件相连接时,两杆件在球面上的距离 $a$ 不得小于 10 mm,如图 2-23 所示。

焊接球节点的半圆球,宜用机床加工成坡口。焊接后的成品球的表面应光滑平整,不得有局部凸起或褶皱,其几何尺寸和焊接质量应符合设计要求。成品球应按1%比例作抽样进行无损检查。

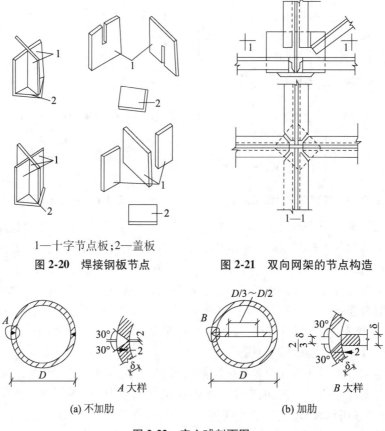

1—十字节点板；2—盖板

图 2-20　焊接钢板节点　　　　图 2-21　双向网架的节点构造

(a) 不加肋　　　　　　　　　(b) 加肋

图 2-22　空心球剖面图

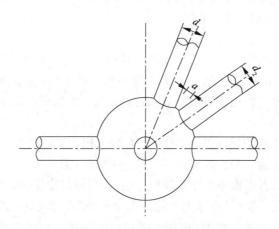

图 2-23　空心球节点示意图

3）螺栓球节点

螺栓球节点是通过螺栓将管形截面的杆件和钢球连接起来的节点，一般由螺栓、钢球、销子、套管和锥头或封板等零件组成，如图 2-24 所示。螺栓球节点毛坯不圆度的允许制作误差为 2 mm，螺栓按三级精度加工，其检验标准按 GB 1228～GB 1231 规定执行。

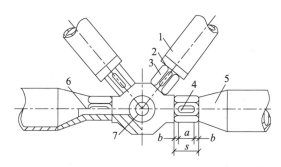

1—钢管;2—封板;3—套管;4—销子;5—锥头;6—螺栓;7—钢球

**图 2-24　螺栓球节点示意图**

4）网架杆件

（1）杆件截面形式。钢杆件截面形式分为圆钢管、角钢和薄壁型钢三种。

圆钢管可采用高频电焊钢管或无缝钢管。高频电焊钢管是利用高频电流的集肤效应和邻近效应,利用集中于管坯边缘上的电流将接合面加热到焊接温度,再经挤压、辊压焊成的焊接管,网架结构一般用直缝焊管。角钢杆件使用较少。

薄壁圆钢管因其相对回转半径大及其截面特性的无方向性,对受压和受扭均有利,故一般情况下,圆钢管截面比其他型钢截面可节约 20% 的用钢量,在有条件时应优先采用薄壁圆钢管截面。

（2）杆件截面形式的选择。杆件截面形式的选择与网架的网格形式有关。对交叉平面桁架体系,可选用角钢或圆钢管杆件;对于空间桁架体系（四角锥体系、三角锥体系）,则应选用圆钢管杆件。杆件截面形式的选择还与网架的节点形式有关。若采用钢板节点,宜选用角钢杆件;若采用焊接球节点、螺栓球节点,则应选用圆钢管杆件。

（3）网架杆件截面尺寸要求。网架的杆件尺寸应满足下列要求:

① 普通型钢一般不宜采用小于∟50×3 的角钢。

② 薄壁型钢厚度不应小于 2 mm。杆件的下料、加工宜采用机器加工的方法进行。

**4. 网架结构的支座节点**

1）压力支座节点

常用的压力支座节点有下面四种:

（1）平板压力支座节点,如图 2-25 所示。这种节点由十字形节点板和一块底板组成,构造简单、加工方便、用钢量省。但其支承板下的摩擦力较大,支座不能转动或移动,支承板下的应力分布也不均匀,和计算假定相差较大,一般只适用于较小跨度（≤40 m）的网架。平板压力支座底板上的螺栓孔可做成椭圆孔,以便于安装;宜采用双螺母,并在安装调整完毕后与螺杆焊死。螺栓直径一般取 M16～M24,按构造要求设置。螺栓在混凝土中的锚固长度一般不宜小于 25$d$（不含弯钩）。网架结构的平板压力支座中的底板、节点板、加劲肋及焊缝的计算、构造要求均与平面钢桁架支座节点的有关要求相似。

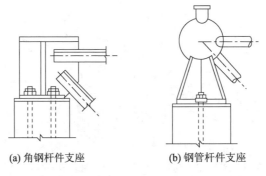

(a) 角钢杆件支座　　　　　　　(b) 钢管杆件支座

图 2-25　平板压力支座节点

（2）单面弧形压力支座节点，如图 2-26 所示。这种支座在支座板与支承板之间加一弧形支座垫板，使之能转动。弧形垫板一般用铸钢或厚钢板加工而成，支座可以产生微量转动和移动（线位移），支承垫板下的反力比较均匀，改善了较大跨度网架由于挠度和温度应力影响下的支座受力性能，但摩擦力较大。为使支座转动灵活，可将两个螺栓放在弧形支座的中心线上；当支座反力较大需要设置 4 个螺栓时，为不影响支座的转动，可在置于支座四角的螺栓上部加设弹簧，用于调节支座在弧面上的转动。为保证支座能有微量移动（线位移），网架支座栓孔应做成椭圆孔或大圆孔。单面弧形支座板的材料一般用铸钢，也可以用厚钢板加工而成，它适用于大跨度网架的压力支座。

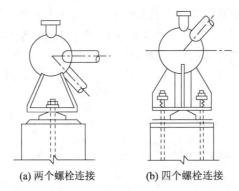

(a) 两个螺栓连接　　　　　　　(b) 四个螺栓连接

图 2-26　单面弧形压力支座节点

（3）双面弧形压力支座节点，又称为摇摆支座节点，如图 2-27 所示。这种支座在支座板与柱顶板之间设一块上下均为弧形的铸钢件，在铸钢件两侧设有从支座板与柱顶板上分别焊出的带有椭圆孔的梯形钢板，以螺栓将这三者连接在一起，在正常温度变化下，支座可沿铸钢块的两个弧面做一定的转动和移动，以满足网架既能自由伸缩又能自由转动的要求。这种支座适用于跨度大、支承网架的柱子或墙体的刚度较大、周边支座约束较强、温度应力也较显著的大型网架，但其构造较复杂，加工麻烦，造价较高且只能在一个方向上转动。

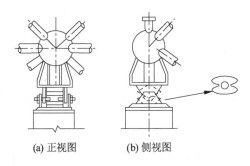

(a) 正视图　　　　　(b) 侧视图

图 2-27　双面弧形压力支座节点

（4）球形铰压力支座节点，如图 2-28 所示。这种支座是以一个凸出的实心半球嵌合在一个凹进的半球内，在任何方向都能转动而不产生弯矩，并在 $x$、$y$、$z$ 三个方向上都不会产生线位移，比较符合不动球铰支座的计算简图。为防止地震作用或其他水平力的影响使凹球与凸球脱离，支座四周应以锚栓固定，并应在螺母下放置压力弹簧，以保证支座的自由转动不受锚拴的约束影响。在构造上，凸球面的曲率半径应较凹球面的曲率半径小一些，以使接触面呈点接触，利于支座的自由转动。这种节点适用于跨度较大或带悬伸的四点支承或多点支承的网架。

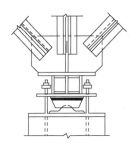

图 2-28　球形铰压力支座节点

以上四种支座用螺栓固定后，应加副螺母等防松，螺母下面螺纹段的长度不宜过长，避免网架受力时产生反作用力，即向上翘起或产生侧向拉力而使螺母松脱或螺纹断裂。

2）拉力支座节点

有些周边支承的网架，如斜放四角锥网架、两向正交斜放网架，在角隅处的支座上往往产生拉力，故应根据承受拉力的特点设计成拉力支座。在拉力支座节点中，一般都是利用锚栓来承受拉力的，锚栓的位置应尽可能靠近节点的中心线。为使支承板下不产生过大的摩擦力，网架在温度变化时支座有可能做微小的移动和转动，一般都不要将锚栓过分拧紧。锚栓的净面积可根据支座拉力 $N$ 的大小来计算。

常用的拉力支座节点有下列两种形式：

（1）平板拉力支座节点。对于较小跨度的网架，支座拉力较小，可采用与平板压力支座相同的构造，利用连接支座与支承的锚栓来承受拉力。锚栓的直径按计算来确定，一般锚栓的直径不小于 20 mm，锚栓的位置应尽可能靠近节点的中心线。平板拉力支座节点构造比较简单，适用于跨度较小的网架。

（2）弧形拉力支座节点。弧形拉力支座节点的构造与弧形压力支座相似。支承平面做成弧形，以利于转动。为了更好地将拉力传递到支座上，承受拉力的锚栓附近的节点板应加肋，以增强节点刚度。弧形支承板的材料一般用铸钢或厚钢板加工而成。为了转动方便，最好尽量将螺栓布置在靠近节点中心位置，同时不要将螺母拧得太紧，以便在网架产生位移或转角时，支座板可以比较自由地沿弧面移动或转动。这种节点适用于中、小跨度的网架。

5. 网架结构屋面排水坡度的形成

网架结构的屋面坡度一般取 1% ~ 4%，以满足屋面排水的要求，多雨地区宜选用较大值。当屋面结构采用有檩体系时，还应考虑檩条挠度对泄水的影响。对于荷载、跨度较大的网架结构，还应考虑网架竖向挠度对排水的影响。

屋面坡度的形成方法（图 2-29）有以下几种：

（1）上弦节点加小立柱找坡，当小立柱较高时，应注意小立柱自身的稳定性，这种做法构造比较简单。

（2）网架变高度，当网架跨度较大时，会造成受压腹杆太长。

（3）支承柱找坡，采用点支承方案的网架可用此法找坡。

（4）整个网架起拱，一般用于大跨度网架。网架起拱后，杆件、节点的规格明显增多，使网架的设计、制造、安装复杂化。当起拱高度小于网架短向跨度的 1/150 时，由起拱引起的杆件内力变化一般不超过 5% ~ 10%，因此仍按不起拱的网架计算内力。

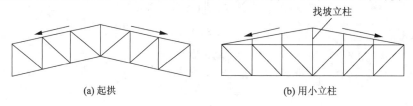

(a) 起拱      (b) 用小立柱

**图 2-29　屋面坡度的形成方法**

6. 网架结构的起拱

网架施工起拱是为了消除网架在使用阶段的挠度影响。一般情况下，中、小跨度网架不需要起拱。对于大跨度（$L_2 > 60$ m）网架或建筑上有起拱要求的网架，起拱高度可取 $L_2/300$，$L_2$ 为网架的短向跨度。网架起拱的方法，按线型可分为折线型起拱和弧线型起拱；按方向分为单向起拱和双向起拱。狭长平面的网架可单向起拱，接近正方形平面的网架应双向起拱。网架起拱后，会使杆件的种类选择、网架设计、制造和安装增加很多麻烦。

7. 网架结构的容许挠度

网架结构的容许挠度不应超过下列数值：用作屋盖结构——$L_2/250$；用作楼盖结构——$L_2/300$。其中，$L_2$ 表示网架的短向跨度。

### 2.1.2　网架结构图纸识读

本部分由教师分别选取平面网架、弧形网架、螺栓球节点和焊接球节点网架施工图供学生进行识图实训。

## 2.2　网架结构的加工与制作

网架的制作包括杆件制作和节点制作,均在工厂进行。

### 2.2.1　网架结构杆件的加工

**1. 杆件加工的一般要求**

钢管应用机床下料,以保证其长度和坡口的准确。角钢宜用剪床、砂轮切割机或气割下料。下料长度应考虑焊接收缩量,焊接收缩量与许多因素有关,如焊缝厚度、焊接时的电流强度、气温、焊接方法等,可根据经验结合网架结构的具体情况确定,当缺乏经验时应通过试验确定。

螺栓球节点网架的零件还包括封板、锥头、套筒和高强螺栓(9.8 级)。封板经钢板下料、锥头经钢材下料及胎模锻造毛坯后进行正火处理和机械加工,再与钢管焊接,焊接时应将高强螺栓放在钢管内;套筒制作需经钢材下料、胎模锻造毛坯、正火处理、机械加工和防腐处理等程序;高强螺栓由螺栓制造厂供应。

网架的所有部件都必须进行加工质量和几何尺寸检查,检验参照《网架结构工程质量检验评定标准》(JGJ 78—1991)进行。

**2. 焊接收缩量**

杆件不管是钢管还是钢都应考虑焊接收缩量。影响焊接收缩量的因素较多,如焊缝的长度和高度、气温的高低、焊接电流密度、焊接采用的方法、一个节点经多次循环间隔焊成还是集中一次焊成、焊工的操作情况等。焊接收缩量不易留准,其大小需根据工程经验,再结合现场和网架结构的具体情况通过试验确定。目前不少工程因预留收缩量不够

微课视频

使网架总拼后尺寸偏小。下列有关收缩量的数值可作参考:钢管球节点加衬管时,每个焊口放 1.5~3.5 mm;钢管球节点不加衬管时,每个焊口放 1.0~2.0 mm;焊接钢板节点时,每个节点放 2.0~3.0 mm。当进入秋冬季,或焊缝较宽、较厚时取较大值。杆件下料前应取得较准确的预留收缩量值,杆件的下料尺寸应由理论长度加上预留收缩量值。如果杆件的下料尺寸不准确,在现场拼装焊接时就只能调整焊接宽度以修正网架尺寸。

螺栓球节点的钢管杆件成品是指钢管与锥头或封板的组合长度,其允许偏差是指组合偏差,要求为杆件长度的±1 mm。

**3. 杆件制作工艺流程**

杆件的制作工艺流程如图 2-30 所示。

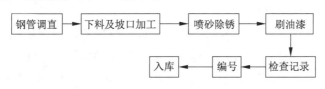

**图 2-30　杆件制作工艺流程**

4. 杆件制作要求

（1）钢管调直,采用人工冷矫正,对于有明显凹面、划痕深度大于0.5 mm的钢管应严禁使用。矫正后的钢管直线度偏差不得超过管长的1/500。

电子课件

（2）杆件下料必须用机械切割,严禁使用电弧和氧气切割,当使用氧炔焰断切时,应采用磨光机将端口砂磨至露出金属光泽,杆件端面与轴线的垂直允许误差为$L/200$,杆件长度的允许误差为±1 mm,管口曲线允许偏差为1 mm。

（3）网架结构配件的除锈均采用机械打磨除锈,再用布条除去油污,金属表面必须露出金属本色,清理干净、干燥后方可进行下一道工序。

（4）涂装即涂刷红丹防锈漆,通常采用空压机喷涂。严防流挂、返黏、皱纹等现象的发生。防锈漆涂层总厚度应满足设计和规范要求。

（5）由专职质检员负责各道工序的检查、记录、编号、堆放,不得有漏记、误记的现象。

（6）质检员应复核入库。

### 2.2.2 网架结构节点的加工

电子课件

1. 螺栓球节点

螺栓球节点是通过螺栓将圆钢管杆件和钢球连接起来的一种节点形式,如图2-31所示。这种节点对空间汇交的圆钢管杆件适应性强,杆件连接不会产生偏心,没有现场焊接作业,运输、安装方便。

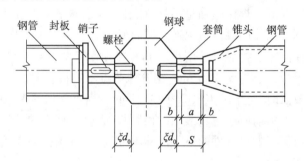

**图 2-31　螺栓球节点**

1）螺栓球节点的组成、材料、特点

螺栓球一般由钢球、高强度螺栓、紧固螺钉（或销子）、套筒、锥头和封板等零件组成,适合于连接圆钢管杆件。这些零件多由高强度钢材制成,其所用材料、加工成型方法、性能要求规范都有严格要求。

螺栓球节点的优点是节点小、重量轻,节点用钢量约占网架用钢量的10%,可用于任何形式的网架,特别适用于四角锥或三角锥体系的网架。这种节点的安装极为方便,可拆卸,安装质量易得到保证。根据网架的具体情况可以采用散装、分条拼装和整体拼装等安装方法。螺栓球节点的缺点是球体加工复杂、零部件多、加工精度要求高、价格贵、所需钢号不一、工序复杂。

2）螺栓球节点的构造原理及受力特点

（1）构造原理。螺栓球节点的连接构造原理如图 2-32 所示。先将置有高强度螺栓的锥头或封板焊在钢管杆件的两端，在伸出锥头或封板的螺杆上套上带有紧固螺钉孔的六角套筒（又称无纹螺母），拧入紧固螺钉使其端部进入位于高强度螺栓无螺纹段上的滑槽内。拼装时，拧转套筒，通过紧固螺钉带动高强度螺栓转动，使螺栓旋入钢球体。在拧紧的过程中，紧固螺钉沿螺栓上的滑槽移动，当高强度螺栓紧至设计位置时，紧固螺钉也到达滑槽端头的深槽，将螺钉旋入深槽固定，即完成了拼装过程。

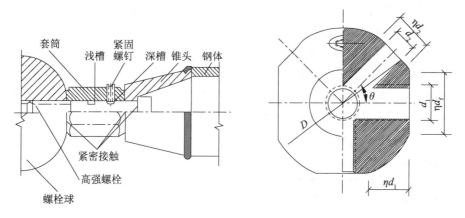

图 2-32　螺栓球节点的连接构造原理

（2）受力特点。拧紧螺栓的过程相当于对节点施加预应力的过程。预应力的大小与拧紧程度成正比。此时螺栓受预拉力，套筒受预压力，在节点上形成自相平衡的内力，而杆件不受力。当网架承受荷载后，拉杆内力通过螺栓受拉传递，随着荷载的增加，套筒预压力逐渐减小；受到破坏时，杆件压力全由套筒承受。

（3）螺栓钢球体的设计。螺栓钢球体直径的大小主要取决于高强度螺栓的直径、高强度螺栓拧入球体的长度及相邻两杆件轴线之间的夹角。当网架中各杆件所需高强度螺栓直径确定后，螺栓钢球直径的大小应同时满足两个条件：① 保证相邻两螺栓在球体内不相碰；② 保证套筒与钢球之间有足够的接触面。

钢球直径 $D$ 可按以下公式确定：

$$D \geqslant \sqrt{\left(\frac{d_2}{\sin \theta}+d_1 \operatorname{ctg} \theta+2\xi d_1\right)^2+\eta^2 d_1^2}$$

$$D \geqslant \sqrt{\left(\frac{\eta d_2}{\sin \theta}+\eta d_1 \operatorname{ctg} \theta\right)^2+\eta^2 d_1^2}$$

式中：$D$ 为钢球直径（应取两式计算结果中的较大值），mm；$d_1$、$d_2$ 为高强度螺栓直径且 $d_1 \geqslant d_2$，mm；$\theta$ 为两高强度螺栓轴线之间的最小夹角，rad；$\xi$ 为高强度螺栓伸进钢球长度与高强度螺栓直径的比值，一般取 $\xi=1.1$；$\eta$ 为套筒外接圆直径与高强度螺栓直径的比值，一般取 $\eta=1.8$。

如果相邻两个高强度螺栓直径相同,即 $d_1 = d_2 = d_0$,则以上两式简化为

$$D \geqslant 2d_0 \sqrt{\left(\frac{1}{2}\mathrm{ctg}\frac{\theta}{2}+\xi\right)^2 + \frac{\eta^2}{4}}$$

$$D \geqslant \frac{\eta d_0}{\sin\frac{\theta}{2}}$$

钢球直径应取计算结果中的较大值,并应符合产品系列尺寸的要求。网架跨度、荷载较小时,钢球直径 $D$ 不大,整个网架的钢球可共用一个直径,但钢球加工费用高;当网架跨度、荷载较大时,会使用钢量增加,工程成本也会加大。因此,可根据计算结果选择不同的钢球直径,但种类不宜过多。

(4)高强度螺栓。高强度螺栓应符合国家标准《钢结构用高强度大六角头螺栓》(GB/T 1228—2006)规定的性能等级要求(8.8 级或 10.9 级),并符合国家标准《普通螺栓 基本尺寸》(GB/T 196—2003)的规定。为方便螺栓头部在锥头或封板内转动,应将高强度螺栓的大六角头改制成圆头,如图 2-33 所示。

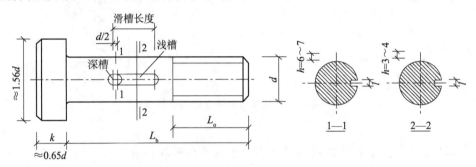

图 2-33 高强度螺栓

一般情况下,根据网架中的最大受拉弦杆内力和最大受拉腹杆内力各选定一个螺栓直径,若这两个螺栓直径相差太大,可以在这两者之间再选一种螺栓直径;即使网架跨度、荷载较大,高强度螺栓直径的选用也不宜过多,以免导致设计、制造、安装的过程过于麻烦。

高强度螺栓的栓杆长度 $L_b$ 由构造确定,如图 2-34 所示。

$$L_b = \xi d + L_n + \delta$$

式中:$L_b$ 为高强度螺栓的栓杆长度,mm;$\xi d$ 为高强度螺栓伸入钢球的长度($\xi = 1.1$,$d$ 为螺栓直径),mm;$L_n$ 为套筒(无纹螺母)的长度,mm;$\delta$ 为锥头底板或封板的厚度,mm。

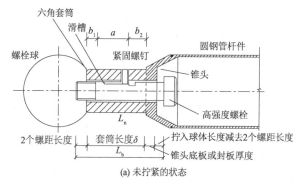

(a) 未拧紧的状态

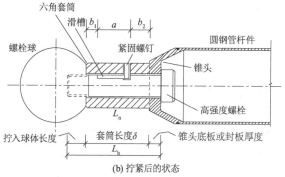

(b) 拧紧后的状态

(c) 加工好的锥头

图 2-34　高强度螺栓与螺栓球和圆钢管杆件的连接

高强度螺栓上的滑槽应设在无螺纹的光杆处,浅槽深度一般为 3~4 mm,深槽深度一般为 6~7 mm,滑槽长度可按下式计算:

$$a = \xi d - c + d_s + 4$$

式中:$a$ 为滑槽深度,mm;$d\xi$ 为高强度螺栓伸入钢球的长度,mm;$c$ 为高强度螺栓露出套筒外的长度,一般 $c = 4~6$ mm,且不应小于两个螺距;$d_s$ 为紧固螺钉的直径,一般为 M4、M5、M6、M8、M10。

受压杆件端部只要通过套筒传递压力,此处高强度螺栓只起连接作用,因此可按其内力设计值所求得的螺栓直径适当减少,但必须保证套筒具有足够的抗压承载能力。

（5）套筒（无纹螺母）。套筒的作用是拧紧高强度螺栓,承受圆钢管杆件传来的压力,如图 2-35 所示。套筒的外形尺寸应符合扳手开口尺寸系列,端部保持平整,内孔径可比高强度螺栓直径大 1 mm。

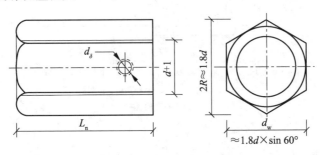

图 2-35  套筒（无纹螺母）

（6）紧固螺钉。紧固螺钉是在扳手拧转螺栓时起到承受剪力的作用,如图 2-36 所示。当高强度螺栓拧至设计所要求的深度时,紧固螺钉到达螺栓滑槽端部的深槽,将紧固螺钉旋入深槽,加以固定,防止套筒松动。

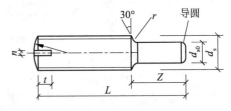

图 2-36  紧固螺钉

紧固螺钉采用高强度钢材制成,并经热处理,其直径一般可取高强度螺栓直径的 0.2~0.3 倍且不宜小于 M4,也不宜大于 M10,螺纹按三级精度加工。

紧固螺钉中的尺寸 $L$ 和 $Z$ 应根据套筒的厚度和高强度螺栓杆上的浅槽深度、深槽深度及其构造要求来确定。

锥头或封板台阶外径与钢管内径相配,不允许有正公差,要求 $\begin{cases} +1.0 \\ -1.0 \end{cases}$,台阶长度为 5~8 mm;锥头或封板台阶外圆端部开 30°坡口,钢管端部也开 30°坡口,并在此处采用 V 形对接二级焊缝,以使焊缝与管材等强度;焊缝宽度 $b$ 取 2~5 mm,当钢管壁厚 $t \leqslant$ 10 mm 时,取 $b=2$ mm。

（7）锥头和封板。当圆钢管杆件直径 $\geqslant 76$ mm 时,宜采用锥头连接（图 2-37a）。锥头的任何截面均应与杆件截面等强度,锥头底板的厚度不宜小于被连接杆件外径的 1/6。锥头底板外侧平直部分的外接圆直径一般取高强度螺栓直径的 1.8 倍加 3~5 mm;锥头斜向筒壁的坡度应 $\leqslant 1/4$。当圆钢管杆件直径<76 mm 时,可采用封板连接（图 2-37b）。其厚度不宜小于杆件外径的 1/5,锥头和封板的表面要保持平整,以确保紧固高强度螺栓的装配质量。高强度螺栓孔中心线应尽量与杆件轴线重合,螺栓孔径比螺栓直径大 0.5~1.0 mm。

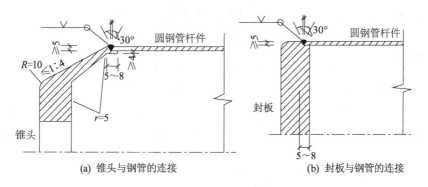

(a) 锥头与钢管的连接　　　　　　　　(b) 封板与钢管的连接

**图 2-37　锥头或封板与钢管的连接**

3）螺栓球的加工

螺栓球毛坯的加工方法有铸造和模锻两种。铸造球容易产生裂缝、砂眼;模锻球质量好、工效高、成本低。

螺栓球节点的制作工序:圆钢加热→锻造毛坯→正火处理→加工定位螺纹孔（M20）及其平面→加工各螺纹孔及平面→打加工工号→打球号。

螺栓球加工前应先加工一个分度夹具,其精度约为工件成品精度的三倍左右,反过来说,用某级别精度加工的工件,要比夹具降低精度三倍。螺栓球在车床上加工时,先加工平面螺孔,再用分度夹具加工斜孔,各螺孔螺纹尺寸应符合《普通螺纹　基本尺寸》(GB/T 196—2003)标准中粗牙螺纹的规定,螺纹公差应符合《普通螺纹　公差》(GB/T 197—2003)标准中 6H 级精度的规定。螺孔角度及螺孔端面距球心尺寸的允许偏差如图 2-38 所示。螺孔角度的测量可用测量芯棒、高度尺、分度头等工具配合进行。

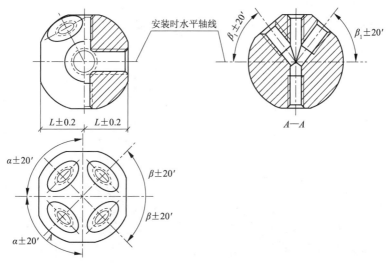

$\alpha$—弦杆角度;$\beta$—腹杆与弦杆螺孔轴线平面间的夹角;$\beta_1$—腹杆螺孔轴线在弦杆螺孔轴线平面上的投影与弦杆螺孔轴线间的夹角;$L$—螺孔端面距球心尺寸,mm

**图 2-38　螺孔角度及螺孔端面距球心尺寸的允许偏差**

螺栓球节点零件所用材料及加工方法的选用如表 2-1 所示。

表 2-1　螺栓球节点零件所用材料及加工方法选用

| 零件名称 | 采用钢号 | 成型方法 | 机械性能要求 | | 备注 |
|---|---|---|---|---|---|
| 钢球 | 45 号钢 | | 机械加工 | | 原坯球锻压或铸造 |
| 高强度螺栓和紧固螺钉 | 45 号钢<br>40Cr 钢<br>40B 钢<br>20MnTiB 钢 | 与一般的高强度螺栓加工方法相同 | 经热处理后的硬度（HRC） | 20~30<br>32~36<br>34~38<br>34~38 | 8.8 级高强螺栓用<br>10.9 级高强螺栓用<br>10.9 级高强螺栓用<br>10.9 级高强螺栓用 |
| 锥头、封板 | Q235 钢<br>16Mn 钢 | 锥头采用铸造、锻造 | | | 应与杆件钢号一致 |
| 六角套筒（无纹螺母） | Q235 钢<br>20 号钢<br>45 号钢<br>16Mn 钢 | 机械加工 | | | 可由六角钢直接加工 |
| 销子 | 高强度钢丝 | 机械加工 | | | |

**2. 焊接空心球节点**

当网架杆件内力很大（一般≥750 kN）时,若仍采用螺栓球节点,会造成钢球过大从而使用钢量增多,此时应考虑采用焊接空心球节点,如图 2-39 所示。

微课视频

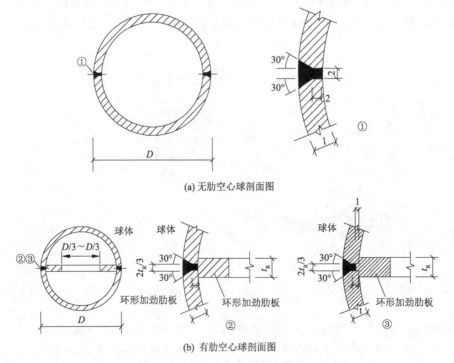

(a) 无肋空心球剖面图

(b) 有肋空心球剖面图

图 2-39　焊接空心球节点

焊接空心球节点的优点:传力明确、构造简单、造型美观、连接方便、适应性强。这种球节点适用于连接圆钢管,只要钢管切割面垂直于杆件轴线,杆件就能在空心球体上自然对中而不产生偏心。由于球体没有方向性,可与任意方向的杆件相连,当汇交杆件较多时,其优点更为突出。因此,它的适应性强,可用于各种形式的网架结构。

焊接空心球节点的缺点:用钢量较大,节点用钢量占网架总用钢量的 20% ~ 25%;冲压焊接费工,焊接质量要求高,现场仰焊、立焊占很大比重;杆件下料要求准确;若焊接工艺不当造成焊接变形过大,则后续难于处理。

1)焊接空心球节点构造

焊接空心球节点是用两块圆钢板(钢号 Q235 钢或 Q345 钢)经热压或冷压成两个半球后对焊而成的。钢球外径一般为 160 ~ 500 mm,分为加肋和不加肋两种,肋板厚度与球壁相等;肋板可用平台或凸台,当采用凸台时,其高度应 ≤1 mm。

空心球外径 $D$ 与球壁厚 $t$ 的比值一般取 $D/t = 25 ~ 45$;空心球壁厚 $t$ 与连接空心球的圆钢管最大壁厚 $t_{max}^P$ 的比值宜取 $t/t_{max}^P = 1.5 ~ 2.0$;空心球壁厚宜取 $t ≥ 4$ mm。

为了便于施焊,确保焊缝质量以及避免焊缝过分集中,空心球面上各杆件之间的净距宜取 $a ≥ 10$ mm。同一网架中,宜采用一种或两种规格的球,最多不超过 4 种,以避免设计、制造、安装过程中的复杂化。空心球应钻一个 $\phi 6$ 的小孔,以供焊接时球内的空气膨胀逸出之用。但焊接完毕后应将小孔封闭,以免球内发生锈蚀。

有下列情况之一时,宜在空心球内加设环形加劲肋板:

(1)空心球的外径 $D ≥ 300$ mm,且连接于空心球的圆钢管杆件的内力较大时。

(2)空心球的壁厚 $t$ 小于与球相连的圆钢管腹杆壁厚 $t_s$ 的 2 倍,即 $t < 2t_s$ 时。

(3)空心球的外径 $D$ 大于与球相连的圆钢管腹杆外径 $d_s$ 的 3 倍,即 $D > 3d_s$ 时。

(4)在同一网架中,往往需要调整和统一空心球的外径以减少球的规格,为此而需要在空心球内加设环形加劲肋板以满足球体的承载力设计值。

环形加劲肋板一般与空心球的球壁等厚,且应将内力较大的圆钢管杆件设置在环形加劲肋板的平面内。在工程实践中,一般设置在较大内力弦杆的轴线平面内。

2)焊接空心球节点的直径

根据连接于空心球面上的两相邻圆钢管杆件之间的净距、两杆件轴线之间的夹角及两圆钢管杆件的外径,可按下式计算空心球的最小外径:

$$D = (d_1 + 2a + d_2)/\theta$$

式中:$D$ 为空心球的最小外径,mm;$a$ 为空心球上两圆钢管杆件之间的净距,应有 $a ≥ 10$ mm;$\theta$ 为汇集于球节点任意两圆钢管杆件之间的夹角,rad;$d_1$、$d_2$ 为组成 $\theta$ 角的两圆钢管杆件的外径,mm。

根据上式计算出的 $D$,再考虑与焊接空心球外径的产品系列尺寸相一致,可初步选定钢球的外直径 $D$。

3)焊接空心球与杆件的连接

圆钢管杆件与空心球的焊接连接,一般均应满足与被连接的圆钢管杆件截面等强。对于小跨度的轻型网架,当管壁厚度 $t < 6$ mm 时,圆钢管杆件与空心球之间可采

用角焊缝连接,圆钢管内可不加设短衬管。

对于中跨度以上的网架,或与空心球相连的杆件内力较大,且管壁厚度≥6 mm时,圆钢管端部应开坡口,并增设短衬管,与钢球之间采用完全焊透的对接焊缝连接,焊缝质量等级为二级,以确保焊缝与杆件钢材等强。此时其连接细部构造如图 2-40所示。但有时对某些内力较大的杆件,为了确保焊缝与母材等强,除了对接焊缝外,还采用部分角焊缝予以加强。

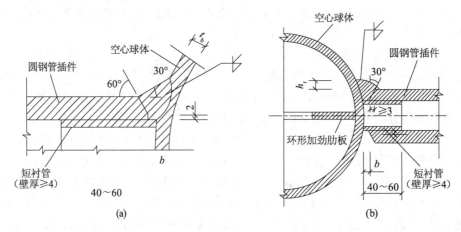

(a)

(b)

**图 2-40　焊接空心球与杆件的连接**

4)焊接空心球的加工

(1)焊接球制作工艺流程如图 2-41 所示。

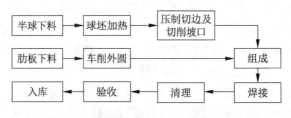

**图 2-41　焊接球制作工艺流程**

(2)焊接球制作主要工序:

① 半球下料:按每一种空心球的规格进行放样,将钢板仿型切割下料成半球坯,清除毛边、编号登记。

② 球坯加热:将切割好的钢板球坯放在发射炉上进行加热,发射炉加热温度应控制在 1000~1100 ℃。

③ 压制切削:用压力机将球坯压制成半圆球体,用半球车床精加工车削成设计要求的规格。

④ 组成及焊接:焊接空心球由两个半球焊接而成,分为不加肋和加单肋两种,所加劲肋板的厚度同空心球的壁厚;按施工图要求焊接拼接,采用环形全位置施焊,焊接好的成品球应表面光滑平整,不得有局部凸起、褶皱等。加工质量要求按规范《钢网架焊接空心球节点》(JG/T 11—2009)进行检验。

　　焊接球的加工方法有热轧和冷轧两种,目前生产的球多为热轧。热轧半圆球的下料尺寸约为 $\sqrt{2}D$($D$ 为球的外径)。轧制球的模子,其下模有漏模和底模两种,为简化工艺,降低成本,多用漏模生产。半圆球轧制过程如图 2-42 所示。上、下模的材料可用具有一定硬度的铸钢或铸铁,上、下模尺寸应考虑球的冷却收缩率。下模的圆角宜适中,圆角太小容易拉薄,圆角太大钢板容易褶皱。制球时对圆钢板加热应均匀,如果加热不均匀,热轧后球壁会发生厚度不匀和拉裂等弊病。加热温度为 700~800 ℃,呈暗淡的枣红色。

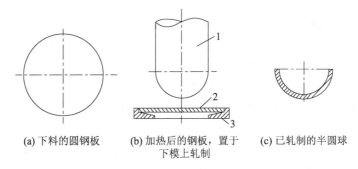

(a) 下料的圆钢板　　(b) 加热后的钢板,置于　　(c) 已轧制的半圆球
　　　　　　　　　　　　　　下模上轧制

1—上模;2—加热后的圆钢板;3—下模(漏模)

**图 2-42　半圆球轧制过程示意图**

　　热轧球容易产生以下弊病:壁厚不均匀;"长瘤",即局部凸起;带"荷叶边",即边缘有较大的褶皱。用漏模热轧的半圆球,其壁厚不均匀情况如图 2-43 所示,靠近半圆球的上口偏厚,上模的底部与侧边的过渡区域偏薄。网架规程规定壁厚最薄处的允许减薄量为 13%,且不得大于 1.5 mm,即:当球的设计壁厚为 11.5 mm 时,两个条件同时满足;当壁厚大于 11.5 mm 时,由绝对值 1.5 mm 控制;当壁厚小于 11.5 mm 时,由 13% 的相对值控制。球壁的厚度可用超声波测厚仪测量。球体不允许有"长瘤"现象,"荷叶边"应在切边时切去。半圆球切口应用车床切削,在切口的同时做出坡口。

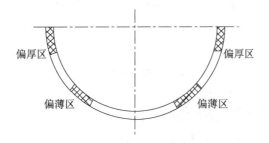

偏厚区　　　　　　　　偏厚区

偏薄区　　　　　　　　偏薄区

**图 2-43　半圆球壁厚不均匀规律**

　　成品球直径经常有偏小现象,这是由于上模磨损或考虑冷却收缩率不够等所致。如果负偏差过大,会造成网架总拼尺寸偏小。故网架规程规定:当球外径<300 mm 时,允许偏差为 1.5 mm;当球外径>300 mm 时,允许偏差为 2.5 mm。球的圆度(即最小外径与最大外径之差的绝对值)不仅会影响拼装尺寸,而且会造成节点偏心,故应

控制在一定范围内。参照《网架结构工程质量检验评定标准》（JGJ 78—1991）的规定，当球的外径<300 mm 时，允许偏差为±1.5 mm；当球的外径>300 mm 时，允许偏差为±2.5 mm。

检验成品球直径及圆度偏差时，每个球测量三对直径（六个直径），每对互成 90°；圆度用三对直径差的算术平均值计取；直径值即采用此六个直径的算术平均值。测量工具可以采用卡钳及钢尺或 V 形块及百分表。

焊接球节点是由两个热轧后经机床加工的两个半圆球相对焊成的。如果两个半圆球互相对接的接缝处是圆滑过渡的（即在同一圆弧上），则不产生对口错边量；如果两个半圆球对得不准，或大小不一，则在接缝处产生错边值。不论球大小，错边值一律不得大于 1 mm。

3. 焊接钢板节点的制作

由于焊接钢板节点与角钢杆件用贴角焊缝连接，焊缝长度可以调节，节点板尺寸一般设计得较宽裕，故在《空间网格结构技术规程》（JGJ 7—2010）中提出的允许偏差较大，为±2 mm。

制作时，首先根据图纸要求在硬纸板或镀锌薄钢板上足尺放样，制成样板，样板上应标出杆件、螺孔等中心线。节点钢板即可按此样板下料，为了使钢板具有整齐的边角，宜采用剪板机或砂轮切割下料，但对不光洁边角应进行修整。节点板按图纸要求角度先施点焊定位，然后以角尺或样板为标准，用锤轻击逐渐矫正，最后进行全面焊接。在节点焊接完成后，要求节点板相互间的夹角仍与角尺或样板符合规范规定，十字节点板间、十字节点板与盖板间夹角的允许偏差为±20′，在杆件焊接前可用标准角规测量检验。焊接节点时，应采取措施减少焊接变形和焊接应力，如果选用适当的焊接顺序，采用小电流（210 A 以下）和分层焊接等，为使焊缝左右均匀，宜采用图 2-44所示的船形位置施焊。

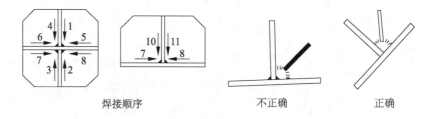

焊接顺序　　　　　　不正确　　　　　正确

图 2-44　焊接钢板节点的制作

### 2.2.3　网架构件包装、运输和存放

网架构件的包装、运输和存放应满足下列基本要求：

（1）包装在涂层干燥后进行；包装应保护构件涂层不受损伤，保证构件、零件不变形、不损坏、不散失；包装要符合公司质量体系文件的有关规定。

（2）螺纹涂防锈剂并包裹，传力平面和铰轴孔的内壁涂抹防锈剂，铰轴和铰轴孔采取保护措施。

（3）包装箱上标注构件或零件的名称、编号、重量等，并填写包装清单。

（4）运输网架构件时,根据网架构件的长度、重量选用合适的车辆;网架构件在运输车辆上的支点、两端伸出的长度及绑扎方法均须保证网架构件不产生变形、不损伤涂层。

（5）网架构件存放场地应平整坚实,无积水。构件按种类、型号、安装顺序分区存放;底层垫枕应有足够的支承面,并防止支点下沉。相同型号的网架构件叠放时,各层网架构件的支点应在同一垂直线上,并防止网架构件被压坏和产生变形。

## 2.3　网架结构的安装

电子教材

网架的杆件与节点制作完毕后,为了减少现场工作量,保证拼装质量,最好预先在工厂或预制拼装场内拼成单片桁架,或拼成较小的空间网架单元,然后再运到现场完成网架的总拼工作。网架拼装应根据网架的跨度、平面形状、网架结构形状和吊装方法等因素,综合分析和确定网架的拼装方案,一般可采用整体拼装、小单元拼装(分条或分块单元拼装)等。不论选用哪种拼装方式,拼装时均应在拼装模板上进行,要严格控制各部分尺寸。对于小单元拼装的网架,为保证高空拼装节点的吻合和减少积累误差,一般应在地面预装。

### 2.3.1　网架结构的拼装

网架的拼装一般可分为小拼与总拼两个过程。小拼单元指网架结构安装工程中除散件之外的最小安装单元,一般分为平面桁架和锥体两种类型。中拼单元指网架结构安装工程中由散件和小拼单元组成的安装单元,一般分为条状和块状两种类型。拼装时要选择合理的焊接工艺,尽量减少焊接变形和焊接应力。拼装的焊接顺序应从中间开始,再向两端或四周延伸展开进行。焊接节点的网架拼装完成后,应全面检查其所有的焊缝,对大、中跨度的钢管网架对接焊缝应做无损检测。

1. 网架结构拼装准备

1）主要机具

（1）电焊机、氧-乙炔设备、砂轮锯、钢管切割机床等加工机具。

（2）钢卷尺、钢板尺、游标卡尺、测厚仪、超声波探伤仪、磁粉探伤仪、卡钳、百分表等检测仪器。

（3）铁锤、钢丝刷等辅助工具。

2）作业条件

（1）拼装焊工必须具有焊接考试合格证,有相应焊接工位的资格证明。

（2）拼装前应对拼装场地做好安全措施、防火措施。拼装前应对拼装胎位进行检测,防止胎位移动和变形。拼装胎位应留出恰当的焊接变形余量,防止拼装杆件变形、角度变形。

（3）拼装前杆件尺寸、坡口角度以及焊缝间隙应符合规定。

（4）熟悉图纸,编制好拼装工艺,做好技术交底。

（5）拼装前应对拼装用的高强螺栓逐个进行硬度试验,达到标准值才能用于拼装。

3）作业准备

（1）螺栓球加工时的机具和夹具的调整、角度的确定、机具的准备。

（2）焊接球加工时，加热炉的准备、焊接球压床的调整、工具和夹具的准备。

（3）焊接球半圆胎架的制作与安装。

（4）焊接设备的选择与焊接参数的设定。采用自动焊时，自动焊设备的安装与调试、氧-乙炔设备的安装。

（5）拼装用的高强度螺栓在拼装前应全部加以保护，防止焊接时的飞溅影响到螺纹。

（6）焊材在保温与烘烤时应有专门的烤箱。

2. 网架结构中的小拼单元

钢网架小拼单元一般是指焊接球网架的拼装。螺栓球网架在杆件拼装、支座拼装之后即可安装，不进行小拼单元。

1）小拼单元划分的原则

（1）尽量增大工厂焊接的工作量比例。

（2）应将所有节点都焊在小拼单元上，网架总拼时仅连接杆件。

2）小拼单元的制作

根据网架结构的施工原则，小拼及中拼单元均应在工厂内制作。

小拼单元的拼装是在专用模架上进行的，以确保小拼单元形状、尺寸的准确性。小拼模架有平台型和转动型两种，如图 2-45 和图 2-46 所示。平台型模架类似于平面桁架的放样拼整平台；转动型模架是将节点与杆件夹在特制的模架上，待点焊定位后，再在此转动的模架上全面施焊。这样焊接的条件较好，焊接质量易于保证。

电子课件

微课视频

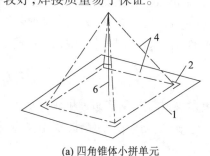

(a) 四角锥体小拼单元

(b) 桁架式小拼单元

1—拼装平台；2—用角钢做的靠山；3—搁置节点槽口；

4—网架杆件中心线；5—临时上弦；6—标杆

图 2-45　平台型模架示意图

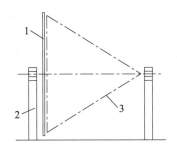

1—模架;2—支架;3—锥体网架杆件

图 2-46 转动型模架示意图

在划分小拼单元时,应考虑网架结构的类型及总拼方案的具体条件。小拼单元可以是平面桁架或单个锥体,其原则是尽量使小拼单元本身为一几何不变体。图 2-47 所示为划分小拼单元的实例,其中图 2-47a 为两向正交斜放网架小拼单元的布置;图 2-47b 为斜放四角锥网架分割方案,此时的小拼单元必须加设可靠的临时上弦,以免在翻身或吊运时变形。对于斜放四角锥网架,也可采用四角锥体的小拼单元,此时节点均连在单元体上,总拼时只需连接单元间的杆件。

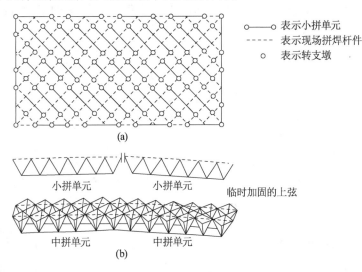

图 2-47 网架的小拼单元划分

3. 总拼

网架结构在总拼时,应选择合理的焊接工艺顺序,以减少焊接变形与焊接应力。一般采用由中间向两端或四周发展拼装与焊接的顺序为宜,这样可以使网架在焊接时能比较自由地收缩。如果采用相反的拼装与焊接方法,易产生封闭圈使杆件产生较大的焊接应力。

网架总拼时,除必须遵守施焊的原则之外,还应将整个网架划分成若干圈,先焊内圈的下弦杆以构成下弦网格,再焊腹杆及上弦杆;然后再按此顺序焊外面一圈,逐渐向外扩展。这样上、下弦交替施焊,收缩均匀,有利于保持单片桁架的垂直度和网格的设计形状。如果焊接顺序不合理,则在焊接后易出现角部翘起或中心拱起等现象。

当网架采用条（块）状单元在高空进行总拼时，为保证网架总拼后几何尺寸及其形状的准确性，应先在地面进行预拼装。

采用整体吊装、提升、顶升等安装方法时，网架应在地面进行拼装。为了便于控制和调整，拼装支架应设在下弦节点处。拼装支架可由在混凝土基础上安放短钢管或砌筑临时性砖墩构成。网架结构在地面拼装时应精确放线，其对精度的要求更高，因为还要考虑到在地面拼装后有一个吊装过程，容易造成因变形而增加的尺寸偏差。

网架总拼后，所有焊缝应经外观检查并作记录，对大、中跨度网架重要部位的对接焊缝应做无损探伤检查。

螺栓球节点的网架拼装，一般也是先拼下弦，将下弦的标高和轴线校正后全部拧紧螺栓，起定位作用。连接腹杆时，螺栓不宜拧紧，但必须使其与下弦节点连接的螺栓吃上劲，以避免周围螺栓都拧紧后，这个螺栓可能偏歪而无法拧紧。连接上弦杆时，开始也不能拧紧，待安装几行后再拧紧前面的螺栓，如此循环进行。在整个网架拼装完成后，必须进行一次全面检查，查看所有螺栓是否拧紧。

为保证网架几何尺寸，减少累积误差的影响，网架拼装方向很重要，一般情况下都是从中间开始向外扩展拼装，但也可从一端向另一端进行，网架的拼装方向如图 2-48 所示。

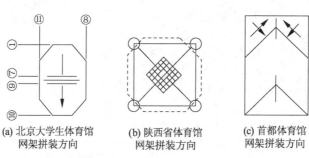

(a) 北京大学生体育馆　(b) 陕西省体育馆　(c) 首都体育馆
网架拼装方向　　　网架拼装方向　　　网架拼装方向

图 2-48　网架拼装方向示意图

### 2.3.2　网架结构的安装

网架结构的安装是用各种施工方法将拼装好的网架搁置在设计的位置上。网架结构安装的一般工艺流程：测量放线（支座轴线、节点位置线）→校核→搭设临时支墩（包括网架节点、支点）→抄标高→校核

电子课件

→安放支座（节点）→安装杆件→调整→固定成型（焊接或安装高强螺栓）→刷油→验收→绑扎→试吊检查→正式起吊→就位安装。网架安装方法主要有高空散装法、分条或分块安装法、高空滑移法、整体吊装法、升板机提升法及整体顶升法。网架的安装方法应根据网架的受力和构造特点，在满足质量、安全、进度和经济的要求下，结合施工技术综合确定。

1. 高空散装法

高空散装法是指运输到现场的单元体(平面桁架或锥体)或散件,用起重机械吊升至高空对位拼装成整体结构的方法。在拼装过程中始终有一部分网架悬挑着,当网架悬挑拼接成为一个稳定体系时,不需要设置任何支架来承受其自重和施工荷载。当跨度较大,拼接到一定悬挑长度后,设置单肢柱或支架支承悬挑部分,以减少或避免因自重和施工荷载而产生的挠度。

微课视频

高空散装法有全支架(即满堂红脚手架)和悬挑法两种。全支架法多用于散件拼装,而悬挑法多用于小拼单元在高空总拼,可以少搭支架。

拼装可从脊线开始,或从中间向两边发展,以减少积累误差,便于控制标高。拼装过程中应随时检查基准轴线位置、标高及垂直偏差,并应及时纠正。

高空散装法
视频

1)支架设置

支架既是网架拼装成型的承力架,又是操作平台支架,所以应满足强度、刚度和单肢及整体稳定性的要求。对重要的工程或大型工程还应进行试压,以确保安全可靠。拼装支架的各项验算可按一般钢结构的设计方法进行。

支架一般用扣件和钢管搭设,支架搭设位置必须对准网架下弦节点。因此,为了调整沉降值和卸荷方便,可在网架下弦节点与支架之间设置调整标高用的千斤顶。

2)支架整体沉降量控制

支架支座下应采取措施以防止支座下沉,可采用木楔或千斤顶进行调整。

支架的整体沉降量包括钢管接头的空隙压缩、钢管的弹性压缩、地基的沉陷等。如果地基情况不良,要采取夯实加固等措施,并且用木板铺地,以分散支柱传来的集中荷载。高空散装法对支架的沉降要求较高(不得超过5 mm),应给予足够的重视。大型网架施工,必要时可进行试压,以取得所需资料。

拼装支架不宜采用竹质或木质材料,因为这些材料容易变形且易燃,故当网架用焊接连接时禁用。

3)支架的拆除

支架的拆除应在网架拼装完成后进行,拆除顺序宜根据各支撑点的网架自重挠度值,采用分区、分阶段按比例或用每步不大于10 mm的逐步下降法降落,以防止个别支承点集中受力,造成拆除困难。对于小型网架,可一次性同时拆除,但必须速度一致;对于大型网架,每次拆除的高度可根据自重挠度值分成若干批进行。

4)拼装操作

总的拼装顺序是从网架一端开始并向另一端以两个三角形同时推进,待两个三角形相交后,则按人字形逐榀向前推进,最后在另一端的正中合拢。每榀块体的安装顺序:开始两个三角形部分是由屋脊部分分别向两边拼装的,两个三角形相交后,则由交点开始同时向两边拼装,如图2-49所示。

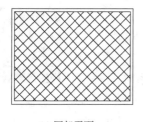
(a) 网架平面

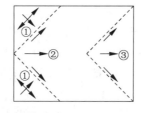
(b) 网架安装顺序

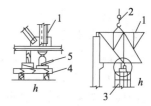
(c) 网架块体临时固定方法

1—第一榀网架块体;2—吊点;3—支架;4—枕木;5—液压千斤顶;①②③—安装顺序

**图 2-49 高空散装法安装网架**

吊装分块(分件)用两台履带式或塔式起重机进行,拼装支架用钢制,可局部搭设成活动式,亦可满堂红搭设。分块拼装后,在支架上分别用方木和千斤顶顶住网架中央竖杆下方进行标高调整,如图 2-49c 所示,其他分块则拼装随拧紧高强螺栓,与已拼好的分块连接即可。当分件拼装时,一般采取分条进行。拼装顺序:支架抄平、放线→放置下弦节点垫板→依次组装下弦、腹杆、上弦支座(由中间向两端,或由一端向另一端扩展)→连接水平系杆→撤出下弦节点垫板→总拼精度校验→油漆。

每条网架组装完成,经校验无误后,按总拼顺序进行下条网架的组装,直至全部完成,如图 2-50 所示。

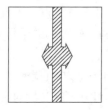
(a) 由中间向两边发展

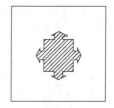
(b) 由中间向四边发展

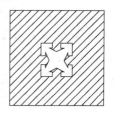
(c) 由四周向中间发展
形成封闭圈

**图 2-50 总拼顺序示意图**

5) 优、缺点与适用范围

高空散装法的优点是不需要大型起重设备,对场地要求不高,在高空一次拼装完毕;缺点是现场及高空作业量大,不易控制标高、轴线和质量,工效降低,而且需要搭设大规模的拼装支架,耗用大量材料。高空散装法适用于非焊接连接(如螺栓球节点、高强螺栓节点等)的各种网架的拼装;不宜用于焊接球网架的拼装,因为焊接易引燃脚手板,操作不够安全。

**2. 分条或分块安装法**

分条或分块安装法是高空散装法的组合扩大。为适应起重机械的起重能力,减少高空拼装工作量,将屋盖划分为若干个单元,在地面拼装成条状或块状单元组合体后,用起重机械或设在双肢柱顶的起重设备(钢带提升机、升板机等)垂直吊升或提升到设计位置上,拼装成整体网架结构。

微课视频

条状单元是指将网架长跨方向分割为若干区段,每个区段的宽度是 1~3 个网格,其长度即为网架的短跨或 1/2 短跨。块状单元是指将网架沿纵横方向分割成矩形或正方形单元,每个单元的重量以现有起重机能胜任为准。

这种施工方法的大部分焊接、拼装工作是在地面进行的,能保证工程质量,并可省去大部分拼装支架,同时又能充分利用现有的起重设备,比较经济。它适用于分割后刚度和受力状况改变较小的网架,如两向正交、正放四角锥、正放抽空四角锥等网架。

1）条状单元组合体的划分

条状单元组合体是沿着屋盖长方向划分的。对桁架结构,是将一个节间或两个节间的两榀或三榀桁架组成条状单元体;对网架结构,则是将一个或两个网格组装成条状单元体。组装后的网架条状单元体往往是单向受力的两端支承结构。这种安装方法适用于划分后的条状单元体,在自重作用下能形成一个稳定的体系,其刚度与受力状态改变较小的正放类网架或刚度和受力状况未改变的桁架结构类似。网架条状单元体的刚度要经过验算,必要时应采取相应的临时加固措施。通常网架条状单元的划分有以下几种形式:

（1）网架单元相互靠紧,把网架下弦双角钢分在两个单元上,如图 2-51a 所示。此法可用于正放四角锥网架。

（2）网架单元相互靠紧,单元间网架上弦用剖分式安装节点连接,如图 2-51b 所示。此法可用于斜放四角锥网架。

（3）单元之间空一节间,该节间在网架单元吊装后再在高空拼装,如图 2-51c 所示。此法可用于两向正交正放或斜放四角锥等网架。

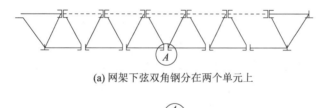

(a) 网架下弦双角钢分在两个单元上

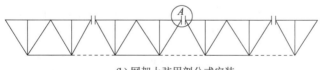

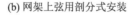

(b) 网架上弦用剖分式安装

(c) 网架单元在高空拼装

图 2-51　网架条状单元划分方法

分条(分块)单元,其自身应是几何不变体系,同时还应有足够的刚度,否则应对其进行加固。对于正放类网架,在分割成条(块)状单元后,自身在自重作用下能形成几何不变体系,同时也有一定的刚度,一般不需要对其加固。但对于斜放类网架,在分割成条(块)状单元后,由于其上弦为菱形可变体系,因而必须对其加固后才能吊装。图 2-52 所示为斜放四角锥网架上弦加固方法。

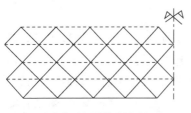

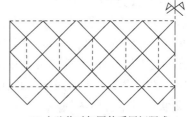

(a) 上弦临时加固件采用平行式　　　　　　(b) 上弦临时加固件采用间隔式

**图 2-52　斜放四角链网架上弦加固方法**

2）块状单元组合体的划分

块状单元组合体的分块，一般是在网架平面的两个方向均有切割，其大小视起重机的起重能力而定。切割后的块状单元体大多是两邻边或一边含有支承，一角点或两角点要增设临时顶撑予以支承；也有将边网格切除的块状单元体，在现场地面对准设计轴线组装，边网格留待垂直吊升后再高空拼装成整体网架，如图 2-53 所示。

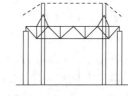

(a) 网架在室内砖支墩上拼装　　(b) 用独脚拔杆起吊网架　　(c) 网架吊升后将边节各杆件及支座拼装上

**图 2-53　网架吊升后拼装边节间**

3）吊装操作

吊装视频

吊装有单机跨内吊装和双机跨外抬吊两种方法，如图 2-54a，b 所示。在跨的中下部设可调立柱、钢顶撑，以调节网架跨中挠度，如图 2-54c 所示。吊上后即可将半圆球节点焊接和安设下弦杆件，待全部作业完成后，拧紧支座螺栓，拆除网架下的立柱，即告完成。

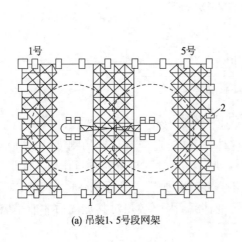
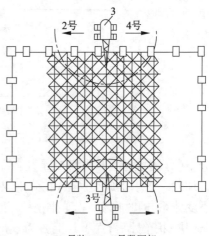

(a) 吊装1、5号段网架　　　　　　　　(b) 吊装2、3、4号段网架

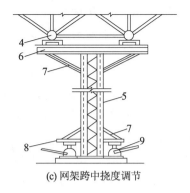

(c) 网架跨中挠度调节

1—网架;2—柱子;3—履带式起重机;4—下弦钢球;5—钢支柱;6—横梁;
7—斜撑;8—升降顶点;9—液压千斤顶

**图 2-54 分条分块法安装网架**

4）网架挠度控制

网架条状单元在吊装就位过程中的受力状态属于平面结构体系,而网架结构是按空间结构设计的,因而条状单元在总拼前的挠度要比网架形成整体后该处的挠度大,故在总拼前必须在合拢处用支撑顶起,调整挠度,使其与整体网架挠度符合。块状单元在地面制作后,应模拟高空支承条件,拆除全部地面支墩后观察施工挠度,必要时也应调整其挠度。

高空对接
视频

5）网架尺寸控制

条(块)状单元尺寸必须准确,以保证高空总拼时节点吻合,从而减少积累误差,一般可采取预拼装或现场临时配杆件等措施解决尺寸问题。

6）优、缺点与适用范围

分条或分块安装法的优点是所需起重设备简单,不需要大型起重设备;可与室内其他工种平行作业,缩短总工期,用工省、劳动强度低、减少高空作业量、施工速度快、费用低。其缺点是需搭设一定数量的拼装平台,另外拼装时容易造成轴线的积累误差,一般要采取试拼、套拼、散件拼装等措施来控制。

分条或分块安装法的高空作业量较高空散装法更少,同时只需搭设局部拼装平台,拼装支架量也大大减少,并可充分利用现有起重设备,比较经济,但施工应注意保证条(块)状单元的制作精度和控制起拱,以免造成总拼困难。这种安装方法适用于分割后刚度和受力状况改变较小的各种中、小型网架,如双向正交正放、正放四角锥、正放抽空四角锥等网架。它对于安装场地狭小或跨越其他结构、起重机无法进入网架安装区域时尤为适宜。

3. 高空滑移法

高空滑移法是将网架条状单元组合体在已建结构上空进行水平滑移对位总拼的一种施工方法,可在地面或支架上进行扩大拼装条状单元,并将网架条状单元提升到预定高度后,利用安装在支架或圈梁上的专用滑行轨道,水平滑移对位拼装成整体网架。此条状单元可以在地面拼成后用起重机吊至支架上,如设备能力不足或有其他因素影响,也

电子课件

可用小拼单元甚至散件在高空拼装平台上拼成条状单元。高空拼装平台一般设置在建筑物的一端,宽度约大于两个节间,如果建筑物端部有平台可用作拼装平台,滑移时网架的条状单元可由一端滑向另一端。

1)高空滑移法分类

(1)按滑移方式分类,可分为单条滑移法和逐条积累滑移法。

① 单条滑移法。如图2-55a 所示,先将条状单元一条条地分别从一端滑移到另一端就位安装,再将各条在高空进行连接。

② 逐条积累滑移法。如图2-55b 和图2-56 所示,先将条状单元滑移一段距离(能连接上第二条单元的宽度即可),连接上第二条单元后,两条一起再滑移一段距离(宽度同上),再接第三条,三条又一起滑移一段距离,如此循环操作直至接上最后一条单元为止。

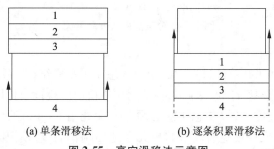

(a) 单条滑移法　　　　　(b) 逐条积累滑移法

**图 2-55　高空滑移法示意图**

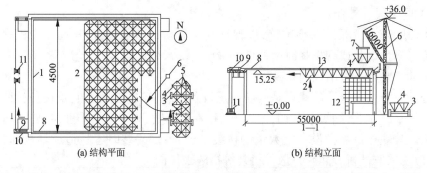

(a) 结构平面　　　　　　　　　　　　(b) 结构立面

1—边梁;2—已拼网架单元;3—运输车轮;4—拼装单元;5—拼装架;6—拔杆;7—吊具;
8—牵引索;9—滑轮组;10—滑轮组支架;11—卷扬机;12—拼装架;13—拼接缝

**图 2-56　高空滑移法安装网架示意图**

(2)按滑移坡度分类,可分为水平滑移、下坡滑移及上坡滑移三类。如果建筑平面为矩形,可采用水平滑移或下坡滑移;当建筑平面为梯形时,短边高、长边低、上弦节点支承方式的网架,则应采用上坡滑移;当短边低、长边高或下弦节点支承方式的网架,则可采用下坡滑移。

(3)按牵引力作用方向分类,可分为牵引法和顶推法两类。牵引法即将钢丝绳钩扎于网架前方,用卷扬机或手扳葫芦拉动钢丝绳牵引网架前进,作用点受拉力。顶推法即用千斤顶顶推网架后方,使网架前进,作用点受压力。

(4)按摩擦方式分类,可分为滚动式和滑动式两类。滚动式滑移即在网架上装上滚轮。网架滑移是通过滚轮与滑轨间的滚动摩擦方式进行的。滑动式滑移即将网架支座直接搁置在滑轨上，网架滑移是通过支座底板与滑轨间的滑动摩擦方式进行的。

2）滑移装置

（1）滑轨。滑移用的轨道有多种形式。对于中、小型网架，滑轨可用圆钢、扁铁、角钢及小型槽钢制作；对于大型网架，可用钢轨、工字钢、槽钢等制作。滑轨可用焊接或螺栓固定于梁顶面的预埋件上，轨面标高应高于或等于网架支座设计标高，滑轨接头处应垫实；其安装水平度及接头要符合有关技术要求。网架在滑移完成后，支座应固定于底板，以便于连接。

（2）导向轮。主要作为安全保险装置使用，一般设在导轨内侧，在正常滑移时导向轮与导向轨脱离开，其间隙为 10~20 mm，只有当同步差超过规定值或拼装误差在某处较大时二者才会碰上，如图 2-57 所示。但在实际滑移过程中，当左右两台卷扬机以不同时间启动或停止时，也会造成导向轮顶上滑轨的情况。

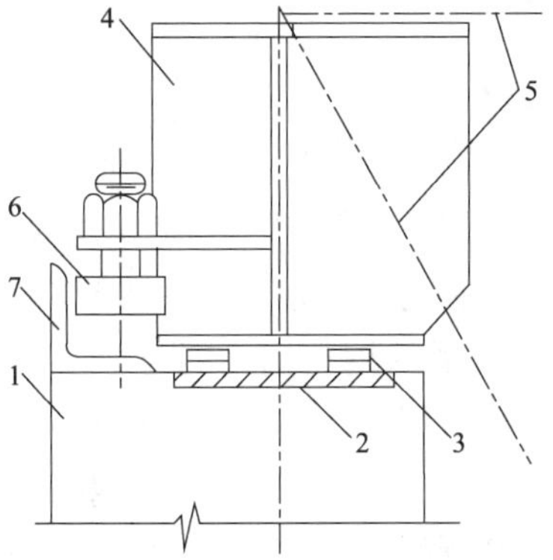


1—天沟梁；2—预埋钢板；3—轨道；4—网架支座；5—网架杆件中心线牵引索；6—导轮；7—导轨

**图 2-57　设置轨道与导轮**

3）滑移操作

滑移平台由钢管脚手架和升降调平支承组成，如图 2-58 所示。起始点尽量利用已建结构，如门厅、观众厅，高度应比网架下弦低 40 cm，以便在网架下弦节点与平台之间设置千斤顶用以调整标高，平台上面铺设安装模架，平台宽应略大于两个节间。

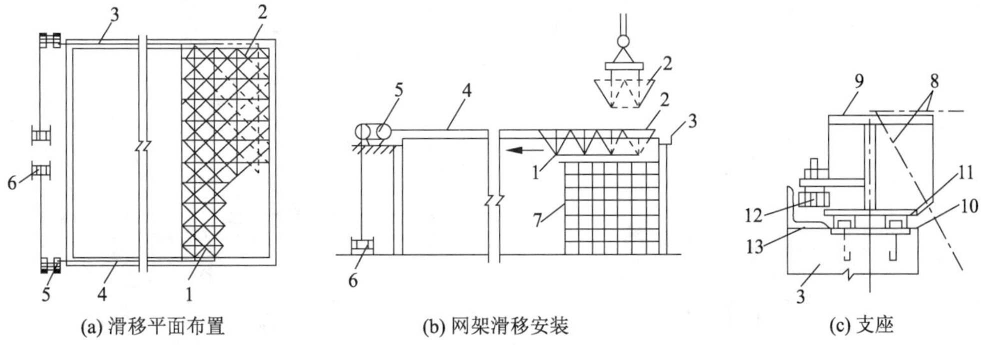


1—网架；2—网架分块单元；3—天沟梁；4—网架支座；5—滑车组；6—卷扬机；7—拼装平台；
8—网架杆件中心线；9—网架支座；10—预埋件；11—型钢导轨；12—导轮；13—导轨

**图 2-58　高空滑移法安装网架**

网架先在地面将杆件拼装成两球一杆和四球五杆的小拼构件,然后用悬臂式桅杆、塔式或履带式起重机,按组合拼接顺序将小拼构件吊到拼接平台上进行扩大拼装。先就位点焊拼接网架下弦方格,再点焊立起横向跨度方向角腹杆。每节间单元网架部件的点焊拼接顺序由跨中向两端对称进行,焊完后临时加固。牵引可用慢速卷扬机或绞磨进行,并设减速滑轮组。牵引点应分散设置,滑移速度应控制在 0.5 m/min 以内,并要求做到两边同步滑移。当网架跨度大于 50 m 时,应在跨中增设一条平稳滑道或辅助支顶平台。

网架滑移可用卷扬机或手扳葫芦及钢索液压千斤顶,根据牵引力大小及网架支座之间的系杆承载力,可采用一点或多点牵引。牵引力按下式进行验算:

滑动摩擦时

$$F_t \geqslant \mu_1 \xi G_{0k}$$

滚动摩擦时

$$F_t \geqslant \left( \frac{k}{r_1} + \mu_2 \frac{r}{r_1} \right) \cdot G_{0k} \cdot \xi_1$$

式中:$F_t$ 为总起动牵引力;$G_{0k}$ 为网架总自重标准值;$\mu_1$ 为滑动摩擦系数,在自然轧制表面,经粗除锈并充分润滑的钢与钢之间可取 0.12~0.15;$\mu_2$ 为摩擦系数,在滚轮与滚轮轴之间,或经机械加工后充分润滑的钢与钢之间可取 0.1,滚珠轴承取 0.015,稀油润滑取 0.8;$\xi$ 为阻力系数,当有其他因素影响时,可取 1.3~1.5;$\xi_1$ 为阻力系数,由小车安装精度、钢轨安装精度、牵引的不同步程度等多因素确定,取 1.1~1.3;$k$ 为钢制轮与钢之间的滚动摩擦力臂,当圆顶轨道车轮直径为 100~150 mm 时取 0.3 mm,当车轮直径为 150~300 mm 时取 0.4 mm;$r_1$ 为滚轮的外圆半径,mm;$r$ 为轴的半径,mm。

4)同步控制

当同步要求不高时,可在网架两侧的梁面上标出尺寸控制同步,牵引的同时报出滑移距离。当同步要求较高时,可采用自整角机同步指示装置,以便指挥台随时观察牵引点的移动情况,读数精度到 1 mm,该装置的安装如图 2-59 所示。网架滑移应尽量同步进行,两端不同步值不大于 50 mm;牵引速度控制在 0.5 m/min 以内较好。

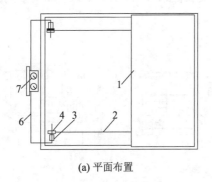 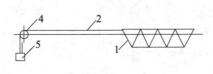

(a) 平面布置　　　　　　　　　　　(b) 立面布置

1—网架;2—钢丝绳;3—自整角机发送端;4—转盘;5—平衡重;

6—导线;7—自整角机接收端及读数示意

**图 2-59　自整角机同步指示器安装示意图**

5）挠度的调整

当单条滑移时，一定要控制跨中挠度不要超过整体安装完毕后的设计挠度，否则应采取措施，或加大网架高度，或在跨中增设滑轨，滑轨下的支承架应满足强度、刚度和单肢及整体稳定性的要求，必要时还应进行试压，以确保安全可靠。当跨中增设滑轨引起网架杆件内力变号时，应采取临时加固措施，以防失稳。

当网架单条滑移时，其施工挠度的情况与分条分块法完全相同，当逐条积累滑移时，网架的受力情况仍然是两端自由搁置的主体桁架。因而，滑移时网架虽仅承受自重，但其挠度仍比形成整体后的大，因此，在连接新的单元前，都应将已滑移好的部分网架进行挠度调整，然后再拼接。滑移时应加强对施工挠度的观测，随时进行调整。

6）特点与适用范围

高空滑移法的特点：施工时可与下部其他施工平行立体作业，缩短施工工期；对起重设备、牵引设备要求不高，可用小型起重机或卷扬机，甚至不用；成本低。

高空滑移法适用于网架支承结构为周边承重墙或柱上有现浇钢筋混凝土框架梁等情况，适用于正放四角锥、正放抽空四角锥、两向正交正放等网架，尤其适用于采用上述网架但场地狭小、跨越其他结构或设备，或需要进行立体交叉施工的情况。

4. 整体吊升法

整体吊升法是将网架结构在地上错位拼装成整体，然后用起重机吊升至超过设计标高，在空中移位后落位固定。此法不需要搭设高的拼装架，高空作业量少，易于保证接头的焊接质量，但需要起重能力大的设备，吊装技术也复杂。此法以吊装焊接球节点网架为宜，尤其是三向网架的吊装。根据吊装方式和所用起重设备的不同，可分为多机抬吊及独脚桅杆吊升。

网架就地错位布置进行拼装时，使网架任何部位与支柱或拔杆的净距离不小于100 mm，并应防止网架在起升过程中被凸出物（如牛腿等悬挑构件）卡住。当由于网架错位布置导致网架个别杆件暂时不能组装时，应征得设计单位的同意方可暂缓装配。由于网架错位拼装，当网架起吊到柱顶以上时，要经空中移位才能就位。当采用多根拔杆方案时，可利用拔杆两侧起重滑轮组，使一侧滑轮组的钢丝绳放松，另一侧不动，从而产生不相等的水平力以推动网架移动或转动进行就位。当采用单根拔杆方案时，若网架平面是矩形，可通过调整缆风绳使拔杆吊着网架进行平移就位；若网架平面为正多边形或圆形，则可通过旋转拔杆使网架转动就位。

采用多根拔杆或多台吊车联合吊装时，考虑到各拔杆或吊车负荷不均匀的可能性，设备的最大额定负荷能力应予以折减。

网架整体吊装时，应采取具体措施保证各吊点在起升或下降时的同步性，一般控制提升高差值不大于吊点间距离的1/400，且不大于100 mm。吊点的数量及位置应与结构支承情况相接近，并应对网架吊装时的受力情况进行验算。

1）多机抬吊作业

多机抬吊施工中布置起重机时需要考虑各台起重机的工作性能和网架在空中移

位的要求。起吊前要测出每台起重机的起吊速度,以便起吊时掌握,或每两台起重机的吊索用滑轮连通。这样,当起重机的起吊速度不一致时,可由连通滑轮的吊索自行调整。

如果网架重量较轻,或 4 台起重机的起重重量均能满足要求,宜将 4 台起重机布置在网架的两侧。只要 4 台起重机将网架垂直吊升超过柱顶后,旋转一小角度,即可完成网架空中移位的要求。

多机抬吊一般用多台起重机联合作业,将地面错位拼装好的网架整体吊升到柱顶后,在空中进行移位,落下就位安装。它一般有四侧抬吊和两侧抬吊两种方法,如图 2-60 所示。

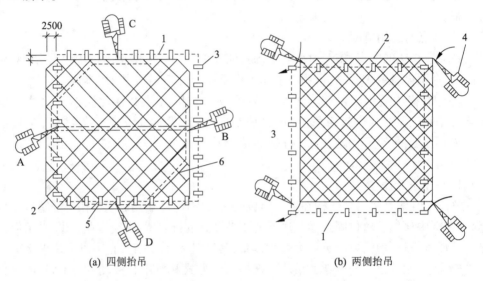

(a) 四侧抬吊　　　　　　　　　　　(b) 两侧抬吊

1—网架安装位置;2—网架拼装位置;3—下柱;4—履带式起重机;5—吊点;6—串通吊索

**图 2-60　四机抬吊网架示意图**

(1) 四侧抬吊。四侧抬吊时,为防止起重机因升降速度不一而产生不均匀荷载,每台起重机设两个吊点,每两台起重机的吊索互相用滑轮串通,使各吊点受力均匀,网架平稳上升。

当网架提到比柱顶高 30 cm 时进行空中移位,起重机 A 一边落起重臂,一边升钩;起重机 B 一边升起重臂,一边落钩;C、D 两台起重机则松开旋转刹车跟着旋转,待转到网架支座中心线对准柱子中心时,4 台起重机同时落钩,并通过设在网架四角的拉索和倒链拉动网架进行对线,将网架落到柱顶就位。

(2) 两侧抬吊。两侧抬吊是用 4 台起重机将网架吊过柱顶同时向一个方向旋转一定角度,即可就位。

这种方法准备工作简单,安装快速方便。四侧抬吊和两侧抬吊相比,前者移位较平稳,但操作较复杂;后者空中移位较方便,但平稳性较差。这两种吊法都需要多台起重设备条件,技术操作要求较严,适用于跨度 40 m 左右、高度 2.5 m 左右的中、小型网架屋盖的吊装。

2）独脚拔杆吊升作业

独脚拔杆吊升法是多机抬吊的另一种形式。它是用多根独脚拔杆将地面错位拼装的网架吊升超过柱顶,进行空中移位后落位固定。采用这种方法时,支承屋盖结构的柱与拔杆应在屋盖结构拼装前竖立。此法所需的设备多,劳动量大,但对于吊装高、重、大的屋盖结构,特别是大型网架较为适宜,如图2-61所示。

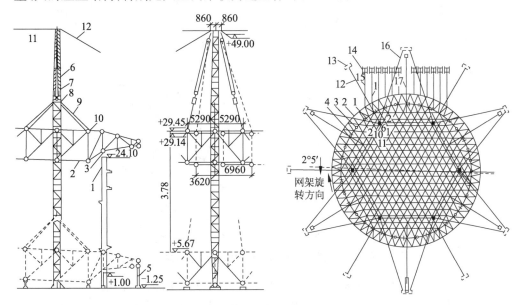

1—柱;2—网架;3—摇摆支座;4—提升后再焊的杆件;5—拼装用小钢柱;6—独脚桅杆;
7—8门滑轮组;8—铁扁担;9—吊索;10—吊点;11—平缆风绳;12—斜缆风绳;13—地锚;
14—起重卷扬机;15—起重钢丝绳;16—校正用卷扬机;17—校正用钢丝绳

**图2-61 拔杆吊升网架示意图**

3）网架的空中移位

多机抬吊作业中,起重机变幅容易,网架空中移位并不困难,而用多根独脚拔杆进行整体吊升网架方法的关键是网架吊升后的空中移位。由于拔杆变幅很困难,网架在空中的移位是利用拔杆两侧起重滑轮组中的水平力不等而推动网架移位的。

如图2-62所示,网架被吊升时,每根拔杆两侧滑轮组夹角相等,上升速度一致,两侧受力相等（$T_1 = T_2$）,其水平分力也相等（$H_1 = H_2$）,网架在水平面内处于平衡状态,只垂直上升,不会水平移动。此时滑轮组钢丝绳拉力及其水平分力可分别按下式计算:

$$T_1 = T_2 = \frac{Q}{2\sin\alpha}$$

$$H_1 = H_2 = T_1\cos\alpha$$

式中:Q为每根桅杆所负担的网架、索具等荷载。

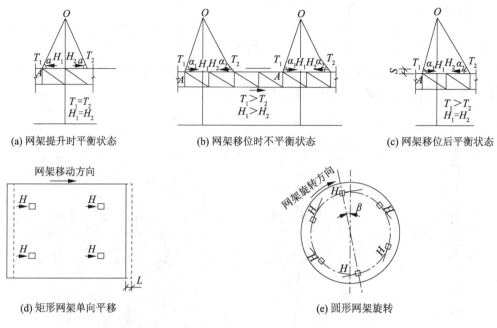

(a) 网架提升时平衡状态　　　　　(b) 网架移位时不平衡状态　　　　　(c) 网架移位后平衡状态

(d) 矩形网架单向平移　　　　　　　　　　(e) 圆形网架旋转

S—网架移位时下降距离；L—网架水平移位距离；B—网架旋转角度

**图 2-62　拔杆吊升网架空中移位顺序示意图**

网架空中移位时,使每根桅杆的同一侧(如右边)滑轮组钢丝绳徐徐放松,而另一侧(左边)滑轮不动。此时,右边钢丝绳因松弛而拉力 $T_2$ 变小,左边 $T_1$ 则由于网架的重力作用相应增大,因此两边水平力也不等,即 $H_1 > H_2$,这就打破了平衡状态,网架朝 $H_1$ 所指的方向移动,直至右侧滑轮组钢丝绳放松直到停止;重新处于拉紧状态时,$H_1 = H_2$,网架恢复平衡,移动也即终止。此时平衡方程式为

$$T_1 \sin \alpha_1 + T_2 \sin \alpha_2 = Q$$
$$T_1 \cos \alpha_1 = T_2 \cos \alpha_2$$

但由于 $\alpha_1 > \alpha_2$,故此时 $T_1 > T_2$。

在平移时,由于一侧滑轮组不动,网架还会产生以点 D 为圆心、OA 为半径的圆周运动,从而产生少许下降。

网架空中移位的方向与桅杆及其起重滑轮组的布置有关。若桅杆对称布置,桅杆的起重平面(即起重滑轮组与桅杆所构成的平面)方向一致且平行于网架的一边,因此使网架产生运动的水平分力都平行于网架的一边,网架即产生单向的移位。同理,若桅杆均匀分布于同一圆周上,且桅杆的起重平面垂直于网架半径,此时使网架产生运动的水平分力 H 与桅杆起重平面相切,由于切向力的作用,网架即产生旋转的运动。

5. 整体提升法

这种方法是指网架结构在地面上就位拼装成整体后,用安装在柱顶横梁上的升板机,将网架垂直提升到设计标高以上,安装支承托梁后,落位固定。此法不需要大型吊装设备,机具和安装工艺简单、提升平稳、同步性好、劳动强度低、工效高、施工安全,但

需要较多的提升机和临时支承短钢柱、钢梁,准备工作量大。升板机提升法常用于支点较多的用边支承网架,适用于跨度为 50~70 m、高度 4 m 以上,且重量较大的大、中型周边支承网架屋盖。当施工现场较窄、运输装卸能力较小,但有小型滑升机具可利用时,采用整体提升法施工可获得较好的经济效果。

本法应尽量在结构柱子上安装升板机,也可在临时支架上安装升板机。当提升网架同时滑模时,可采用一般的滑模千斤顶或升板机。整体提升法可利用网架作为操作平台。

当采用整体提升法进行施工时,应该将结构柱子设计成稳定的框架体系,否则应对独立柱进行稳定验算。当采用电动提升机时,应验算支承柱在两个方向的稳定性。

1)提升设备布置

在结构柱上安装升板工程用的电动穿心式提升机,将地面正位拼装的网架直接提升到柱顶横梁就位,如图 2-63 所示。

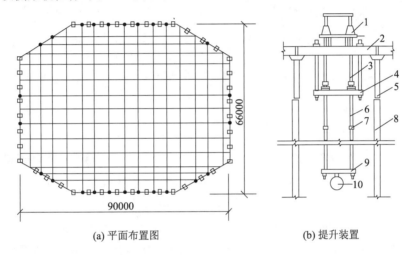

(a) 平面布置图                (b) 提升装置

1—提升机;2—上横梁;3—螺杆;4—下横梁;5—短钢柱;6—吊杆;7—接头;
8—柱;9—横吊梁;10—支座钢球(□为柱,●为升板机)

图 2-63    升板机提升网架示意图

提升点设在网架四边,每边 7~8 个。提升设备的组装系在柱顶加接的短钢柱上安工字钢上横梁,每一吊点上方的上横梁上安放一台 300 kN 电动穿心式提升机,提升机的螺杆下端连接多节长 4.8 m 的吊杆,下面连接横吊梁,梁中间用钢销与网架支座钢球上的吊环相连接。在钢柱顶上的上横梁处,又用螺杆连接一个下横梁,作为拆卸吊杆时的停歇装置。

2)提升过程

当提升机每提升一节吊杆后(升速为 3 cm/min),用 U 形卡板塞入下横梁上部和吊杆上端的支承法兰之间,卡住吊杆,卸去上节吊杆,将提升螺杆下降与下一节吊杆接好,再继续上升,如此循环往复,直到网架升至托梁以上,然后把预先放在柱顶牛腿的托梁移至中间就位,再将网架下降于托梁上,即告完成。网架提升时应同步,每上升60~90 mm 观测一次,控制相邻两个提升点高差不大于 25 mm。

## 6. 整体顶升法

整体顶升法是利用支承结构和千斤顶将网架整体顶升到设计位置,如图 2-64 所示。这种方法设备简单,无需大型吊装设备,顶升支承结构可利用结构永久性支承柱,拼装网架无须搭设拼装支架,可节省大量机具和脚手架、支墩费用,降低施工成本;操作简便、安全,但顶升速度较慢,对结构顶升的误差控制要求严格,以防失稳。本方法适用于多支点支承的各种四角锥网架屋盖的安装。

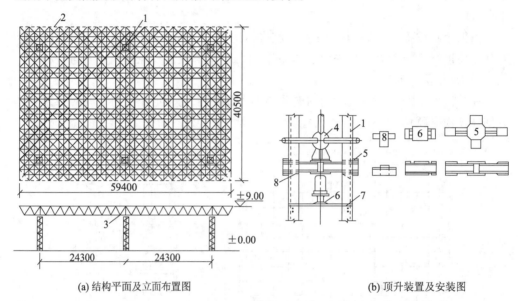

(a) 结构平面及立面布置图　　　　　　　(b) 顶升装置及安装图

1—柱;2—网架;3—柱帽;4—球支座;5—十字梁;6—横梁;7—下缀板(16 号槽钢);8—上缀板

**图 2-64　某网架顶升施工示意图**

当采用千斤顶顶升时,应对其支承结构和支承杆进行稳定验算。如果稳定性不足,则应采取措施予以加强。应尽可能地将屋面结构(包括屋面板、天棚等)及通风、电气设备在网架顶升前全部安装在网架上,以减少高空作业量。

利用建筑物的承重柱作为顶升的支承结构时,一般应根据结构类型和施工条件,选择四肢式钢柱、四肢式劲性钢筋柱,或采用预制钢筋混凝土柱块逐段接高的分段钢筋混凝土柱。采用分段柱时,顶制柱块间应联结牢固,接头强度宜为柱的稳定性验算所需强度的 1.5 倍。

当网架支点很多或由于其他原因不宜利用承重柱作为顶升支承结构时,可在原有支点处或其附近设置临时顶升支架。临时顶升支架的位置和数量,应以尽量不改变网架原有支承状态和受力性质为原则,否则应根据改变的情况验算网架的内力,并决定是否需要采取局部加固措施。临时顶升支架可用枕木构成,如天津塘沽车站候车室就是在 6 个枕木垛上用千斤顶将网架逐步顶起,也可采用格构式钢井架。

顶升的支承结构应按底部固定、顶端自由的悬臂柱进行稳定性验算,验算时除考虑网架自重及随网架一起顶升的其他静载及施工荷载之外,还应考虑风荷载及柱顶水平位移的影响。如果验算认为稳定性不足,应首先从施工工艺方面采取措施,不得已时再考虑加大截面尺寸。

顶升的机具主要是螺旋式千斤顶或液压式千斤顶等。各类千斤顶的行程和提升速度必须一致;这些机具必须经过现场检验认可后方可使用。顶升时网架能否同步上升是一个值得注意的问题,如果提升差值太大,不仅会使网架杆件产生附加内力,且会引起柱顶反力的变化,同时还可能使千斤顶的负荷增大,从而造成网架的水平偏移。

1) 顶升准备

顶升用的支承结构一般利用网架的永久性支承柱,或在原支点处或其附近设置临时顶升支架。顶升千斤顶可采用普通液压千斤顶或丝杠千斤顶,同时要求各千斤顶的行程和顶升速度一致。网架多采用伞形柱帽的方式,在地面按原方位整体拼装。由 4 根角钢组成的支承柱(临时支架)从腹杆间隙穿过,在柱上设置缀板作为搁置横梁、千斤顶和球支座用。上、下临时缀板的间距应根据千斤顶、行程、横梁等的尺寸确定,它应恰为千斤顶使用行程的整数倍,其标高偏差不得大于 5 mm。例如,若使用 320 kN 普通液压千斤顶,缀板的间距为 420 mm,即顶升一个循环的总高度为 420 mm,千斤顶分 3 次(150 mm+150 mm+120 mm)顶升到该标高。

2) 顶升操作

顶升时,每一顶升循环工艺过程如图 2-65 所示。顶升应做到同步,各顶升点的升差不得大于相邻两个顶升用的支承结构间距的 1/1000,且不大于 15 mm,在一个支承结构上有两个或两个以上千斤顶时升差不大于 10 mm。当发现网架偏移量过大时,可采用在千斤顶座下垫斜垫或有意造成反向升差逐步纠正。同时,顶升过程中网架支座中心对柱基轴线的水平偏移值,不得大于柱截面短边尺寸的 1/50 及柱高的 1/500,以免导致支承结构失稳。

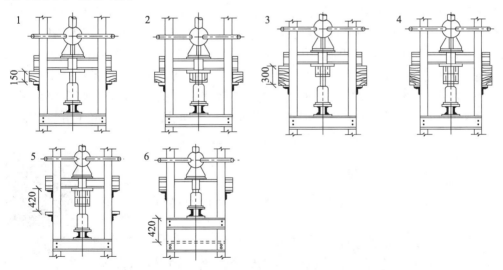

1—顶升 150 mm,两侧垫方形垫块;2—回油,垫圆垫块;3—重复 1 过程;4—重复 2 过程;
5—顶升 130 mm,安装两侧上缀板;6—回油,下缀板升一级

图 2-65　顶升工序示意图

3）升差控制

顶升施工中的同步控制主要是为了减少网架偏移，其次才是为了避免引起过大的附加杆件应力。而利用提升法施工时，升差虽然也会造成网架偏移，但其危害程度要比顶升法小。

顶升过程中当网架的偏移值达到需要纠正时，可采用千斤顶垫斜或人为造成反向升差逐步纠正，切不可操之过急，以免发生安全质量事故。由于网架偏移是一种随机过程，纠偏时柱的柔度、弹性变形又给纠偏加以干扰，因而纠偏的方向及尺寸并不完全符合主观要求，不能精确地纠偏。故顶升施工中应以预防网架偏移为主，顶升时必须严格控制升差并设置导轨。

7. 网架安装方法的选择

安装方法的选择取决于网架形式、现场情况、设备条件及工期要求等因素，要从具体情况出发，对多种安装方案进行技术和经济指标的对比，因地制宜地选用最佳方案。

在选择安装方法时，不同的网架形式有不同的安装方法。例如，对于不适宜于分割的三向、两向正交斜放或两向斜交斜放网架，宜采用整体安装方法；对于正放类网架、三角锥网架，既可整体安装，又可进行分割；斜放四角锥网架及星形网架一般不宜分割，如果采用分条或分块安装法，则应考虑对其上弦加固；棋盘形四角锥网架由于具有正交正放的上弦网格，分割的适应性也好些。

在选择安装方法时，要从施工场地的现场情况出发。当施工场地狭窄或需要跨越已有建筑物时，可选用滑移法、整体提升法或整体顶升法施工。

在选择安装方法时，还应考虑设备条件。应尽量利用现有设备，并优先采用中、小型常用设备，以降低工程成本。如果仅从安装网架的角度分析，高空散装法最基本的设备是脚手架（即拼装支架）；滑移法最基本的动力设备是人工绞车架或卷扬机；顶升法最基本的起重设备是千斤顶。从施工经济的角度来看，如果把屋面结构、电气、通风设备等的安装放在地面进行，则可使费用降低，但对吊、提、顶升等设备负荷能力的要求相应增大。对体育馆、展览馆、剧场等下部装修设备工程大的建筑物来说，滑移法可使网架的拼装与场内土建施工同时进行，从而缩短工期、降低成本。整体吊装需要较大的起重设备，而分块、分条吊装所需的起重设备则相对较小。

### 2.3.3 网架防腐处理

（1）网架的防腐处理包括制作阶段对构件及节点的防腐处理和拼装后的防腐处理。

屋面安装
视频

（2）焊接球与钢管连接时，球及钢管均不宜与大气相通。新轧制钢管的内壁可不除锈，直接刷防锈漆；而旧钢管内、外壁均应认真除锈，并刷防锈漆。

（3）螺栓球与钢管的连接属于与大气相通的状态，特别是拉杆。杆件受拉后易出现变形，必然产生缝隙，南方地区潮湿，水气有可能进入高强度螺栓或钢管中，对高强度螺栓较为不利，必须加强防腐处理。

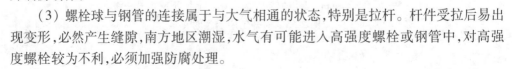

① 当网架承受大部分荷载后,对各个接头的所有空余螺孔及接缝处用油腻子填嵌密实,并补刷防锈漆两道,以保证不留渗漏水汽的缝隙。

② 螺栓球节点网架安装时,必须拧紧螺栓。

(4) 电焊后对已刷油漆局部破坏及焊缝漏刷油漆的情况,按规定补刷好油漆层。

## 2.4 网架结构的验收

网架结构的制作、拼装和安装的每个工序均应进行检查验收,凡未经检查验收的,不得进行下一工序的施工。每道工序的检查验收均应记录,并应汇总存档。安装完成后必须进行交工检查验收。焊接球、螺栓球、杆件、高强度螺栓等均应有出厂合格证及检验记录。钢网架螺栓球节点用高强度螺栓应满足《钢网架螺栓球节点用高强度螺栓》(GB/T 16939—2016)的要求。网架结构制作与拼装中的对接焊缝应符合现行国家标准《钢结构工程施工质量验收标准》(GB 50205—2020)规定的二级质量检验标准的要求,其他焊缝按三级质量检验标准的要求。

网架结构检验批及安装规定:

(1) 钢网架结构安装工程可按变形缝、施工段或空间刚度单元划分成一个或若干个检验批。

(2) 钢网架结构安装检验批应在进场验收和焊接连接与紧固件连接与制作等分项工程验收合格的基础上进行验收。

### 2.4.1 网架加工验收规定

1. 螺栓球节点

(1) 螺栓球(图 2-66)成型后不应有裂纹、褶皱、过烧。检查数量:每种规格抽查 10%,且不应少于 5 个。检验方法:10 倍放大镜观察检查或表面探伤。

电子课件

(2) 螺栓球节点毛坯圆度的允许制作误差为 2 mm,螺栓按三级精度加工,其检验标准按《钢网架螺栓球节点用高强度螺栓》(GB/T 16939—2016)规定执行。

(3) 制造螺栓球的钢材,必须符合设计规定及相应材料的技术条件和标准。

(4) 成品球必须对其最大的螺孔进行抗拉强度检验。

网架拼装时,螺栓球的允许偏差及检验方法应符合表 2-2 的规定。

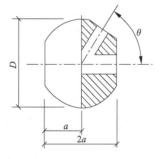

图 2-66  螺栓球

表 2-2　螺栓球加工的允许偏差及检验方法

| 项次 | 项目 | | 允许偏差/mm | 检验方法 | 检查数量 |
|---|---|---|---|---|---|
| 1 | 毛坯球直径 | $D \leqslant 120$ | +2.0<br>-1.0 | 用卡尺和游标卡尺检查 | 每种规格抽查10%，且不应少于5个 |
| | | $D > 120$ | +3.0<br>-1.5 | | |
| 2 | 球的圆度 | $D \leqslant 120$ | ±1.5 | | |
| | | $D > 120$ | ±2.5 | | |
| 3 | 铣平面距球中心的距离 $\alpha$ | | ±0.20 | 用游标卡尺检查 | |
| 4 | 同一轴线上两铣平面的平行度 | $D \leqslant 120$ | 0.20 | 用百分表V形块检查 | |
| | | $D > 120$ | 0.30 | | |
| 5 | 相邻两螺栓孔中心线夹角 $\theta$ | | ±30′ | 用分度头检查 | |
| 6 | 两铣平面与螺栓孔轴线的垂直度 | | 0.005$r$ | 用百分表检查 | |

注:$D$ 为螺栓球直径,$r$ 为铣平面半径。

2. 焊接球节点

钢板压成半圆球后,表面不应有裂纹、褶皱;焊接球及其对接坡口应采用机械加工,对接焊缝表面应打磨平整。检查数量:每种规格抽查10%,且不应少于5个。检验方法:10 倍放大镜观察检查或表面探伤。

网架拼装时,焊接球的允许偏差及检验方法应符合表 2-3 的规定。

表 2-3　焊接球加工的允许偏差及检验方法

| 项次 | 项目 | 允许偏差/mm | 检验方法 | 检查数量 |
|---|---|---|---|---|
| 1 | 直径 | ±0.005$d$,±2.5 | 用卡尺和游标卡尺检查 | 每种规格抽查10%，且不应少于5个 |
| 2 | 圆度 | 2.5 | | |
| 3 | 壁厚减薄量 | 0.13$t$,且不应大于1.5 | 用卡尺和测厚仪检查 | |
| 4 | 两半球对口错边 | 1.0 | 用套模和游标卡尺检查 | |

3. 杆件

(1) 钢管初始弯曲必须小于 $L/1000$。

(2) 钢管与封板或锥头组装成杆件时,钢管两端对接焊缝应根据图纸要求的焊缝质量等级选择相应的焊接材料进行施焊,并应采取保证对接焊缝全熔透的焊接工艺。

(3) 焊工应经过考试并取得合格证后方可施焊,如果停焊半年以上应重新考核。

(4) 施焊前应复查焊区的坡口情况,确认符合要求后方能施焊,焊接完成后应清除熔渣及金属飞溅物,并打上焊工代号的钢印。

(5) 钢管杆件与封板或锥头的焊缝应进行强度检验,其承载能力应满足设计要求。钢管杆件的允许偏差及检验方法应符合表 2-4 的规定。

表 2-4　钢网架(桁架)用钢管杆件加工的允许偏差及检验方法

| 项次 | 项目 | 允许偏差/mm | 检验方法 | 检查数量 |
|---|---|---|---|---|
| 1 | 长度 | ±1.0 | 用钢尺和百分表检查 | 每种规格抽查10%,且不应少于5个 |
| 2 | 端面对管轴的垂直度 | 0.005r | 用百分表V形块检查 | |
| 3 | 管口曲线 | 1.0 | 用套模和游标卡尺检查 | |

注:r 为封板或锥头底半径。

4. 高强度螺栓

网架拼装前,应对每根高强度螺栓进行表面硬度检验,严禁使用有裂纹和损伤的高强度螺栓。高强度螺栓的允许偏差及检验方法应符合表 2-5 的规定。

表 2-5　高强度螺栓的允许偏差及检验方法

| 项次 | 项目 | | 允许偏差/mm | | 检验方法 |
|---|---|---|---|---|---|
| 1 | 螺纹长度 | | $+2t$ | 0 | |
| 2 | 螺栓长度 | | $+2t$ | $-0.8t$ | |
| 3 | 螺纹 | 槽深 | ±0.2 | | 用钢尺和游标卡尺检查 |
| 4 | | 直线度 | <0.2 | | |
| 5 | | 位置度 | <0.5 | | |

注:t 为螺距。

### 2.4.2　拼装单元验收规定

拼装单元验收应满足以下要求:

(1)拼装单元网架应检查其网架的长度、宽度、对角线尺寸是否在允许的偏差范围内。

(2)检查焊接球的质量及其试验报告。

(3)检查杆件质量及杆件抗拉承载试验报告。

(4)检查高强度螺栓的硬度试验值,以及高强度螺栓的试验报告。

(5)检查拼装单元的焊接质量、焊缝外观质量,主要是防止咬肉,咬肉深度不能超过 0.5 mm;24 h 后用超声波探伤检查焊缝内部质量情况。

(6)小拼单元的允许偏差应符合表 2-6 的规定。

表 2-6　小拼单元的允许偏差

| 项目 | | | 允许偏差/mm | 检验方法 | 检查数量 |
|---|---|---|---|---|---|
| 节点中心偏移 | | | ±2.0 | 用钢尺和拉线等辅助量具实测 | 按单元数抽查5%,且不应少于5个 |
| 焊接球节点与钢管中心的偏移 | | | ±1.0 | | |
| 杆件轴线的弯曲矢高 | | | $L_1/1000$,且不应大于5.0 | | |
| 锥体型小拼单元 | 弦杆长度 | | ±2.0 | | |
| | 锥体高度 | | ±2.0 | | |
| | 上弦杆对角线长度 | | ±3.0 | | |
| 平面桁架型小拼单元 | 跨长 | ≤24 m | +3.0 -7.0 | | |
| | | >24 m | +5.0 -10.0 | | |
| 平面桁架型小拼单元 | 跨中高度 | | ±3.0 | | |
| | 跨中拱度 | 设计要求起拱 | $±L/5000$ | | |
| | | 设计未要求起拱 | +10.0 | | |

注:$L_1$ 为杆件长度;$L$ 为跨长。

（7）中拼单元的允许偏差应符合表 2-7 的规定。

表 2-7　中拼单元的允许偏差

| 项目 | | 允许偏差/mm | 检验方法 | 检查数量 |
|---|---|---|---|---|
| 单元长度≤20 m,拼接长度 | 单跨 | ±10.0 | 用钢尺和辅助量具实测 | 全数检查 |
| | 多跨连续 | ±5.0 | | |
| 单元长度>20 m,拼接长度 | 单跨 | ±20.0 | | |
| | 多跨连续 | ±10.0 | | |

（8）钢网架结构安装的允许偏差应符合表 2-8 的规定。

表 2-8　钢网架结构安装的允许偏差

| 项目 | 允许偏差/mm | 检验方法 | 检查数量 |
|---|---|---|---|
| 纵向、横向长度 | $L/2000$,且不应大于30.0 $-L/2000$,且不应小于$-30.0$ | 用钢尺检查 | 全数检查 |
| 支座中心偏移 | $L/3000$,且不应大于30.0 | 用钢尺和经纬仪实测 | |
| 周边支承网架相邻支座高差 | $L/400$,且不应大于15.0 | 用钢尺和水准仪实测 | 全数检查 |
| 支座最大高差 | 30.0 | | |
| 多点支承网架相邻支座高差 | $L_1/800$,且不应大于30.0 | | |

注:$L$ 为纵向、横向长度;$L_1$ 为相邻支座间距。

### 2.4.3  网架安装验收规定

1. 网架结构安装规定

（1）网架的安装应满足以下要求：

① 安装的测量校正、高强度螺栓安装、负温度下施工及焊接工艺等,应在安装前进行工艺试验或评定,并应在此基础上制订相应的施工工艺或方案。

② 安装偏差的检测,应在结构形成空间刚度单元并连接固定后进行。

③ 安装时,必须控制屋面、楼面、平台等的施工荷载,施工荷载和冰雪荷载等严禁超过梁、桁架、楼面板、屋面板、平台铺板等的承载能力。

（2）钢网架结构支座定位轴线的位置、支座锚栓的规格应符合设计要求。

（3）支承面顶板的位置、标高、水平度以及支座螺栓位置的允许偏差应符合表 2-9 的规定。

表 2-9    支承面、地脚螺栓(锚栓)位置的允许偏差

| 项目 | | 允许偏差/mm |
|---|---|---|
| 支承面 | 标高 | ±3.0 |
| | 水平度 | $L/1000$ |
| 地脚螺栓(锚栓) | 螺栓中心偏移 | 5.0 |
| 预留孔中心偏移 | | 10.0 |

（4）支承垫块的种类、规格、摆放位置和朝向,必须符合设计要求和国家现行有关标准的规定。橡胶垫块与刚性垫块之间或不同类型刚性垫块之间不得互换使用。

（5）网架支座锚栓的紧固应符合设计要求。

（6）支座锚栓的尺寸的允许偏差应符合表 2-10 的规定。支座锚栓的螺纹应受到保护。

表 2-10    地脚螺栓(锚栓)尺寸的允许偏差

| 项目 | 允许偏差/mm |
|---|---|
| 螺栓(锚栓)露出长度 | +30.0<br>0.0 |
| 螺纹长度 | +30.0<br>0.0 |

（7）对建筑结构安全等级为一级、跨度 40 m 及以上的公共建筑钢网架结构,且设计有要求时,应按下列项目进行节点承载力试验,其结果应符合以下规定：

① 焊接球节点应按设计指定规格的球及其匹配的钢管焊接成试件,进行轴心拉、压承载力试验,其试验破坏荷载值大于或等于 1.6 倍设计承载力为合格。

② 螺栓球节点应按设计指定规格球的最大螺栓孔螺纹进行抗拉强度保证荷载试验,当达到螺栓的设计承载力时,螺孔、螺纹及封板仍完好无损为合格。

（8）钢网架结构总拼完成后及屋面工程完成后应分别测量其挠度值,挠度值不应超过相应设计值的 1.15 倍。

（9）钢网架结构安装完成后,其节点及杆件表面应干净,不应有明显的疤痕、泥沙和污垢。螺栓球节点应将所有接缝用油腻子嵌填严密,并应将多余螺孔封口。

2. 网架安装质量控制与验收要点

钢网架安装质量控制与验收要点如表 2-11 所示。

表 2-11　钢网架安装质量控制与验收要点

| 项次 | 项目 | 质量控制与验收要点 |
|---|---|---|
| 1 | 焊接球、螺栓球及焊接钢板等节点及杆件制作精度 | ① 焊接球:半圆球宜用机床加工制作坡口。焊接后的成品球,其表面应光滑平整,不能有局部凸起或褶皱。直径允许偏差为±2 mm;不圆度为 2 mm,厚度不均匀度为 10%,对口错边量为 1 mm。成品球以 200 个为一批(当不足 200 个时,也以一批处理),每批取 2 个进行抽样检验,如其中有 1 个不合格,则双倍取样,如其中又有 1 个不合格,则该批球不合格<br>② 螺栓球:毛坯不圆度的允许制作误差为 2 mm,螺栓按三级精度加工,其检验标准按《钢网架螺栓球节点用高强度螺栓》(GB/T 16939—1997)技术条件进行<br>③ 焊接钢板节点的成品允许偏差为±2 mm,角度可用角度尺检查,其接触面应密合<br>④ 焊接节点及螺栓球节点的钢管杆件制作成品长度允许偏差为±1 mm,锥头与钢管同轴度误差不大于 0.2 mm<br>⑤ 焊接钢板节点的型钢杆件制作成品长度允许偏差为±2 mm |
| 2 | 钢管球节点焊缝收缩量 | 钢管球节点加套管时,每条焊缝收缩量应为 1.5~3.5 mm;不加套管时,每条焊缝收缩量应为 1.0~2.0 mm。焊接钢板节点,每个节点收缩量应为2.0~3.0 mm |
| 3 | 管球焊接 | ① 钢管壁厚 4.9 mm 时,坡口不小于45°为宜。因为局部未焊透,所以加强部位高度要大于或等于 3 mm。钢管壁厚不小于 10 mm 时,采用圆弧形坡口如图 2-67 所示,钝边不大于 2 mm,单面焊接双面成型易焊透<br>② 焊工必须持有钢管定位位置焊接操作证<br>③ 严格执行坡口焊接及圆弧形坡口焊接工艺<br>④ 焊前清除焊接处污物<br>⑤ 为保证焊缝质量,对于等强焊缝必须符合《钢结构工程施工质量验收标准》(GB 50205—2020)一级焊缝的质量,除进行外观检验外,对大、中跨度钢管网架的拉杆与球的对接焊缝,应做无损探伤检验,其抽样数不少于焊口总数的 20%。钢管厚度大于 4 mm 时,开坡口焊接,钢管与球壁之间必须留有 3~4 mm 的间隙,以便加衬管焊接时根部易焊透。但是加衬管会给拼装带来很大麻烦,故一般在合拢杆件情况下加衬管<br><br>图 2-67　圆弧形坡口 |

| 项次 | 项目 | 质量控制与验收要点 |
|---|---|---|
| 4 | 焊接球节点的钢管布置 | ① 在杆件端部加锥头(锥头比杆件细),另加肋焊于球上<br>② 可将没有达到满应力的杆件的直径改小<br>③ 两杆件距离不小于 10 mm,否则开成马蹄形,两管间焊接时须在两管间加肋补强<br>④ 凡有杆件相碰,必须与设计单位研究处理 |
| 5 | 螺栓球节点 | ① 螺栓球节点的螺纹应按 6H 级精度加工,并符合国家标准的规定。球中心至螺孔端面距离的偏差为±0.20 mm,螺栓球螺孔角度允许偏差为±30°<br>② 螺栓球节点如图 2-68 所示,钢管杆件成品是指钢管与锥头或封板的组合长度,该组合的允许偏差值为±1 mm 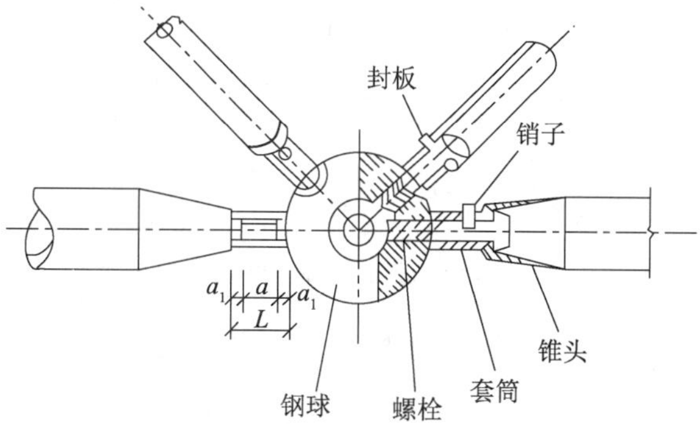<br><br><br><br>图 2-68　螺栓球节点<br><br>③ 钢管杆件宜用机床、切管机、爬管机下料,也可用气割下料,其长度都应考虑杆件与锥头或封板的焊接收缩量。影响焊接收缩量的因素较多,如焊缝长度和厚度、气温的高低、焊接电流大小、焊接方法、焊接速度、焊接层次、焊工技术水平等,具体收缩量可通过试验和经验数值确定<br>④ 拼装顺序应从一端向另一端,或者从中间向两边,以减少累积偏差;拼装工艺为先拼下弦杆,将下弦的标高和轴线校正后,全都拧紧螺栓定位;安装腹杆,必须使其下弦连接端的螺栓拧紧,如拧不紧,当周围螺栓都拧紧后,因锥头或封板孔较大,螺栓有可能偏斜,就更难处理;连接上弦时,开始不能拧紧,如此循环,部分网架拼装完成后,要检查螺栓,对松动螺栓,再复拧一次<br>⑤ 螺栓球节点在安装时,必须将高强度螺栓拧紧,螺栓拧进长度为该螺栓直径的 1 倍时,可以满足受力要求;按规定要求拧进长度为直径的1.1 倍,并随时进行复拧<br>⑥ 螺栓球与钢管特别是与拉杆的连接,杆件在承受拉力后即变形,必然产生缝隙,在南方或沿海地区,水气有可能进入高强度螺栓或钢管中,易使钢管和螺栓腐蚀,因此,网架的屋盖系统在安装后,FDMJ 对网架各个接头用油腻子将所有空余螺孔及接缝处嵌填密实,补刷防腐漆两道 |
| 6 | 焊接顺序 | ① 网架焊接顺序应为先焊下弦节点,使下弦收缩向上拱起,然后焊腹杆及上弦。焊接时应尽量避免形成封闭圈,否则焊接应力加大,产生变形。一般可采用循环焊接法<br>② 节点板焊接顺序如图 2-69 所示。节点带盖板时,可用夹紧器夹紧后点焊定位,再进行全面焊接 |

| 项次 | 项目 | 质量控制与验收要点 |
|------|------|--------------------|
| 6 | 焊接顺序 | 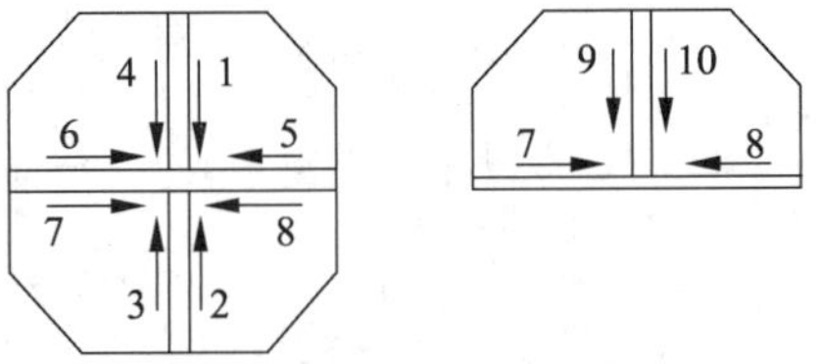 　　图 2-69　节点板焊接顺序 |
| 7 | 拼装顺序 | ① 大面积拼装一般采取从中间向两边或向四周顺序拼装,杆件有一端是自由端,能及时调整拼装尺寸,以减小焊接应力与变形<br>② 螺栓球节点总拼顺序一般是从一边向另一边,或从中间向两边顺序进行。只有螺栓头与锥筒(封板)端部齐平,才可以跳格拼装,其顺序为下弦→斜杆→上弦 |
| 8 | 高空散装法标高 | ① 采用控制屋脊线标高的方法拼装,一般从中间向两侧发展,以减小累积偏差和便于控制标高,使误差消除在边缘上<br>② 拼装支架应进行设计,对重要的或大型工程,还应进行试压,使其具有足够的强度和刚度,并满足单肢和整体稳定的要求<br>③ 悬挑拼装时,由于网架单元不能承受自重,所以要对网架进行加固,即在拼装过程中网架必须是稳定的。支架承受荷载,必然产生沉降,就必须采取千斤顶随时进行调整,当调整无效时,应会同技术人员解决,否则影响拼装精度。支架总沉降量经验值应小于 5 mm |
| 9 | 高空滑移法安装挠度 | ① 适当增大网架杆件断面,以增强其刚度<br>② 拼装时增加网架施工起拱数值<br>③ 大型网架安装时,中间应设置滑道,以减小网架跨度,增强其刚度<br>④ 在拼接处可临时加反梁,或增设三层网架以加强刚度<br>⑤ 为避免滑移过程中因杆件内力改变而影响挠度值,必须控制网架在滑移过程中的同步数值,其方法可采用在网架两端滑轨上标出尺寸,也可以利用自整角机代替标尺 |
| 10 | 整体顶升位移 | ① 顶升同步值按千斤顶行程而定,并设专人指挥顶升速度<br>② 顶升点处的网架可做成上支承点或下支承点的形式,并有足够的刚度,如图 2-70 所示。为增加柱子刚度,可在双肢柱间增加缀条 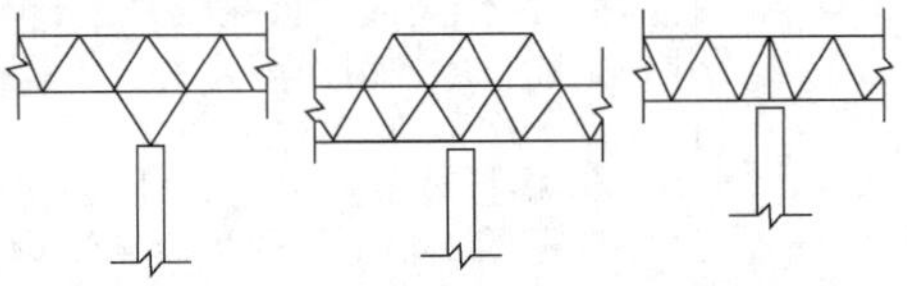<br><br>　(a)　　　　(b)　　　　(c)<br>图 2-70　点支承网架柱帽设置<br>③ 顶升点的布置距离应通过计算,避免杆件受压失稳<br>④ 顶升时,各顶点的允许高差值应满足以下要求:<br>a. 为相邻两个顶升支承结构间距的 1/1000,且不大于 15 mm<br>b. 在一个顶升支承结构上,有两个或两个以上千斤顶时,为千斤顶间距的 1/200,且不大于 10 mm<br>⑤ 千斤顶合力与柱轴线位移允许值为 5 mm,千斤顶应保持垂直<br>⑥ 顶升前及顶升过程中,网架支座中心对柱轴线的水平偏移值不得大于截面短边尺寸的 1/50 及柱高的 1/500 |

| 项次 | 项目 | 质量控制与验收要点 |
|---|---|---|
| 10 | 整体顶升位移 | ⑦ 支承结构如柱子刚性较大,可不设导轨;如果刚性较小,必须加设导轨<br>⑧ 已发现位移,可以将千斤顶用楔片垫斜或人为造成反向升差,或将千斤顶平放于水平支顶网架支座 |
| 11 | 整体提升柱的稳定性 | ① 网架提升吊点要通过计算,尽量与设计受力情况相接近,避免杆件失稳;每个提升设备所受荷载应尽量达到平衡;提升负荷能力在群顶或群机作业时,按额定能力乘以折减系数,电力螺杆升板机为 0.7~0.8,穿心式千斤顶为 0.5~0.6<br>② 不同步的升差值对柱的稳定有很大影响,当用升板机时允许差值为相邻提升点距离的 1/400,且不大于 15 mm;当用穿心式千斤顶时,为相邻提升点距离的 1/250,且不大于 25 mm<br>③ 提升设备放在柱顶或放在被提升重物上,应尽量减少偏心距<br>④ 网架升升过程中,为防止大风影响造成柱倾覆,可在网架四角拉上缆风,平时放松,风力超过 5 级时应停止提升,拉紧缆风绳<br>⑤ 采用提升法施工时,下部结构应形成稳定的框架结构体系,即柱间设置水平支撑及垂直支撑,独立柱应根据提升受力情况进行验算<br>⑥ 升网滑模提升速度应与混凝土强度相适应,混凝土强度等级必须达到 C10 级<br>⑦ 不论采用何种整体提升方法,柱的稳定性都直接关系到施工安全,因此必须做施工组织设计文件,并与设计人员共同对柱的稳定性进行验算 |
| 12 | 整体安装空中移位 | ① 由于网架是按使用阶段的荷载进行设计的,设计中一般难以准确计入施工荷载,所以施工之前应按吊装时的吊点和预先考虑的最大提升高度差验算网架整体安装所需要的刚度,并据此确定施工措施或修改设计<br>② 要严格控制网架提升高差,尽量做到同步提升提升高差允许值是指相邻两拔杆间或相邻两吊点组的合力点间的相对高差,可取吊点间距的 1/400,且不大于 100 mm,或通过验算而定<br>③ 采用拔杆安装时,应使卷扬机型号、钢丝绳型号以及起升速度相同,并且使吊点钢丝绳相通,以使吊点间杆件受力一致;采取多机抬吊安装时,应使起重机型号、起升速度相同,吊点间钢丝绳相通,以使吊点间杆件受力一致<br>④ 合理布置起重机械及拔杆<br>⑤ 缆风地锚必须经过计算,缆风初拉应力控制到 60%,施工过程中应设专人检查<br>⑥ 网架安装过程中,拔杆顶端偏斜不超过拔杆高的 1/1000 且不大于 30 mm |

施工完成后,应测量网架的挠度值(包括网架自重的挠度及屋面工程完成后的挠度),所测的挠度平均值不应大于设计值的 15%,实测的挠度曲线应存档。网架的挠度观测点设置:跨度在 24 m 及以下时,设在跨中;跨度在 24 m 以上时,可设五点,即跨中、两向下弦跨度四分点处各两点。

3. 网架工程验收资料

网架工程验收应具备下列文件:网架施工图、竣工图、设计变更文件、施工组织设计文件、所用钢材及其他材料的质量证明书和试验报告;网架的零部件产品合格证书和试验报告、网架拼装各工序的验收记录、焊工考试合格证明、焊缝质量和高强度螺栓质量检验资料、总拼就位后的几何尺寸误差和挠度记录。

## 2.5 工作任务单

### 2.5.1 网架结构图纸识读

任务单

| 工作任务名称:网架结构图纸识读 | | | | | |
|---|---|---|---|---|---|
| 授课班级 | | 上课时间 | 周 月 日 第 节 | 上课地点 | 校内识图实训室 |
| | | | 周 月 日 第 节 | | |

| 教学目的 | 通过训练,使学生熟悉网架结构施工图的组成和识读方法,能充分把握网架结构施工图纸会审要点和组织图纸会审、协调设计、制作和安装之间的关系,达到为下一步加工制作和施工安装做好准备的目的。 | |
|---|---|---|
| 教学目标 | 能力(技能)目标 | 知识目标 |
| | (1)审查图纸是否缺图(如是否缺少支座节点详图)、是否正确;<br>(2)确定结构设计说明中是否有缺项和未说明的问题(如防火措施和等级要求等);<br>(3)确定节点构造是否存在冲突(如是否注明橡胶支座使用位置等)、是否便于施工;<br>(4)根据图纸进行材料需求量计算(选取部分构件进行材料算量)。 | 掌握轻钢门式钢架施工图的组成和识读方法,熟悉轻钢门式钢架的结构组成和节点形式,能进行构件的材料需求量计算和组织图纸会审。 |
| 重点难点及训练任务 | 重点:网架材料需求量计算。<br>难点:施工图纸的正确性和节点冲突检查。<br>解决办法:(1)多媒体演示网架的施工图识读过程;<br>(2)识图实训室全过程模拟练习。<br>训练任务:<br>(1)所给钢结构图纸审查,要求学生发现问题并能够进行正确处理。<br>(2)按图纸要求计算选定构件材料的用量,培养识读钢结构图纸和组织图纸会审的能力。<br>(3)组织模拟图纸会审并填写图纸会审记录表。 | |
| 参考资料 | (1)李顺秋.钢结构制造与安装[M].北京:中国建筑工业出版社,2005.<br>(2)中华人民共和国住房和城乡建设部.钢结构工程施工质量验收标准(GB 50205—2020)[S].北京:中国计划出版社,2020.<br>(3)中华人民共和国住房和城乡建设部.钢结构焊接规范(GB 50661—2011)[S].北京:中国建筑工业出版社,2011.<br>(4)张惠华,等.快速识读钢结构施工图[M].福州:福建科学技术出版社,2004. | |

**课前准备：**

将同学们每 6 人分成一组(第 1 组识读某码头网架施工图;第 2 组识读某游泳馆网架施工图;第 3 组识读某客运站网架施工图;第 4 组识读某公司网架施工图。具体见附图 1～附图 4),并给每组准备施工图纸、图纸会审记录表等工具。所需网架施工图可提前 1 周下发学生,要求学生提前进行自选构件材料算量(利用给定的工程量计算稿电子模板)。

行业规范

附图 1　　　　附图 2　　　　附图 3　　　　附图 4

**步骤 1：**引入课程。

引导:前面的几节课已经学过了网架施工图的组成、结构组成、节点和支座形式、识读方法,现在每组同学根据各组分配的图纸进行讨论和图纸会审,思考各组图纸的完整性和正确性。自选构件材料算量进行对比,是否存在问题?

(大家思考,个别回答)

观看教师多媒体演示网架施工图识读过程,观后要求大家总结施工图识图要点和识图方法。

**步骤 2：**图纸审核与算量。

每组同学分别审核所分配的图纸,检查内容包括审核图纸设计文件的完整性、构件尺寸标注的齐全度、节点清晰度、构件连接形式合理度、加工符号与焊接符号齐全度、图纸规范度等内容。将审查图纸过程中发现的问题向实训指导教师提出,并附带提出修改建议,由实训指导教师视学生问题反馈情况指导学生完成图纸审核过程。

按审核后的图纸内容进行算量。先请同学按图纸计算所需材料的用量并思考是否按照图纸计算所得的值即为实际备料量? 在实际工程备料中应在计算备料基础上如何增减以满足要求? 然后实训指导教师通过实例分析让学生重新算量。

**步骤 3：**成果检验。

各组之间首先进行成员自检,给出自我评价并做相应的记录,然后以小组为单位互评。

**步骤 4：**学生讨论。

教师提问:网架的结构组成有哪些? 网架施工图识读要点有哪些? 哪些施工图内容是容易出现错误的?

**步骤 5：**图纸会审。

按图纸会审程序,不同学生分别担任设计、业主、监理、施工单位和专业技术人员角色进行图纸会审,依据设计文件及其相关资料和规范,把施工图中错漏、不合理、不符合规范和国家建设文件规定之处解决在施工前。

协调业主、设计和施工单位针对图纸的问题,确定具体的处理措施或优化设计。督促施工单位整理会审材料和设计交底,最后经各方签字盖章确认后,分发各单位。具体过程如下:

(1) 开工前一个月,配合建设单位向施工单位提供施工图纸4份和有关资料。

(2) 收图后督促检查施工单位,认真组织各专业技术人员审查图纸和有关资料。

(3) 开工前15天协助建设单位主持设计交底和图纸会审工作。

(4) 会审出现的问题,在会审后2天内建议施工单位会同设计单位签发设计变更通知单。

设计图纸会审、变更及洽商记录,应符合以下要求:

(1) 设计图纸会审记录需经建设、监理、设计、施工单位及质监站参与会审人员签字及盖章后方可生效。

(2) 设计单位的设计变更通知须经过设计人员签名、盖章及建设、监理单位签名且盖章后,方可执行。

(3) 由施工单位提出变更的洽商,应先报监理,经监理单位监理工程师签署意见后,送交给设计单位,设计单位审核同意后再送给建设单位,建设单位签署意见后转发给监理及施工单位实施。

(4) 洽商记录应有建设单位、监理单位、设计单位及施工单位负责人共同签字并盖章后方可生效。

(5) 凡设计变更、洽商记录,应先办理手续后施工,不得后补及随意涂改。

(6) 图纸会审的主要内容:

① 设计是否符合国家有关的技术政策、标准和规范,是否经济合理。

② 设计是否符合施工技术装备条件。如需要采取特殊技术措施,技术上有无困难,能否保证安全施工和工程质量。

③ 有无特殊材料(包括新材料)要求,其品种、规格、数量是否满足需要。

④ 建筑结构与设备安装之间有无重大矛盾。

⑤ 图纸及说明是否齐全、清楚、明确,图纸中的尺寸、坐标、标高及管线、道路交叉连接点是否相符等。

**步骤6:**教师归纳总结。

(1) 网架结构组成;

(2) 图纸审核的必要性和审核内容;

(3) 网架结构施工图识读要点;

(4) 施工图经常出现错误的内容(如缺支托、缺檩条布置图、水槽处支托错误等);

(5) 图纸会审内容。

**步骤7:**评价总结、布置作业。

教师讲解完毕后总结这次实训中的错误和失误点,同学们算量和图纸会审演练完毕。同学们陆续把对自己和对对方小组的作品评价打分情况提交给老师,老师把最终分数打好,对自始至终做得比较好的同学提出口头表扬。最后,根据课程安排布置思考题和书面作业。

任务单

### 2.5.2　网架吊装专项方案设计

| 工作任务名称:网架吊装专项方案设计 | | | | |
|---|---|---|---|---|
| 授课班级 | | 上课时间 | 周　月　日第　节 | 上课地点 | 校内工学结合教室 |
| | | | 周　月　日第　节 | | 校内吊装实训场 |

| 教学目的 | 通过训练使学生熟悉网架结构的安装方法、吊机选择、吊点选择、吊装验算和吊装专项方案的设计编制方法,能充分把握网架常用的安装方法和相关计算内容,以及吊装专项方案编制要点,达到能编制吊装专项方案和组织施工的目的。 | |
|---|---|---|
| 教学目标 | 能力(技能)目标 | 知识目标 |
| | (1) 熟练掌握网架结构的常用安装方法及工序;<br>(2) 根据构件特点熟练进行吊机等吊装设备的选择和计算;<br>(3) 正确选择吊点,能进行吊装验算;<br>(4) 能编制吊装专项方案;<br>(5) 能根据吊装专项方案组织管桁架的施工安装。 | 掌握网架结构的安装方法,吊机、吊具的计算与选择,利用 3D3S 等软件进行吊装验算和滑移相关计算,能编制吊装专项方案并付诸实施。 |
| 重难点及训练任务 | 重点:吊装方法的选择。<br>难点:吊点选择和吊装验算。<br>解决办法:(1) 多媒体演示网架结构的吊装过程案例;<br>　　　　　(2) 吊装实训场全过程模拟安装。<br>训练任务:<br>(1) 结合所给的工程图纸,要求学生选择吊装方法和吊装设备,并对不同方案进行技术对比和经济性指标对比,培养应用所学吊装知识的能力。<br>(2) 对选定构件进行吊点选择和吊装验算。<br>(3) 编制吊装专项方案。<br>(4) 模拟吊装钢构件。 | |
| 参考资料 | (1) 李顺秋.钢结构制造与安装[M].北京:中国建筑工业出版社,2005.<br>(2) 中华人民共和国住房和城乡建设部.钢结构工程施工质量验收标准(GB 50205—2020)[S].北京:中国计划出版社,2020.<br>(3) 中华人民共和国住房和城乡建设部.钢结构焊接规范(GB 50661—2011)[S].北京:中国建筑工业出版社,2011.<br>(4) 张惠华,等.快速识读钢结构施工图[M].福州:福建科学技术出版社,2004. | |

**课前准备：**

将同学们每6人分成一组(第1组：某码头网架吊装；第2组：某游泳馆网架吊装；第3组：某客运站网架吊装；第4组：某公司网架吊装。具体见2.5.1节附图1~附图4)，并给每组准备有计算机、3D3S软件，吊装实训场有塔吊、汽车吊、吊索、卡具等工具。所需的网架结构施工图可提前1周下发学生，要求学生提前进行吊装方法的选择、滑移和吊装专项方案编制。

行业规范

**步骤1：**引入课程。

引导：前面的几节课已经学过了网架拼装、施工安装方法、滑移法相关计算、吊点选择和吊装验算方法，现在每组同学根据各组分配的图纸进行讨论和确定最终的吊装方案，思考各种吊装方法的优、缺点(从可行性和技术经济指标分析)。

(大家思考，个别回答)

观看教师利用多媒体演示网架结构滑移安装施工的全过程，随后要求大家总结施工安装的方法选择、吊装验算及安装实施方法。

**步骤2：**确定各组的最终吊装方案。

每组同学分别审核所分配的图纸，对比每组中各位同学的吊装专项方案，进行优、缺点分析，商定各组的最终吊装方案。发现问题时可向实训指导教师提出，并提出建议，由实训教师视学生问题的反馈情况指导学生完成吊装专项方案的最终确定(包括吊装设备、索具设备、滑移钢梁设置、卷扬机和千斤顶等)。

按最终吊装方案考虑实施方法。请同学们思考方案的实施需要进行哪些工作？吊装场地是否满足要求？

**步骤3：**吊点和吊装验算。

选定网架的吊点并利用3D3S等软件进行吊装验算，提交验算结果并得出结论。各组之间首先进行成员自检，给出自我评价并做相应的记录，然后以小组为单位互评。

**步骤4：**交底。

由各组组长对组员按照最终吊装专项方案布置任务进行技术交底，填写各项交底记录。

**步骤5：**实训场吊装实训。

准备吊机及所用的吊索、卡具、白棕绳、普通扳手、角钢支撑等工具设备，在实训指导教师的指导下进行网架吊装实训，各组轮流进行。

**步骤6：**教师归纳总结。

(1)网架常用的吊装方法；

(2)吊装如何考虑现场条件；

(3)吊装验算如何进行；

(4)吊装过程中的注意事项。

**步骤7：**评价总结、布置作业。

教师讲解完毕后总结这次实训中的错误和失误点。同学们吊装实训演练完毕，并陆续把对自己和对对方小组的作品评价打分情况提交给老师，老师把最终的分数打好，对自始至终做得比较好的同学提出口头表扬。最后，根据课程安排，布置思考题和书面作业。

## 起重作业安全技术交底

工程名称：

| 施工项目单位 | 承接施工单位或班组 | 钢结构安装班 |
|---|---|---|
|  |  |  |

承接人：

签名日期　　　年　　月　　日

交底单位：　　　　　　交底人：

签名日期　　　年　　月　　日

## 钢结构吊装安全技术交底

施工单位：

| 工程名称 | | 分部分项<br>工　程 | | 工　种 | 钢结构 |
|---|---|---|---|---|---|
| | | | | | |

接受人（全员）签字：

## 汽车起重机安全技术交底

| 工程名称 | | 施工单位 | |
|---|---|---|---|
| 施工部位 | | 施工内容 | 钢结构吊装 |

| 一般性内容 | |
|---|---|
| 施工现场针对性交底 | |

| 安全员签名 | | 工段负责人签名 | | 班组负责人签名 | | 交底时间 | |
|---|---|---|---|---|---|---|---|
| 作业人员签名 | | | | | | | |

注:本表一式两份,被交底人一份,另一份存档。

## 单元小结

本单元主要按照"网架结构图纸识读→网架结构加工制作→网架结构拼装与施工安装→网架结构验收"的工作过程对网架结构的特点与构造、加工制作设备选择、加工制作工艺与流程、拼装与施工安装方法和验收等内容,并结合《空间网格结构技术规程》(JGJ 7—2010)和《钢结构工程施工质量验收标准》(GB 50205—2020)的规定进行了阐述和讲解。本单元还安排学生完成三个工作任务单,以便他们最终形成网架结构加工制作方案、施工安装方案及将方案付诸实施的职业能力。

[实训]

(1)网架结构图纸识读训练。

① 某平板网架施工图识读。

② 某弧形网架施工图识读。

(2)网架吊装方案设计。

[课后讨论]

(1)网架结构构件是怎样组成不变体系的?

(2)网架结构与其他杆系结构有何不同?

(3)网架结构施工要注意哪些问题?

(4)试分析某机场主结构形式及其特点。

网架图纸

## 练 习 题

(1)网架结构的节点构造有哪几种?各有什么特点?适用于何种情况?

(2)网架结构可分为哪几种主要类型?它们的适用范围是什么?

(3)试观察你所能遇到的网架结构的工程实例,注意它们的外形尺寸、构件的截面形式特点、使用的材料、屋面排水方式,以及建筑物的用途和功能要求。

某机场视频

(4)双层网架结构由哪些类型的杆件组成,各起什么作用?

(5)网架结构安装一般有哪几种方法,各有什么特点?

# 学习单元 3    管桁架结构工程施工

## 【内容提要】

本单元主要介绍管桁架结构的基本知识、管桁架结构组成与管桁架结构图纸识读;管桁架的加工设备、制作工艺、构件拼装;管桁架结构的安装方法;管桁架结构的验收要点等内容。本学习单元旨在培养学生管桁架结构施工图的识读、管桁架结构的加工制作与施工安装方面的技能;通过课程讲解,使学生掌握管桁架结构的组成、构造、加工工艺、施工安装方法等知识;通过动画、录像、实操训练等强化学生从事管桁架结构加工制作与施工安装的技能。

## 3.1    管桁架结构基本知识与图纸识读

电子课件

管桁架结构是指由圆钢管或方钢管杆件在端部相互连接而组成的格子式结构,也称为钢管桁架结构、管桁架和管结构。管桁架结构体系分为平面桁架或空间桁架。与一般桁架相比,其主要区别在于连接节点的方式不同。网架结构采用螺栓球或空心球节点,过去的屋架常采用板型节点,而管桁架结构在节点处采用与杆件直接焊接的相贯节点(或称管节点)。在相贯节点处,只有在同一轴线上的两个主管贯通,其余杆件(即支管)通过端部相贯线加工后,直接焊接在贯通杆件(即主管)的外表面上,非贯通杆件在节点部位可能有一定的间隙(间隙型节点),也可能部分重叠(搭接型节点),如图 3-1 所示。

(a) 间隙型节点                    (b) 搭接型节点

**图 3-1    管桁架杆件相贯节点形式**

相贯线切割是难度较高的制造工艺,因为交汇钢管的数量、角度、尺寸的不同使得相贯线形态各异,而且坡口处理困难。但随着多维数控切割技术的发展,这些难点已被克服,因而相贯节点管桁架结构在大跨度建筑中得到了前所未有的应用。

### 3.1.1 管桁架结构的类型、组成及应用

管桁架结构杆件一般为圆钢管,一些大型、重型管桁架可采用方钢管截面。钢管相贯节点处的焊缝有对接焊缝或角焊缝等多种焊缝形式。管桁架弦杆和腹杆虽为焊接,但其计算模型一般仍为铰接节点。

1. 管桁架结构的类型

管桁架结构以桁架结构为基础,其结构形式与桁架的形式基本相同,外形与其用途有关。常见的分类方法有下面几种:

(1)根据屋架外形分类,一般有三角形、梯形、平行弦及拱形桁架,如图3-2所示。常用的桁架腹杆形式有芬克式(图3-2a)、人字式(图3-2b,d,f)、豪式(也叫单向斜杆式,图3-2c,h)、再分式(图3-2e)、交叉式(图3-2g),其中前四种为单系腹杆,第五种交叉腹杆又称为复系腹杆。

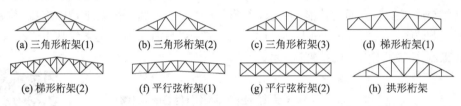

(a) 三角形桁架(1)　(b) 三角形桁架(2)　(c) 三角形桁架(3)　(d) 梯形桁架(1)

(e) 梯形桁架(2)　(f) 平行弦桁架(1)　(g) 平行弦桁架(2)　(h) 拱形桁架

图3-2　桁架的形式

(2)按受力特性和杆件布置可分为平面管桁架结构和空间管桁架结构。平面管桁架结构有普腊特(Pratt)式桁架、华伦(Warren)式桁架、芬克(Fink)式桁架、拱形桁架及其各种演变形式,如图3-3所示;空间管桁架结构通常为三角形截面,如图3-3所示。

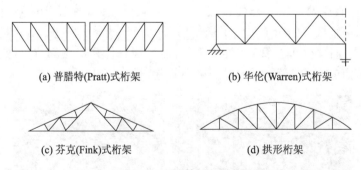

(a) 普腊特(Pratt)式桁架　　　　　(b) 华伦(Warren)式桁架

(c) 芬克(Fink)式桁架　　　　　(d) 拱形桁架

图3-3　平面管桁架结构

平面管桁架结构的上弦、下弦和腹杆都在同一平面内,结构平面外的刚度较差,一般需要通过侧向支撑以保证结构的侧向稳定。目前管桁架结构多采用华伦桁架和普腊特桁架形式。华伦桁架一般最经济,与普腊特桁架相比,华伦桁架只有普腊特桁架一半数量的腹杆与节点,且腹杆下料长度统一,可大大节约材料与加工工时。此外,华伦桁架较容易使用有间隙的接头,这种接头容易布置。同样,形状规则的华伦桁架具

有更大的空间去满足放置机械、电气及其他设备的需要。

空间管桁架结构通常为三角形断面,它分为正三角断面和倒三角断面两种,如图3-4所示。三角形空间管桁架结构稳定性较好,扭转刚度较大,类似于一榀空间刚架结构,可以减少侧向支撑构件,在不布置或不能布置面外支撑的情况下仍可提供较大的跨度空间,更为经济且外表美观,得到广泛应用。

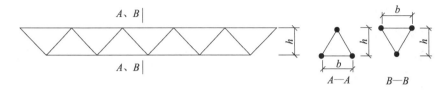

图 3-4 空间管桁架结构

在桁架结构中,通常上弦是受压杆件,容易失去稳定性,下弦受拉不存在稳定问题。倒三角形截面的上弦有两根杆件,是一种比较合理的截面形式,两根上弦杆通过斜腹杆与下弦杆连接后,再在节点处设置水平连杆,而且支座支点多在上弦处,从而构成了上弦侧向刚度较大的屋架;另外,两根上弦贴靠屋面,下弦只有一根杆件,给人以轻巧的感觉;这种倒三角形截面还会减少檩条的跨度。实际工程中大量采用的是倒三角截面形式的桁架。正三角形截面桁架的主要优点在于上弦是一根杆件,檩条和天窗架支柱与上弦的连接比较简单,多用于屋架。

(3) 按连接构件的截面不同可分为 C—C 型桁架、R—R 型桁架和 R—C 型桁架,如图 3-5 所示。

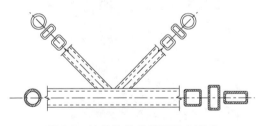

图 3-5 连接构件的截面组合形式

C—C 型桁架的主管和支管均为圆管相贯,相贯线为空间马鞍型曲线。圆钢管除了具有空心管材普遍的优点外,还具有较高的惯性半径和有效的抗扭截面。圆管相交的节点相贯线为空间马鞍型曲线,其设计、加工、放样都比较复杂,但由于钢管相贯自动切割机的发明和使用,促进了管桁架结构的发展与应用。

R—R 型桁架的主管和支管均为方钢管或矩形管相贯。方钢管和矩形钢管用作抗压、抗扭构件有突出的优点,用其直接焊接组成的方管桁架具有节点形式简单、外形美观的优点,所以在国内外得以广泛应用。我国现行的钢结构设计标准中加入了矩形管的设计公式,这将进一步推进管桁架结构的应用。

R—C 型桁架为矩形截面主管与圆形截面支管直接相贯焊接。圆管与矩形管的杂交型管节点构成的桁架形式新颖,能充分利用圆形截面管做轴心受力构件,矩形截面管做压弯和拉弯构件。矩形管与圆管相交的节点相贯线均为椭圆曲线,它比圆管相贯的空间曲线易于设计与加工。

（4）按桁架的外形可分为直线型与曲线型两种,如图 3-6 和图 3-7 所示。随着社会对建筑美学要求的不断提高,为了满足空间造型的多样性,管桁架结构大多做成了各种曲线形状,丰富结构的立体效果。当设计曲线型管桁架结构时,有时为了降低加工成本,仍然将杆件加工成直杆,但由折线近似代替曲线;如果要求较高,可以采用弯管机将钢管弯成曲管,这样可以获得更好的建筑效果。

图 3-6　直线型与曲线型管桁架结构

图 3-7　某火车站管桁架结构

2. 管桁架结构的组成

1）结构组成

管桁架结构一般由主桁架、次桁架、系杆和支座共同组成,单榀管桁架由上弦杆、下弦杆和腹杆组成,如图 3-8 所示。

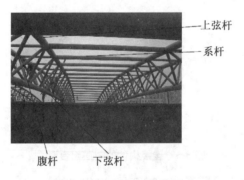

图 3-8　单榀管桁架结构组成

广东某多功能体育馆管桁架结构如图 3-9 所示。它的屋盖平面为椭圆形,平面尺寸约为 98 m×133 m,外挑 6.5 m,屋面实际最大跨度为 85 m。屋盖由正交立体三角形桁架组成,如图 3-9d 所示,其中短向为弧形三角立体桁架,长向为直线三角立体桁架,桁架高度均为 3 m,长向和短向的立体桁架轴线间距约为 9 m×11 m。整个屋盖结构为沿长短双轴对称的结构,支撑于外围箱形立体桁架上,箱形立体桁架支撑于由外围 32 个混凝土柱及屋盖内部 4 个框架柱上升起的伞形斜柱上。主桁架与边桁架及部分支撑节点采用了铸钢件,如图 3-9e~g 所示。主桁架最大跨度为 79.7 m,单榀最重为 23.38 t。整个桁架钢管种类有 15 种,钢管最大规格为 $\phi$ 245×20,最小规格为 $\phi$ 60×4。

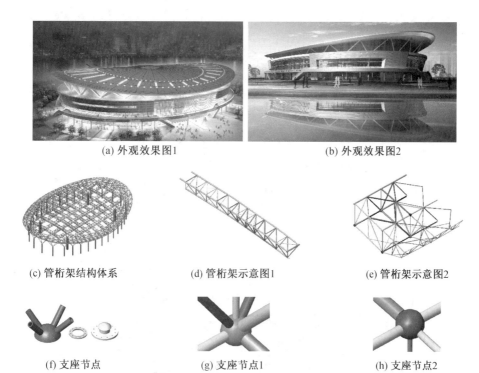

(a) 外观效果图1　　　　　　　　　(b) 外观效果图2

(c) 管桁架结构体系　　　(d) 管桁架示意图1　　　(e) 管桁架示意图2

(f) 支座节点　　　　　(g) 支座节点1　　　　　(h) 支座节点2

图 3-9　广东某多功能体育馆管桁架结构

2）管桁架结构节点类型和破坏形式

管桁架结构中的相贯节点至关重要,因为节点的破坏往往导致与之相连的若干杆件的失效,从而使整个结构被破坏。直接焊接相贯节点是由几个主支管汇交而成的三维空间薄壁结构,其应力分布十分复杂,如图 3-10 所示。当通过支管加载时,由于相贯线复杂,主管径向刚度与支管轴向刚度相差较大,因此,应力沿主管的径向和环向都是不均匀的,在鞍点和冠点的应力较大,通常把节点中应力集中值较大的点称为热点。热点首先达到屈服,继续加载时该点形成塑性区,使应力重

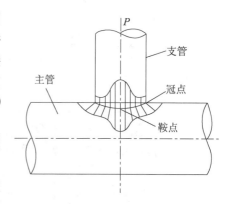

图 3-10　相贯节点处应力分布

分布。随着支管内力的增加,塑性区不断向四周扩展,直到节点出现显著的塑性变形或出现初裂缝以后,才会达到最后的破坏。

相贯节点的形式与其相连杆件的数量有关,当腹杆与弦杆在同一平面内即为单平面节点,当腹杆与弦杆不在同一平面内即为多平面节点,如图 3-11 和图 3-12 所示。

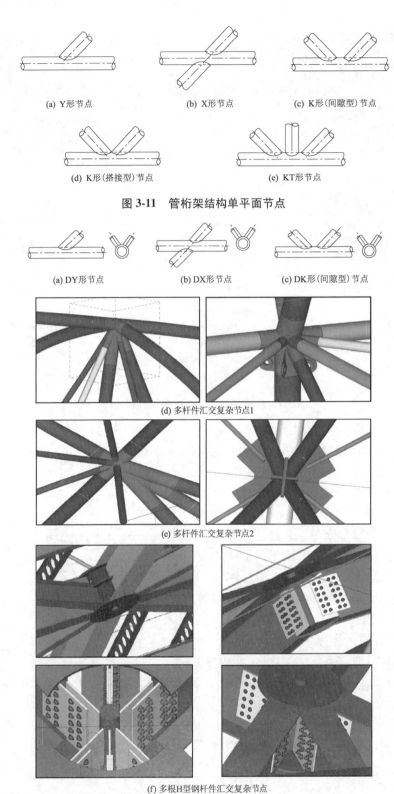

(a) Y形节点　　　　　　(b) X形节点　　　　　(c) K形(间隙型)节点

(d) K形(搭接型)节点　　　　　　(e) KT形节点

图 3-11　管桁架结构单平面节点

(a) DY形节点　　　　　　(b) DX形节点　　　　　(c) DK形(间隙型)节点

(d) 多杆件汇交复杂节点1

(e) 多杆件汇交复杂节点2

(f) 多根H型钢杆件汇交复杂节点

图 3-12　管桁架结构多平面节点

管桁架结构在工作过程中,杆件只承受轴向力的作用,支管将轴向力直接传给主管,主管可能出现多种破坏形式。在保证支管轴向力强度(不被拉断)、连接焊缝强度、主管局部稳定、主管壁不发生层状撕裂的前提下,节点的主要破坏形式包括主管局部压溃、主管壁拉断、主管壁出现裂缝导致冲剪破坏、K 形节点的支管间主管剪切破坏,如图 3-13 所示。节点出现显著的塑性变形或出现初裂缝以后,才会达到最后的破坏。一般认为有如下破坏准则:

(1)极限荷载准则:使节点破坏、断裂。

(2)极限变形准则:变形过大。

(3)初裂缝准则:出现肉眼可见的裂缝。

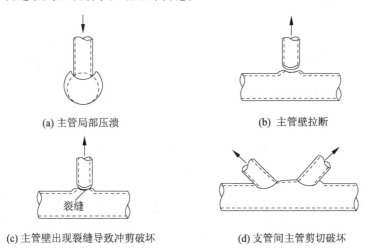

(a) 主管局部压溃　　　　　　　　　　(b) 主管壁拉断

(c)主管壁出现裂缝导致冲剪破坏　　　(d) 支管间主管剪切破坏

**图 3-13　管桁架结构节点破坏形式**

目前国际上公认的准则为极限变形准则,即认为使主管管壁产生过度局部变形的承载力为其最大承载力,并以此来控制支管的最大轴向力。

3)节点构造要求

为了保证相贯节点连接的可靠性,提出以下构造要求:

(1)在节点处主管应连续,支管端部应加工成马鞍形并直接焊接于主管外壁上,而不得将支管插入主管内。为了连接方便及保证焊接质量,主管外径 $d$ 应大于支管外径 $d_s$;主管壁厚 $t$ 不得小于支管壁厚 $t_s$。

(2)主管与支管之间的夹角口以及两支管间的夹角不得小于 30°;否则,支管端部焊缝不易保证,并且支管的受力性能也欠佳。

(3)相贯节点各杆件的轴线应尽可能交于一点,避免偏心。

(4)支管端部应平滑并与主管接触良好,不得有过大的局部空隙。当支管壁厚大于 6 mm 时应切成坡口。

(5)支管与主管的连接焊缝,应沿全周连续焊接并平滑过渡。通常支管壁厚不大,其与主管的连接宜采用全周角焊缝。当支管壁厚较大时(例如 $t_s \geqslant 6$ mm),则宜沿支管周边部分采用角焊缝,部分采用对接焊缝。具体来说,在支管外壁与主管外壁之间的夹角 $\alpha \geqslant 120°$ 的区域宜采用对接焊缝,其余区域可采用角焊缝。角焊缝的焊脚尺

寸 $h_t$ 不宜大于支管壁厚 $t_s$ 的 2 倍。

（6）若支管与主管连接节点偏心 $-0.55 \leqslant e/h$（或 $e/d$）$\leqslant 0.25$ 时，在计算节点和受拉主管承载力时，可忽略因偏心引起的弯矩的影响，但受压主管必须考虑此偏心弯矩 $M = \Delta Ne$，如图 3-14 所示。

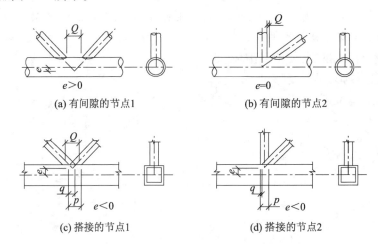

(a) 有间隙的节点1　　　　　　　　　(b) 有间隙的节点2

(c) 搭接的节点1　　　　　　　　　(d) 搭接的节点2

**图 3-14　K 形与 N 形节点的偏心和间隙**

（7）对有间隙的 K 形或 N 形节点，支管间隙 $a$ 应不小于两支管壁厚之和。

（8）对搭接的 K 形或 N 形节点，当支管厚度不同时，薄壁管应搭在厚壁管上；当支管钢材强度等级不同时，低强度管应搭在高强度管上。搭接节点的搭接率 $Q_v = q/p \times 100\%$ 应满足 $25\% \leqslant Q_v \leqslant 100\%$，且应确保在搭接部分的支管之间连接焊缝能很好地传递内力。

4）节点加强措施

钢管构件在其承受较大横向荷载的部位，工作情况较为不利，所以应采取适当的加强措施防止产生过大的局部变形。钢管构件的主要受力部位应尽量避免开孔，必须开孔时，应采取适当的补强措施，例如在孔的周围加焊补强板等。

节点的加强方式需要针对具体的破坏形式，主要有主管壁加厚、主管上加套管、加垫板、加节点板及主管加肋环或内隔板等多种方法，如图 3-15 所示。

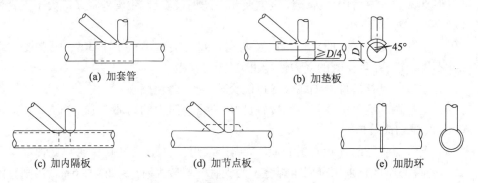

(a) 加套管　　　　　　　　　　　(b) 加垫板

(c) 加内隔板　　　　　(d) 加节点板　　　　　(e) 加肋环

**图 3-15　管桁架结构节点的加强方式**

5）钢管杆件连接

钢管杆件的接长或连接接头宜采用对接焊缝连接；当两管径不同时，宜加载锥形过渡段；大直径或重要的拼接，宜在管内加短衬管；轴心受压构件或受力较小的压弯构件，可采用加隔板传递内力的形式；对工地连接的拼接，可采用法兰盘的螺栓连接，如图 3-16 所示。

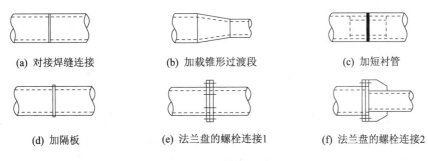

(a) 对接焊缝连接　　　(b) 加载锥形过渡段　　　(c) 加短衬管

(d) 加隔板　　　(e) 法兰盘的螺栓连接1　　　(f) 法兰盘的螺栓连接2

**图 3-16　钢管的拼接**

管桁架结构变径连接最常用的连接方法为法兰盘的螺栓连接和变管径连接。对两个不同直径的钢管连接，当两管直径之差小于 50 mm 时，可采用法兰盘的螺栓连接。板厚 $t$ 一般大于 16 mm 及 $t_1$ 的两倍（$t_1$ 为小管壁厚），计算时则按圆板受两个环形力的弯矩确定板厚 $t$。为了防止焊接时法兰盘开裂，应保证 $a \geqslant 20$ mm，要特别注意受拉拼接时法兰盘绝不允许分层。当两管直径之差大于 50 mm 时，应采用变管径连接，如图 3-17 所示。

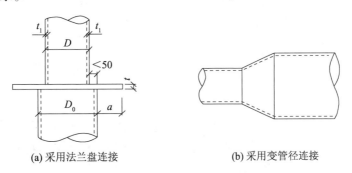

(a) 采用法兰盘连接　　　(b) 采用变管径连接

**图 3-17　管桁架结构变径连接**

3. 管桁架结构的应用

1）管桁架结构的优点

（1）节点形式简单。结构外形简洁、流畅，结构轻巧，适用于多种结构造型。

（2）刚度大，几何特性好。钢管的管壁一般较薄，截面回转半径较大，故抗压和抗扭性能好。

（3）施工简单，节省材料。管桁架结构由于在节点处摒弃了传统的连接构件，而将各杆件直接焊接，因而具有施工简单、节省材料的优点。

（4）有利于防锈与清洁维护。钢管和大气接触面积小，易于防护。在节点处各杆件直接焊接，没有难以清刷的油漆、不易积留湿气及大量灰尘在死角和凹槽内，维护更为方便。管形构件在全长和端部封闭后,内部不易生锈。

(5)圆管截面的管桁架结构流体动力特性好。当它在承受风力或水流等荷载时,荷载对圆管结构的作用效应比其他截面形式结构的效应要低得多。

2)管桁架结构的局限性

由于节点采用相贯焊接,对工艺和加工设备有一定的要求,管桁架结构也存在一定的局限性,主要表现在以下几个方面:

(1)相贯节点弦杆方向尽量设计成同一钢管外径;对于不同内力的杆件采用相同钢管外径和不同壁厚时,壁厚变化不宜太多,否则钢管间拼接量太大,因此,材料强度不能充分发挥作用,增加了用钢量。这就是管桁架结构往往比网架结构用钢量大的原因之一。

(2)相贯节点的加工与放样较为复杂,相贯线上坡口是变化的,而手工切割很难做到,因此对机械性能的要求很高,它要求施工单位有数控的五维切割机床设备。

(3)管桁架结构均为焊接节点,所以需要控制焊接收缩量,对焊接质量要求较高,而且均为现场施焊,焊接工作量大。

3)管桁架结构的应用

管桁架结构同网架结构相比,杆件较少,节点美观,不会出现较大的球节点,因而具有简洁、流畅的视觉效果。管桁架结构造型丰富,利用大跨度空间管桁架结构可以建造出各种体态轻盈的大跨度结构,如会展中心、航站楼、体育场馆或其他一些大型公共建筑,应用非常广泛。例如,2000年建成的南京国际展览中心屋盖结构,2003年建成的陕西咸阳机场航站楼屋盖结构,2003年建成的广州新白云国际机场航站楼屋盖结构,2005年建成的南京奥林匹克中心游泳馆屋盖结构等。

### 3.1.2 管桁架结构的材料

1. 管桁架结构主要用材种类

1)管材

管材有无缝钢管和焊接钢管两种。型号可用代号"D"或"Φ"后加"外径 $d$×壁厚 $t$"表示,如 D180×8 等。国产热轧无缝钢管的最大外径可达 630 mm,供货长度为 3~12 m。焊接钢管采用高频焊接,焊缝形式分为直缝焊和螺旋焊。

较小口径的焊管大都采用直缝焊,大口径焊管则大多采用螺旋焊。

钢管质量要求:

(1)材质必须符合《优质碳素结构钢》(GB/T 699—2015)、《碳素结构钢》(GB/T 700—2006)、《低合金高强度结构钢》(GB/T 1591—2018)和《结构用不锈钢无缝钢管》(GB/T 14975—2012)的规定。

(2)型材规格尺寸及其允许偏差:矩形管必须符合《结构用冷弯空心型钢》(GB/T 6728—2017)标准规定,无缝钢管必须符合《结构用无缝钢管》(GB/T 8162—2018)标准规定,焊管必须符合《直缝电焊钢管》(GB/T 13793—2016)标准规定,不锈钢无缝钢管必须符合《结构用不锈钢无缝钢管》(GB/T 14975—2012)标准规定。

2）板材

（1）材质必须符合《碳素结构钢》（GB/T 700—2006）和《低合金高强度结构钢》（GB/T 1591—2018）标准规定。

（2）规格尺寸和允许偏差必须符合《碳素结构钢和低合金结构钢热轧钢板和钢带》（GB/T 3274—2017）和《热轧钢板和钢带的尺寸、外形、重量及允许偏差》（GB/T 709—2006）标准规定。

3）焊材

（1）焊条分别应符合《非合金钢及细晶粒钢焊条》（GB/T 5117—2012）、《热强钢焊条》（GB/T 5118—2012）和《不锈钢焊条》（GB/T 983—2012）标准规定。

（2）焊丝分别应符合《熔化焊用钢丝》（GB/T 14957—1994）、《气体保护电弧焊用碳钢、低合金钢焊丝》（GB/T 8110—2008）、《非合金钢及细晶粒钢药芯焊丝》（GB/T 10045—2018）、《热强钢药芯焊丝》（GB/T 17493—2018）标准规定。

（3）焊剂分别应符合《埋弧焊用非合金钢及细晶粒钢实心焊丝、药芯焊丝和焊丝-焊剂组合分类要求》（GB/T 5293—2018）、《埋弧焊用热强钢实心焊丝、药芯焊丝和焊丝-焊剂组合分类要求》（GB/T 12470—2018）标准规定。

4）铸钢

（1）管桁架所用铸钢节点的铸件材料采用 ZG 25Ⅱ、ZG 35Ⅱ、ZG 22Mn 等，通常优先采用 ZG 35Ⅱ、ZG 22Mn 铸钢，其化学成分、力学性能分别应符合《一般工程用铸造碳钢件》（GB/T 11352—2009）、《焊接结构用铸钢件》（GB/T 7659—2010）和《一般工程与结构用低合金钢铸件》（GB/T 14408—2014）标准规定。

管桁架所使用的钢支座通常也采用 35 号、45 号结构钢锻件，其化学成分、机械性能应符合《优质碳素结构钢》（GB/T 699—2015）的要求。辊轴锻件用钢锭锻造时，锻造比不少于 2.5，锻造过程中应控制锻造最终温度，锻件应先进行正火处理后回火处理。锻件不得有超过其单面机加工余量 50% 的夹层、折叠、裂纹、结疤、夹渣等缺陷，不得有白点，且不允许补焊。

（2）尺寸公差和未注尺寸公差：管桁架所使用的铸钢构件的尺寸公差应满足设计文件的规定。当设计无规定时，未注尺寸公差则按《铸件　尺寸公差、几何公差与机械加工余量》（GB/T 6414—2017）T13 级规定，壁厚公差按《铸件　尺寸公差、几何公差与机械加工余量》（GB/T 6414—2017）CT14 级规定，错型值为 1.5 mm；未注重量公差按《铸件重量公差》（GB/T 11351—2017）MT13 级规定。

2. 国内外钢材的互换问题

随着经济全球化时代的到来，不少国外钢材进入了我国的建筑领域。由于各国的钢材标准不同，在使用国外钢材时，必须全面了解不同牌号钢材的质量保证项目，包括了解其化学成分和机械性能，检查厂家提供的质保书，并应进行抽样复验，其复验结果应符合现行国家产品标准和设计要求，方可与我国相应的钢材进行代换。表 3-1 给出了以强度指标为依据的各国钢材牌号与我国钢材牌号的近似对应关系，以供代换时参考。

### 3. 钢材的验收

钢材的验收是保证钢结构工程质量的重要环节,应该按照规定执行。钢材的验收应达到以下要求:钢材的品种和数量应与订货单一致;钢材的质量保证书应与钢材上打印的记号相符;测量钢材尺寸,尤其是钢板厚度的偏差应符合现行标准规定;钢材表面不允许有结疤、裂纹、折叠和分层等缺陷,钢材表面的锈蚀深度不得超过其厚度负偏差值的一半。

电子课件

表 3-1　国内外钢材牌号的对应关系

| 国家或地区 | 中国 | 美国 | 日本 | 欧盟 | 英国 | 俄罗斯 | 澳大利亚 |
|---|---|---|---|---|---|---|---|
| 钢材牌号 | Q235 | A36 | SS400<br>SM400<br>SN400 | Fe360 | 40 | C235 | 250<br>C250 |
| | Q345 | A242、A441<br>A572-50、A588 | SM490<br>SN490 | Fe510<br>FeE355 | 50B、C、D | C345 | 350<br>C350 |
| | Q390 | | | | 50F | C390 | 400<br>Hd400 |
| | Q420 | A572-60 | SA440B<br>SA440C | | | C440 | |

### 4. 钢管材料检验

钢管材料检验应送交至有相应检测资质的第三方检测机构进行。

1)检验批划分

直缝电焊钢管(执行标准:GB/T 13793—2016)每批由同一尺寸、同一牌号、同一材料状态、同一热处理制度(指热处理交货)的钢管组成。每批钢管的根数不大于如下规定:外径≤30 mm,1000 根;30 mm<外径≤70 mm,400 根;70 mm<外径≤219.1 mm,200 根;外径>219.1 mm,100 根;每批直缝电焊钢管取样数量为 4 根。

2)检验项目

若受检单位能够提供法定单位出具的、能够证明该批质量的全项检测报告原件,则只需检验拉伸(抗拉强度、延伸率)、弯曲(外径≤50 mm 或外径≤219.1 mm 的钢管)、压扁(50 mm<外径<219.1 mm 的钢管)等必检项目;若不能提供或必检项目的检测指标与所提供的报告有较大的差异,则应进行全项检测,全项包括化学成分、拉伸(抗拉强度、延伸率)、弯曲、压扁、液压试验、涡流探伤、扩口试验、尺寸和表面项目。

3)钢管取样方法

钢材性能检验项目中主要是力学性能和工艺性能的检测。由于钢材轧制方向等方面的原因,钢材各个部位的性能不尽相同,应按标准规定截取一定的试样才能正确反映钢材的性能。钢管取样方法有以下规定:对于外径小于 30 mm 的钢管,应取整个管段作为试样;当外径大于 30 mm 时,应取纵向或横向剖切试样;对大口径钢管,其壁厚小于 8 mm 时,应取条状试样;当壁厚大于或等于 8 mm 时,也可加工成圆形比例试样,如图 3-18 所示。

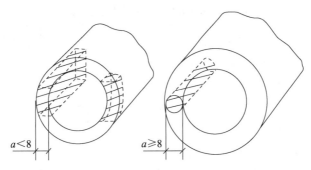

$a<8$　$a\geqslant 8$

**图 3-18　管材试样切取方法**

4）试样切取方法

各类钢材取样方法及要求见表 3-2，化学成分分析检验取样方法及要求见表 3-3，金属材料试样规格见表 3-4。

**表 3-2　各类钢材取样方法及要求**

| 序号 | 检验项目 | 取样要求 | 取样方法 | 取样数量 | 备注 |
|------|----------|----------|----------|----------|------|
| 1 | 碳素结构钢、低合金钢 | 同牌号、同炉号、同等级、同品种、同交货状态，每 60 t 为一批，不足此数也按一批计 | 在外观及尺寸合格的钢产品上取样，取样的位置具有代表性 | 拉伸、弯曲各 1 支：长度 40~60 cm 冲击：3 件带 V 形缺口，尺寸 10 mm×10 mm×55 mm | 制样时宜采用机械切削方法，避免用烧割法、打磨法去加工试样，质量等级为 B、C、D、E 的钢材需做冲击试验 |
| 2 | 钢板焊接 | 同一批钢板、同一种焊接工艺制作的钢板为一验收批 | 在外观合格的试样中随机截取试样，截取样坯时，尽量采用机械切削的方法；若用其他方法，须保证受试部分的金属不在切割影响区内 | 拉伸：2 支 面弯：2 支 背弯：2 支 | 有特殊要求时需做侧弯、冲击试验（取样方法、取样数量同左栏及左上栏） |
| 3 | 结构用无缝钢管 | 同钢号、炉号、规格、热处理制度的钢管为一批，每批数量不超过以下规定：外径小于等于 76 mm、壁厚小于等于 3 mm，400 根；外径大于 351 mm，50 根；其他尺寸，200 根 | 每次在两根钢管上各取一个拉伸试样，各取一个压扁试样 | 拉伸：40~50 cm 板条或棒条，2 件；压扁：4 cm 长钢管圈，2 个 | 表面质量不合格的钢管要先剔除，再组批取样 |
| 4 | 球墨铸铁管件 | 同一批 | 用锯床切割或火焰切割时，须刨掉热影响区 | 拉伸：40~50 cm 板条，2 件（一件备用） | |

表 3-3　化学成分分析检验取样方法及要求

| 序号 | 检验项目 | 取样要求 | 取样方法 | 取样数量 | 备注 |
|---|---|---|---|---|---|
| 1 | 无缝钢管 | 同钢号、炉号、规格、热处理制度的钢管为一批,每批数量不超过以下规定:<br>外径 ≤ 76 mm、壁厚 ≤ 3 mm,400 根;<br>外径>351 mm,50 根;<br>其他尺寸为 200 根 | 在每批试样中随机抽取 2 根 | 从每根试样上各截取 5 cm 的 1 段 | |
| 2 | 碳素钢低合金钢 | 同牌号、同炉号、同等级、同品种、同尺寸、同交货状态,每 60 t 为一批,不足此数也按一批计 | 在每批试样中随机抽取 2 根 | 从每根试样上各截取 15 cm 的 1 段 | |
| 3 | 不锈钢 | 由牌号、同炉号、同加工方法、同尺寸和同交货状态(同一热处理炉次)的钢材组成 | 在需要分析的试样的不同部位用钻床钻成碎屑 | 试样不少于 5 g | |

表 3-4　金属材料试样规格

| 拉伸试样(GB/T 228—2002) | | 压扁试样(GB/T 246—2007) |
|---|---|---|
| 金属管材(壁厚>0.5 mm)<br>外径<br>30~50<br>>50~70<br>>70<br>≤100<br>>100~200<br>>200 | 纵向弧形试样<br><br>10×原壁厚×400<br>15×原壁厚×400<br>20×原壁厚×400<br>19×原壁厚×400<br>25×原壁厚×400<br>38×原壁厚×400 | 试样长度大致等于金属管外径,管外径小于 20 mm 者应取试样长度为 20 mm,其最大长度不超过 100 mm |
| 管外径<30 mm 的管材 | 管段试样两端夹持部分加塞头或压扁,加塞头或压扁的长度为≥50 mm,一段为 100 mm | |
| 管壁厚度<3 mm<br><br>管壁厚度≥3 mm | 加工的横向试样<br>10、12.5、15、20×原壁厚×400<br>12.5、15、20、30、38、40×原壁厚×400 | |
| 管壁厚度 | 管壁厚度机加工的纵向圆形截面试样,5×400、8×400、10×400 | |

拉伸试样:板材试样主轴线与最终轧制方向垂直;型钢试样主轴线与最终轧制方向平行。

冲击试样:纵向冲击试样主轴线与最终轧制方向平行;横向冲击试样主轴线与最终轧制方向垂直。

5）试验方法

（1）钢材拉伸试验应符合国家标准《金属材料　拉伸试验　第 1 部分：室温试验方法》（GB/T 228.1—2010）的规定。

（2）钢材冲击试验应符合国家标准《金属材料　夏比摆锤冲击试验方法》（GB/T 229—2007）的规定。

（3）钢材弯曲试验应符合国家标准《金属材料　弯曲试验方法》（GB/T 232—2010）的规定。

### 3.1.3　管桁架结构图纸识读

钢管相贯节点处的焊缝可能会有对接焊缝和角焊缝等多种焊缝形式。管桁架结构图纸识读除需读懂管桁架结构整体布置情况、支座节点、相贯节点、锥管连接和材料类别等细节外，施工安装人员还应读懂结构整体受力及变形特点，以确定安装方式和工序。

**1. 管桁架结构焊缝形式**

我国钢结构设计分设计图与施工详图两个阶段。钢结构构件的制作、加工必须以施工详图为依据，而施工详图则应根据设计图编制。

管桁架结构在焊接要求、制作精度、运输吊装、防锈措施等方面与一般的钢结构要求相同，可参考钢结构规范中的有关规定进行施工。而管桁架结构在加工工艺上有其特殊性，主要体现在杆件直接在空间汇交而成的空间相贯节点处，因而，管桁架结构的构造与施工的关键点在于节点的放样、焊缝及坡口的加工。

一般的支管壁厚不大，其与主管的连接宜采用全周角焊缝。当支管壁厚较大时（例如 $t_s \geq 6$ mm），则宜沿支管周边部分采用角焊缝、部分采用对接焊缝。具体来说，在支管外壁与主管外壁之间的夹角 $\alpha \geq 120°$ 区域宜采用对接焊缝，其余区域可采用角焊缝。

支管端部焊缝位置可分为 A、B、C 三区，如图 3-19 所示。当各区均采用角焊缝时，其形式如图 3-20 所示；当 A、B 两区采用对接焊缝而 C 区采用角焊缝（因 C 区管壁夹角小，采用对接焊缝不易施焊）时，其形式如图 3-21 所示。各种焊缝均宜切坡口，坡口形式随支管壁厚、管端焊缝位置而异。当支管壁厚小于 6 mm 时，可不设坡口。

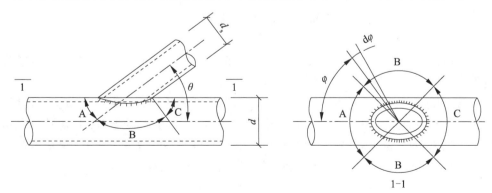

图 3-19　管端焊缝位置分区

151

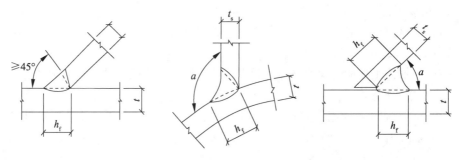

图 3-20　各区均为角焊缝的形式

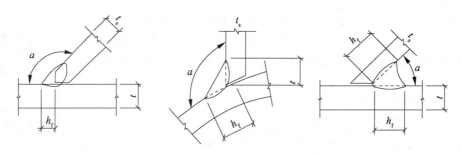

图 3-21　部分为对接焊缝、部分为角焊缝的形式

当两圆管相交的相贯节点为空间马鞍形曲线时,由于两曲面相交,要保证焊接有45°,坡口必须沿相贯线变化。传统的加工方法:做一块相交线模板包在相接杆件的外表面并划线,然后垂直于管轴线切割;第二次切割是根据焊口需要加工坡口,技术性强、难度大且成本高。随着相贯面切割机床的普及,生产效率大大提高,加工质量容易得到保证,因此相贯节点的施工单位应具备此种设备。此外,采用相贯节点的钢管在订货时要特别严把质量关,因为不圆的钢管即使用自动切割机床也不可能切出合格的坡口。

2. 管桁架结构施工图识读

由教师分别选取平面管桁架、三角断面管桁架结构的典型工程图纸(包括设计图和施工详图)供学生进行识图实训。

管桁架图纸

## 3.2　管桁架结构的加工与制作

管桁架结构主要由单榀主次管桁架和系杆共同组成,其由加工厂加工的主要散件构件为弦杆、腹杆、连接板、铸钢支座和少量节点球等。

管桁架制作安装的特点:① 节点形式多,如图 3-22 所示;② 桁架跨度大,杆件不仅有单向弯曲,还有双向弯曲;③ 钢管连接,按相贯曲线切割、开坡口;④ 焊接位置包括平、立、横、仰全位置焊接,焊缝走向和焊条倾斜角度不断改变。根据《钢结构焊接规范》(GB 50661—2011)的规定,桁架焊接难度属于 C(较难)级别。

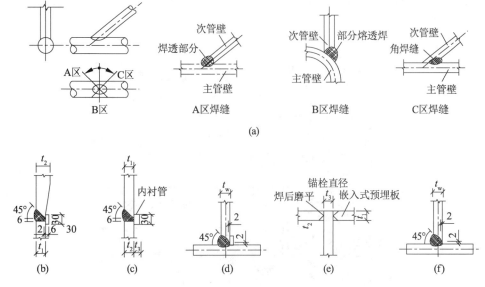

图 3-22　管桁架主要焊接节点示意图

管桁架制作安装的质量控制实行全方位动态管理。其关键在于:① 钢管杆件的精确弯曲、切割、开坡口;② 合理的焊接工艺;③ 加强质量检测,包括钢材力学性能和化学成分检测、桁架焊接质量检测、拼装变形检测、安装质量检测、恒载作用下桁架竖向变形检测。

管桁架结构中的杆件均在节点处采用焊接连接,而在焊接之前,需预先按将要焊接的各杆件焊缝形状进行腹杆及弦杆的下料切割,这就需要对腹杆端头进行相贯线切割及弦杆的开槽切割。由于桁架结构中各杆件之间是以相贯线形式相交,杆件端头断面形状比较复杂(图 3-23),因此,在实际切割加工中一般采用机械自动切割加工和人工手工切割加工两种方法。

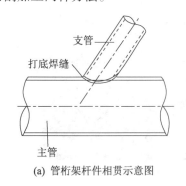

(a) 管桁架杆件相贯示意图

(b) 相贯线切割后的杆件

图 3-23　管桁架杆件相贯

### 3.2.1　管桁架结构的加工设备

管桁架结构加工的重点内容是钢管的相贯线切割,施工过程中容易出现相贯线切割方向的错误。钢管的相贯线切割一般选用数控相贯

电子课件

线切割机,需将相贯线口数据以设备指定的格式输入切割机。

1. 相贯线切割设备类型

钢管相贯杆件的切割采用数控相贯线切割机,如图 3-24 所示。

(a) HID-600MTS五维数控相贯线切割机

(b) PB660A、PB690型相贯线切割机　　(c) PB330型相贯线切割机

(d) PB660型相贯线切割机　　(e) 工人操作相贯线切割机

图 3-24　数控相贯线切割机

2. PB660A 型相贯线切割机技术参数

切割管子外径范围:60~600 mm;管壁厚度范围:空气等离子切割为 2.3~25 mm(17 mm 以上需预钻孔)、火焰切割为 5~50 mm;工件长度:600~12000 mm;带刻度托辊:5 组;数控轴数:6 轴(纵向移动、上下移动、前后移动、工件回转、割炬摆动、割炬调

整);工件回转角度:无限回转;工件回转速度:MAX 8 r/min;工件回转精度:0.2°;纵向移动最大速度:MAX 10000 mm/min;纵向移动定位精度:0.3 mm/1000 mm;上下移动距离:410 mm;上下移动速度:MAX 1500 mm/min;上下移动定位精度:0.2 mm;前后移动距离:450 mm;前后移动速度:MAX 1500 mm/min;前后移动定位精度:0.2 mm;割炬摆动角度:±60°;割炬摆动速度:MAX 18 r/min;割矩摆动精度:0.2°;割炬调整距离:70 mm;割炬调整精度:0.3 mm;工件卡紧方式:五爪自定心卡盘;切割方式:空气等离子及火焰切割。

3. PB690 型相贯线切割机

本机床为六轴数控相贯线切割机,主要进行钢管相贯线的自动等离子切割,其参数见表 3-5。

本机床使用五爪自定心卡盘,最大的夹持钢管外径可达 $\phi900$ mm,重量为 6000 kg,在此范围内可完成各种规格钢管的相贯线切割要求,并且可根据用户需求定制相关的操作界面。本机床可加工的钢管长度为 800~12000 mm。

本机床具有 6 个数控轴(纵向移动、前后移动、上下移动、工件回转、割炬摆动、割炬调整)。机床具有上位及侧位检测功能,可检测出切割位置处钢管的畸形(如钢管的外形圆度误差)以及位置的偏差,系统根据所测量的数值,自动修正补偿割炬的位置。

本机床具有单独的割炬提升轴,它可以在切割过程中对割炬位置进行调整,保持割炬与工件的相对位置,提高切割质量。机床有卡盘自动夹紧装置,可实现对卡盘的机动夹紧,可有效地减轻工人的劳动强度。机床可配置等离子或火焰切割,并具有三种坡口方式(定角、定点、变角),可满足工件的切割要求。机床具有 5 组托辊,可对工件进行支承,托辊采用丝杠升降机,调整起来方便、可靠。机床采用触摸屏的图形化参数输入,具有方便、简捷的特点。

本机床配置的滚珠丝杠副、直线导轨副、减速机、气动元器件以及 PLC、伺服电机、触摸屏等电气件多为进口件,整机的可靠性高、故障少、开机率高。

表 3-5　PB690 型相贯线切割机技术参数

| 参数名称 | 项目 | | 参数值 |
|---|---|---|---|
| 长度、外径加工范围 | 壁厚加工管径 | | $\phi100~\phi900$ mm |
| | 加工钢管长度 | | 800~12000 mm |
| | 钢管最大总量 | | 6000 kg |
| 壁厚加工范围 | 钢管壁厚 | 空气等离子 | 3~25 mm |
| | | 火焰 | 5~50 mm |
| 工件回转($\gamma$ 轴) | 回转角度 | | 无限回转 |
| | 回转速度 | | 0~8 r/min |
| | 伺服电机功率 | | 3.2 kW |

| 参数名称 | 项目 | 参数值 |
|---|---|---|
| 纵向移动($y$轴) | 行程 | 12000 mm |
| | 速度 | $0 \sim 10000$ mm/min |
| | 伺服电机功率 | 0.85 kW |
| 横向移动($x$轴) | 行程 | 600 mm |
| | 速度 | $0 \sim 1500$ mm/min |
| | 伺服电机功率 | 0.4 kW |
| 上下移动($z_1$轴) | 行程 | 260 mm |
| | 速度 | $0 \sim 1500$ mm/min |
| | 伺服电机功率 | 0.4 kW |
| 割炬调整($z_2$轴) | 行程 | 260 mm |
| | 速度 | $0 \sim 1500$ mm/min |
| | 伺服电机功率 | 0.1 kW |
| 工件回转($\theta$轴) | 摆动角度 | $\pm 60°$ |
| | 回转速度 | $0 \sim 16$ r/min |
| | 伺服电机功率 | 0.1 kW |
| 电气系统 | 控制方式 | LC |
| | 数控轴数 | 6 |
| 供气压力 | 气源 | $0.4 \sim 0.6$ MPa |
| 等离子切割机 OTC D-12000(选配) | | 1 套 |
| 火焰系统(选配) | | 1 套 |
| 触摸屏 | | 1 套 |
| 支撑托辊 | | 5 组 |
| 机床外形尺寸(长×宽×高) | | 14.5 mm×2.4 mm×2.7 mm |
| 机床重量 | | 约 8 t |

4. PB660 型相贯线切割机特性

PB660 型相贯线切割机的特性:对钢管进行相贯线切割,有 6 个联动数控轴、上面及侧面检测功能、自动修正功能、99 种记忆功能;加工钢管直径:$\phi 60 \sim \phi 609.5$ mm;最大钢管重量:2500 kg;加工钢管长度:$6 \sim 12$ m。

5. 其他设备

其他相贯线切割机、弯圆设备及其参数见表 3-6,相贯线切割机以外的其他加工设备如图 3-25 所示。

表 3-6　其他相贯线切割机、弯圆设备及其参数

| 设备图片 | 设备名称及说明 |
| --- | --- |
|  | 相贯线切割机<br>型号:HID-600EH<br>功能:进行圆管端头相贯线切割及在圆管上切割各种形状的孔<br>技术指标:<br>加工管径:50~600 mm<br>加工管壁厚:3~50 mm<br>切割管长:12000 mm<br>5 轴联动<br>定位精度:0.2~0.3 mm |
|  | 相贯线切割机<br>型号:HID-900MTS<br>功能:进行圆管端头相贯线切割及在圆管上切割各种形状的孔<br>技术指标:<br>加工管径:65~1000 mm,MAX 1200 mm<br>加工管壁厚:3~50 mm<br>切割管长:12000 mm<br>6 轴联动<br>定位精度:0.2~0.3 mm |
|  | 机械钢管弯圆机参数:<br>弯管规格:$\phi81$~$\phi426$ mm<br>壁厚:$t\leqslant40$ mm<br>变曲半径:3500 mm<br>转速:无机调速<br>弯曲半径调节方式:液压可调式 |

(a) 数控钻孔机　　　　(b) 普通电动钻孔机

(c) DXT-20气保焊机　　　(d) 弧形构件弯曲机

图 3-25　其他管桁架加工设备

### 3.2.2 管桁架结构加工前准备

管桁架结构加工前准备包括图纸审查、材料准备、技术准备、工艺准备、场地准备等多项内容,这些工作要有对具体工程的针对性。各项内容要点在学习单元 2 中已做阐述,此处不再赘述。

1. 管桁架结构制作规划

若要在规定工期内保质保量完成管桁架结构体的加工,必须制定管桁架结构制作规划。制作规划需考虑的内容:① 如何有效地对制作工艺分段、细分和归类各种构件的加工部门;② 制订各种制作计划和技术文件,包括质量管理、进度计划等;③ 优化运输方案;④ 降低现场构件或部件的拼接难度,减少现场工作量的措施等。拟定制作规划是一项非常重要的前期准备工作,也是钢结构制作中首先要解决的技术重点之一。

钢结构制作规划具体包括:

(1)密切结合现场土建、钢结构安装计划和实际动态,制订切实可行的图纸深化、原材料采购、加工制作、拼装和发货运输等计划。

(2)图纸深化、构件清单编排、制作、发货等严格按照各个分区、每榀桁架、每种规格制作,确保现场安装构件的及时供应。

(3)依靠工厂专业化、构件细分的优势,对钢管构件安排多班组进行加工,确保满足制作工期要求。

(4)针对运输条件,将主桁架、次桁架、环桁架、铸钢件支座安排在工厂制作,散件运输到现场安装。

2. 技术准备

(1)参与工程的技术人员应充分熟悉图纸,并举行图纸会审,将发现的问题及时反馈给项目经理部,汇总后交设计单位处理。

(2)编制材料预算,按图纸材料表计算实际数量。材料余量由生产部门按规定计算。待工程合同正式生效后,由公司采购部门根据施工详图计算出的料单及时采购有关规格的钢材及其他辅材。

(3)技术人员、作业人员都必须备齐工程设计蓝图,为现场组织加工做好准备。

### 3.2.3 管件加工

管件加工包括加工内容、加工工艺及标准,即直钢管切割、管件相贯线切割及钢管弯圆等。

1. 直钢管切割

1)杆件切割长度的确定

通过试验事先确定各种规格的杆件预留的焊接收缩量,在计算钢管杆件的断料长度时需计入预留的焊接收缩量、切割时预留焊接收缩量、机加工预留量等工艺余量。焊接收缩量的预留值可根据以往制作经验和焊接工艺评定试验进行确定。

坡口加工
视频

2）焊接收缩量的确定

焊接变形收缩是一个比较复杂的问题，对接焊缝的收缩变形与对接焊缝的坡口形式、对接间隙、焊接线的能量、钢板的厚度和焊缝的横截面积等因素有关，坡口大、对接间隙大、焊缝截面积大、焊接能量大，则变形也大。一般直径为76、89的杆件收缩量在1.5 mm左右（两端），直径140、159的杆件收缩量在2.5 mm左右。

单 V 对接焊缝横向收缩近似值及公式为

$$y = 1.01\mathrm{e}^{0.0464x}$$

双 V 对接焊缝横向收缩近似值及公式为

$$y = 0.908\mathrm{e}^{0.0467x}$$

式中：$y$ 为收缩近似值；$e$ 取 2.718282；$x$ 为板厚。

2. 管件相贯线切割

1）相贯线数控切割程序的编程与切割工艺

管件的切割对于数控相贯线切割机而言，只需知道相贯的管与管相交的角度、各管的厚度、管中心间长度和偏心量即可，这些数据在深化图中已明确。为了清楚地表达编程、切割的过程，下面采用软件界面的形式按步骤进行描述，如图3-26所示。

相贯线切割
视频

(a) 第一步：打开专用的数控相贯线切割机程序

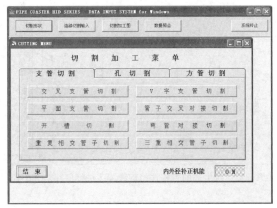

(b) 第二步：进入相应的管切割类型界面

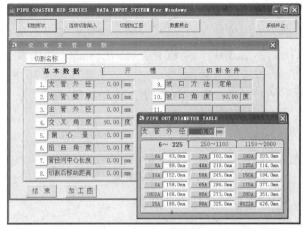

(c) 第三步：输入相应的切割参数

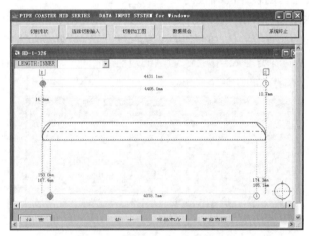

(d) 第四步：生成相应的相贯下料图

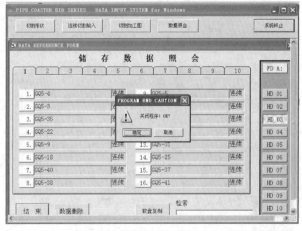

(e) 第五步：对生成的各构件相贯线程序进行保存，关闭程序

(f) 第六步：钢管上机，调出程序，试运行切割机，无误后，点火切割

图 3-26　相贯线数控切割步骤

2）相贯线切割工艺

（1）切割相贯线管口的检验：先由技术科通过计算机把相贯线的展开图在透明的塑料薄膜上按 1：1 绘制成检验用的样板，样板上标明管件的编号。检验时将样板根据"上、下、左、右"线的标志紧贴在相贯线管口，据以检验两者的吻合程度。长期实践证明，这种方法为检验相贯口准确度的最佳方法。

（2）切割长度的检验：技术科放样人员将 PIPE-COAST 软件自动生成的杆件加工图形打印出来交车间及质检部门，车间操作人员和检验人员按图形中的长度对完成切割的每根杆件进行检查，并填写记录。图 3-27 为 PIPE-COAST 软件自动生成的腹杆（交支情况）相贯线端头示意图。

（3）管件切割精度：采用数控切割能使偏差控制在 ±1.0 mm，从而保证桁架的制作质量和尺寸精度。

（4）切割件的管理：加工后的管件放在专用的储存架上，以保证管件的加工面不受影响，如图 3-28 所示。

图 3-27　腹杆相贯线端头示意图

图 3-28　切割后的杆件存放

（5）板件切割：采用数控火焰切割机或直条切割机进行下料。

3）相贯线切割的质量要求

钢管相贯线切割的允许偏差应符合表 3-7 的规定。

表 3-7　加工后的钢管外形尺寸允许偏差

| 项目 | 允许偏差/mm |
|---|---|
| 直径($d$) | $\pm d/500$,且不大于$\pm 5.0$ |
| 构件长度($L$) | $\pm 3.0$ |
| 管口圆度 | $d/500$,且不大于$5.0$ |
| 管径对管轴的垂直度 | $d/500$,且不大于$3.0$ |
| 对口错边 | $t/500$,且不大于$3.0$ |

**3. 钢管弯圆**

钢管一般采用机械弯圆工艺进行弯圆,如果不采用合理的弯圆设备和弯圆工艺对杆件进行弯圆,弯曲后的杆件容易出现弯曲不到位、圆管椭圆度超标或管壁有折痕、凹凸不平等现象。杆件弯圆一般采用机械钢管弯圆机和转臂式拉弯机加工。

**1）钢管机械弯圆工艺**

首先选用与被弯钢管相匹配的模具,钢管在钢管弯圆机上前后行走,再通过钢管弯圆机不断调节模具的相对位置,最终成型。钢管弯圆时需预留一定量,以消减回弹量对弯曲半径的影响。弯曲成型后,要检验成型后的拱轴线与理论轴线是否一致。

**2）钢管拉弯工艺**

钢管拉弯工艺适用于曲率半径较大的弧形弦杆制作。钢管拉弯过程如图 3-29 所示。

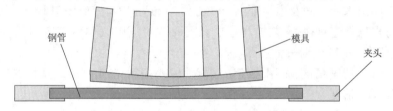

(a) 钢管用转臂夹头夹紧,按设计圆弧和试验回弹量确定拉弯半径并设置模具

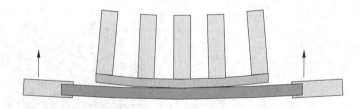

(b) 转臂夹头在液压装置驱动下,拉动钢管与模具贴紧并逐渐成型

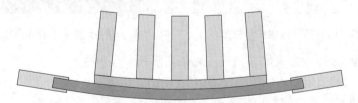

(c) 钢管与模具完全紧贴后,加载一个合适的补拉力,完成钢管拉弯

图 3-29　钢管拉弯过程

直钢管切割拉弯工艺参数：

（1）拉弯半径：$R_外$　$R_内$

最小拉弯半径 = $\dfrac{R_外 - R_内}{R_外}$，最大拉弯半径不限。

（2）拉弯圆弧半径公差

半径小于 1 m，每米长度上偏差小于±1 mm；

半径大于 1 m，每米长度上偏差小于±2 mm。

（3）每侧端头预留夹头量 150~200 mm，拉弯完成后采用仿形气割机切除。

3）钢管中频热弯弯曲加工工艺

中频热弯弯曲加工工艺适用于半径较小的弧形弦杆制作。设备如图 3-30 所示。中频弯管工艺流程如图 3-31 所示。

图 3-30  中频感应加热弯管机

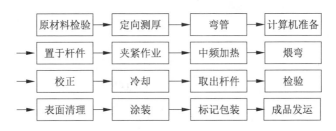

图 3-31  中频弯管工艺流程

弯管生产前的准备工作：① 验证待弯钢管的钢印标记等内容是否符合图样要求，钢管两端留有弯管加工所需的余量长度。② 对钢管待弯部位，需清理干净污垢后进行宏观检查，对有重皮、表面裂纹、划痕、凹坑及表面腐蚀严重的管子应修磨直至缺陷消除。③ 管材经修磨后的实际壁厚应符合实际图纸的要求。④ 所有重要用途管道的待弯曲部位，在其圆周方向均布取 4 个点，沿管子轴线方向每间隔 300 mm 逐点测厚，并挑选较厚的一侧作为弯曲拉伸面。

中频弯管工艺要求：① 中频煨弯电流、电压应按产品材质硬度调试确定。② 弯制速度要求控制在 10 cm/s。③ 起弯后要求持续性弯曲，尽量控制弯曲构件在弯曲过程中一次性成型，预防中途停顿。④ 中频加热弯曲后必须马上对弯曲构件进行冷却，冷却方式有多种,采取边弯曲加工、边用风冷的方式进行冷却,保证弯曲后不会产生变形。⑤ 煨弯矫正,钢管构件弯曲后需要对其进行检验,检验不合格,需要对其进行矫正,矫正是在专用钢管弯曲矫正设备上进行的,直到达到设计要求为止。

弯后检验:生产班组在生产过程中应做好弯管工艺参数记录,弯后应对弯管进行工序自检,检测实际弯管角度、弯曲半径、减薄率、波浪度、椭圆度、表面有无裂纹等指标,并做好记录,以备检查。

弯管成品质量要求:① 成品弯管不得有裂缝、分层、过烧等缺陷。② 壁厚减薄率应符合表3-8所示的规定。③ 波浪率(波浪度 $h$ 与公称外径 $D_0$ 之比)不大于2%,且波距 $A$ 与波浪度 $h$ 之比大于10。④ 弯管后的外形尺寸允许偏差应符合表3-9所示的规定。⑤ 弯管构件的外观质量,应全数目测或用直尺检查,且应符合下列规定:不得有裂纹、过烧、分层等缺陷;表面应圆滑、无明显褶皱,且凹凸深度不应大于1 mm。

表 3-8 壁厚减薄率

| 项目 | 合格 |
|---|---|
| 减薄量 | |
| 不圆度 | ≤10%或实际壁厚不小于设计计算壁厚 |
| 角度偏差 | ±30′ |

表 3-9 弯管后的外形尺寸允许偏差

| 偏差项目 | | 允许偏差/ mm | 检查方法 | 图例 |
|---|---|---|---|---|
| 直径 | | $d/500$,不大于3 | 用直尺或卡尺检查 | |
| 椭圆度 | 端部 | $f \leqslant \dfrac{d}{500}$,不大于3 | 用直尺或卡尺检查 | |
| | 其他部位 | $f \leqslant \dfrac{d}{500}$,不大于6 | | |
| 管端部中心点偏移是 $\Delta$ | | 不大于5 | 依实样或用坐标经纬、直尺、铅锤检查 | |
| 管口垂直度 $\Delta_1$ | | 不大于5 | 依实样或坐标经纬、直尺、铅锤检查 | |
| 弯管中心线矢高 | | $f \pm 10$ | 依实样或坐标经纬、直尺、铅锤检查 | |
| 弯管平面度(扭曲、平面外弯曲) | | 不大于10 | 置平台上,用水准仪检查 | |

中频弯管加工过程的注意事项:避免多次加热,多次加热会导致材质变脆,造成硬化。同时,若加工温度过低,应避免强行弯曲,因为钢材在500 ℃以下,其极限强度与屈服点到达最大值,塑性显著降低,处于蓝脆状态,受力后会导致内部组织破坏,产生裂纹。

中频弯管的标志与包装:在弯管圆弧处应采用油漆醒目地标志出工程号(或生产号)、弯管的直径、壁厚、材质、弯曲半径、角度等。

4) 弧形钢管冷压弯曲加工工艺

对于曲率半径大于 20 m 的弧形弦杆,宜采用冷压加工,其弯曲加工设备一般采用大型 2000 t 油压机进行加工,根据弦杆的截面尺寸制作上、下专用压模,从而进行压弯加工。油压机冷弯弯曲加工钢管如图 3-32 所示。

图 3-32 油压机冷弯弯曲加工钢管

冷压弯管工艺流程如图 3-33 所示。

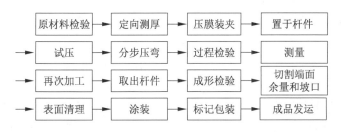

图 3-33 冷压弯管工艺流程

冷压弯管加工工艺细则:

(1) 上、下压模的设计和装夹。如图 3-32 所示,弯管前先按钢管的截面尺寸制作上、下专用压模,压模采用厚板制作,然后与油压机用高强螺栓连接,下模尺寸根据试验数据确定。

(2) 钢管的对接接长。考虑到钢管弯制后的两端将有一段平直段,为此采用先在要弯制的钢管一端拼装一段钢管,待钢管压制成形后再切割两端的平直段,从而保证钢管端部的光滑过渡。

(3) 钢管的压弯工艺。钢管压弯采用从一端向另一端逐步煨弯,每次煨弯量约为 500 mm;压制时的下压量必须进行严格控制,下压量需根据钢管的曲率半径进行计算;分为五次压制成形,以使钢管表面光滑过渡,不产生较大的褶皱。根据施工经验,每次下压量控制可参考表 3-10。

表 3-10　下压量控制参考值

| 第一次 | 第二次 | 第三次 | 第四次 | 第五次 |
|---|---|---|---|---|
| $\frac{H}{3}$ | $\frac{H}{3}$ | $\frac{H}{5}$ | $\frac{H}{10}$ | $\frac{H}{20}$ |

注:$H$ 为钢管压制长度范围内的理论拱高。

下压量控制可采用标杆控制法,它是在钢管侧立面立一根带刻度的标杆,通过将下压量与标杆上的刻度线进行对比来控制。

钢管压制后采用专用圆弧样板进行检测,符合拱度要求后,吊出油压机,放在专用平台上进行检测,根据平台上划出的环梁理论中心线和端面位置线切割两端平直段,并开好对接坡口且打磨光顺。

(4)冷压弯管的检验。压制成形后的钢管应放在专用平台上进行以下内容的检验:

成品弯管后表面不得有微裂缝缺陷存在,表面应圆滑、无明显褶皱,且凹凸深度不应大于 1 mm;壁厚减薄率小于等于 10%或实际壁厚不小于设计计算壁厚;波浪率(波浪度 $h$ 与公称外径 $D_0$ 之比)不大于 2%,且波距 $A$ 与波浪度 $h$ 之比大于 10。

(5)冷压弯管的外形尺寸允许偏差应符合表 3-9 的规定。

### 3.2.4　构件表面处理与涂装

1. 构件表面处理

涂装前钢构件表面的防锈质量是确保漆膜防腐蚀效果和保护其寿命的关键因素。构件表面处理不仅是指除去钢材表面的污垢、油脂、铁锈、氧化皮、焊渣或已失效的旧漆膜,即清洁度,还包括除锈后钢材表面所形成的合适的粗糙度。

钢材表面的处理方法与质量等级详见学习单元 2 的相关内容。其他内容如下:

1)表面处理的设计要求

表面处理的设计要根据施工图说明及深化设计说明的规定,明确钢构件喷砂除锈等级、防锈底漆(一般为环氧富锌底漆)及其厚度、中间漆(一般为环氧云铁漆)及其厚度、面漆(一般为丙烯酸聚氨酯面漆)及其厚度和漆膜总厚度要求。

油漆涂装:底漆一般在喷砂除锈后 4 h 内喷涂;中间漆、面漆、防火涂料待安装完毕后分层喷涂。对底漆损伤部位,可在结构吊装前或完成后现场补涂。

2)抛丸

抛丸前的检查:① 待加工的构件和制品,经验收合格后方可进行表面处理;② 钢材表面的毛刺、电渣、药皮、焊瘤、飞溅物、灰尘和积垢等,应在除锈前清理干净,同时要铲除疏松的氧化皮和较厚的锈层;③ 磨料的表面不得有油污,含水率不得大于 1%;④ 抛丸除锈时,施工环境相对湿度不应大于 85%,或控制钢材表面温度高于空气露点温度 3℃以上。

抛丸操作步骤:① 检查标签,之后除去标签,待抛丸完成后再挂上标签。② 进行抛丸。采用抛丸机(图 3-34 和图 3-35)以一定的抛丸速度进行,加工后的钢材表面呈现灰白色。③ 采用喷砂机或抛管机进行喷砂除锈的构件,除锈等级应达到《涂覆涂料前钢材表面处理　表面清洁度的目视评定　第 1 部分:未涂覆过的钢材表面和全面清除原有涂层后的钢材表面的锈蚀等级和处理等级》(GB/T 8923.1—2011)中的设计要求等级。④ 抛丸完成后用毛刷等工具清扫构件,或用压缩空气机吹净构件上的锈尘和残余磨料(磨料须回收)。

图 3-34　美国潘邦公司八抛头抛丸机

图 3-35　QGW30 钢管外壁抛丸机

3)钢构件基层表面处理质量检验

(1)抛丸除锈后,用肉眼检查钢构件外观,应无可见油脂、污垢、氧化皮、焊渣、铁锈和油漆涂层等附着在工件表面,表面应呈现均匀的金属光泽。

(2)检验钢材表面锈蚀等级,确认除锈等级时应在良好的散射日光下或在照度相当的人工照明条件下进行,检查人员应具有正常的视力。

(3)待检查的钢材表面应与现行国家标准《涂覆涂料前钢材表面处理　表面清洁度的目视评定　第 1 部分:未涂覆过的钢材表面和全面清除原有涂层后的钢材表面的锈蚀等级和处理等级》(GB/T 8923.1—2011)规定的图片对照观察检查。

4)钢构件基层表面抛丸除锈后的处理

(1)用压缩空气机或毛刷、抹布等工具将工件表面的浮尘和残余碎屑清除干净。

(2)钢构件基层表面喷砂除锈施工验收合格后,必须在 8 h 内喷涂第一道防锈底漆。

2. 构件的涂装

防腐涂料的涂装方法一般有浸涂、手刷、滚刷和喷漆等,其中,采用高压、无气喷涂具有功率高、涂料损失少、一次涂层厚等优点,在涂装时应优先考虑选用。在涂刷过程中应自上而下、从左到右、先里后外、先难后易、纵横交错地进行涂刷。

1)施涂前涂料处理要求

(1)开桶。开桶前应先将桶外的灰尘、杂物除尽,以免其混入油漆桶内;同时应对涂料的名称、型号和颜色进行检查,看其是否与设计规定或选用要求相符合;检查制造日期是否超过储存期,凡不符合的应另行处理。开桶后若发现有结皮现象,应将漆皮全部取出,而不能将漆皮捣碎混入漆中,以免影响涂装质量。

(2)搅拌。由于油漆中各成分比重不同,有的会出现沉淀现象,所以在使用前必须将桶内的油漆和沉淀物全部搅拌均匀后才可使用。

(3)配比。双组分的涂料,在使用前必须严格按照说明书所规定的比例进行混合。双组分涂料一旦配比混合后,就必须在规定的时间内用完,所以在施工时必须控制好用量,以免造成浪费。

(4)熟化。双组分涂料有熟化时间规定,按要求将两组分混合搅拌均匀后,过一定的熟化时间才能使用,对此应引起注意,以保证施工性能和漆膜的性能。

(5)稀释。一般涂料产品在出厂时已将黏度调节至适宜施工的黏度范围,开桶后经搅拌即可使用。但由于储存条件、施工方法、作业环境、气温高低等不同情况的影响,在使用时有时需用稀释剂来调整黏度。施工时应合理选用稀释剂牌号,同时控制稀释剂的最大用量,否则会造成涂料的报废或性能下降从而影响质量。

(6)过滤。涂料在使用前一般都要过滤。将涂料中可能产生的或混入的固体颗粒、漆皮或其他杂物滤掉,以免这些杂物堵塞喷嘴而影响施工进度和漆膜的性能和外观。一般情况下可以使用80~120目的金属网或尼龙丝筛进行过滤,以达到控制涂料质量的目的。

2)涂装注意事项

(1)涂装工程尽可能在车间进行,并应保持车间环境清洁和干燥,以防止已处理的涂件表面和已涂装好的任何表面被灰尘、水滴、油脂、焊接飞溅或其他脏物黏附其上而影响质量。还需对已涂装好的构件加以遮盖,防止喷枪气雾落在构件上影响外观质量。

(2)钢材表面进行处理达到清洁度标准后,一般应在4~6 h内涂第一道底漆。涂装前钢材表面不允许再有锈蚀,否则应重新除锈,处理后若表面沾上油迹或污垢,应用溶剂清洗后方可涂装。

(3)涂装后4 h内严防雨淋,当使用无气喷涂,风力不宜超过5级。

(4)对钢构件需在工地现场进行焊接的部位,应按标准留出大于30~50 mm的焊接特殊要求的宽度不涂刷或涂刷环氧富锌防锈底漆。

(5)应按不同涂料说明严格控制层间最短间隔时间,以确保涂料的干燥时间,避免产生针孔等质量问题。

3)涂层(漆膜)质量控制

为了使涂料发挥最佳性能,足够的漆膜厚度是极其重要的,因此必须严格控制漆膜厚度。施工时从下面四个方面进行质量控制:

(1)对于边、角、焊缝、切痕等部位,在喷涂之前应先涂刷一道,然后再进行大面积涂刷,以保证突出部位的漆膜厚度。

(2)施工时常用漆膜测厚仪测定湿漆膜厚度,以保证干漆膜的厚度和涂层的均匀。

(3)漆膜干透后,应用干膜测厚仪测出干膜厚度。设计最低涂层干漆膜厚度加允许偏差的绝对值为漆膜的要求厚度。选择的测点要有代表性,检测频数应根据被涂物表面的具体情况而定。原则上测量取点按照小于 $10 \text{ m}^2$ 时,不少于5处(每处数值为三个相距约50 mm的测点干漆膜厚度的平均值);当大于等于 $10 \text{ m}^2$ 时,每 $2 \text{ m}^2$ 取1处,且不少于9处;进行检验评定时按规定要求进行。

4)涂装外观质量控制

(1)对涂装前构件表面处理的检查结果和涂装中每一道工序完成后的检查结果

都需做工作记录。记录内容有工作环境温度、相对湿度、表面清洁度、各层涂刷遍数、涂料种类、配料、干膜(必要时湿膜)厚度等。

（2）目测涂装表面应均匀、细致，无明显色差、流挂、失光、起皱、针孔、气孔、返锈、裂纹、脱落、污物黏附、漏涂等且应附着良好。

（3）目测涂装表面，不得有误涂情况发生。

5）涂装修补质量控制

（1）在进行修补前，首先应对各部分的旧漆膜和未涂区的状况进行研究，按照设计要求采取喷丸、砂轮片打磨或钢丝刷等方法进行表面处理。

（2）为了保证修补漆膜的平整性，应在缺陷漆膜四周 10～20 cm 的范围内进行修整，并使漆膜有一定斜度。

（3）修补工作应按原涂层涂刷工艺要求和程序进行补涂。

### 3.2.5　铸钢件的质量控制与焊接

对于强度、塑性和韧性要求更高的管桁架支座节点、张弦钢结构节点、较多根杆件汇交的节点和异形钢结构的节点采用铸钢件(图3-36)。钢结构工程中，铸钢件多数是委托专门的厂家来制作，施工单位仅需检验成品质量。

电子课件

(a) 正常位置

(b) 背面(内衬四氟乙烯板润滑)

(c) 张弦结构与支座连接铸钢件

(d) 交叉节点示意图

(e) 人字柱上铸钢铰支座

(f) 人字柱下铸钢铰支座

(g) 铸钢铰支座

图 3-36　管桁架铸钢件支座节点

1. 铸钢件的原材料

1）碳素铸钢

低碳钢 ZG200-400 的熔点较高、铸造性能差,仅用于制造电机零件或渗碳零件;中碳钢 ZG230-450、ZG270-500、ZG310-570,具有高于各类铸铁的综合性能,即强度高、有优良的塑性和韧性,因此适用于制造形状复杂、强度和韧性要求高的零件,如火车车轮、锻锤机架和砧座、轧辊和高压阀门等,是碳素铸钢中应用最多的一类;高碳钢 ZG340-640 的熔点低,其铸造性能较中碳钢更好,但其塑性和韧性较差,仅用于制造少数的耐磨件。

2）合金铸钢

根据合金元素总量的多少,合金铸钢可分为低合金钢和高合金钢两大类。

（1）低合金铸钢,在我国这类合金铸钢主要应用锰系、锰硅系及铬系等。例如,ZG40Mn、ZG30MnSi1、ZG30Cr1MnSi1 等用来制造齿轮、水压机工作缸和水轮机转子等零件,而 ZG40Cr1 常用来制造高强度齿轮和高强度轴等重要受力零件。

（2）高合金铸钢,它具有耐磨、耐热、耐腐蚀等特殊性能。例如,高锰钢 ZGMn13 是一种抗磨钢,主要用于制造在干摩擦工作条件下使用的零件（如挖掘机的抓斗前壁和抓斗齿、拖拉机和坦克的履带等）;铬镍不锈钢 ZG1Cr18Ni9 及铬不锈钢 ZG1Cr13 和 ZGCr28 等,对硝酸的耐腐蚀性很高,主要用于制造化工、石油、化纤和食品等设备上的零件。

2. 铸钢件的质量控制及检测

钢结构用的铸钢节点重量大、铸造工艺要求高。钢结构工程中,铸钢件多数是委托专门的生产厂家来制作,施工单位仅需进场验收,检验成品质量。

1）技术要求

（1）材质要求:铸钢节点的牌号为 GS-20Mn5（V）,参照德国标准《提高焊接性能和韧性的通用铸钢件》（DIN 17182—1992）标准,具体化学成分（%）:C 为 $0.15 \sim 0.18$;Si $\leqslant$ $0.20 \sim 0.60$;Mn 为 $1.0 \sim 1.3$;P $\leqslant 0.020$;S $\leqslant 0.020$;Cr $\leqslant 0.30$;Mo $\leqslant 0.15$;Ni $\leqslant 0.40$;Re 为 $0.2 \sim 0.35$。

（2）GS-20Mn5（V）的机械性能符合 DIN 17182—1992 要求,按《一般工程用铸造碳钢件》（GB/T 11352—2009）标准要求随炉提取试样,每一个炉号制备两组试样,其中一组备查。

（3）为确保具有良好的焊接性能,节点铸件碳当量控制在 CE $\leqslant 0.50$。

（4）铸件表面质量符合设计要求,表面粗糙度达到《表面粗糙度比较样块 铸造表面》（GB/T 6060.1—1997）标准要求。

（5）铸件的探伤要求按《铸钢件超声探伤及质量评级方法》（GB/T 7233—1987）标准探伤,采用 6 mm 探测头,管口焊缝区域 150 mm 范围以内超声波 100%探伤,质量等级为 Ⅱ 级,其余外表面 10%超声波探伤,质量等级为 Ⅲ 级。不可超声波探伤部位采用《铸钢件磁粉检测》（GB/T 9444—2007）磁粉表面探伤,质量等级为 Ⅲ 级。

（6）节点的外形尺寸符合图样要求,管口外径尺寸公差按负偏差控制。

（7）热处理参照德国《提高焊接性能和韧性的通用铸钢件》（DIN 17182—1992）

标准要求,铸件进行调质处理($920\pm20$)℃,出炉液体淬火,加($640\pm20$)℃回火处理。

（8）涂装处理要求:表面采用抛丸或喷砂除锈,除锈等级达到 Sa2.5 级,随即涂水性无机富锌底漆,厚度 $2\times50$ μm（或根据用户要求进行防腐）。

2）铸造工艺参数

（1）加工余量按《铸件尺寸公差与机械加工余量》（GB/T 6414—1999）中的 CT12 H/J 级。

（2）模样线收缩率 2.0%。

（3）铸件毛坯尺寸偏差符合《铸件　尺寸公差、几何公差与机械加工余量》（GB/T 6414—2017）中的 CT12 要求。

3）检测内容

（1）检测内容应符合表 3-11 的规定。

表 3-11　检测内容

| 序号 | 名称 | 检测方法 | 预防方法 |
|---|---|---|---|
| 1 | 原材料 | 光谱分析 | 定点选择合格分承包方 |
| 2 | 主要辅助料 | 抽样分析及质量技术证明文件控制 | 按 HQA/QP10.1–98A 版文件执行 |
| 3 | 制模造型 | 用专用板及量具按工艺要求检查 | 按 HQA/QP10.2–98A 版文件执行 |
| 4 | 熔炼配料钢水熔炼<br>a. 熔化期<br>b. 氧化还原期<br>c. 出钢浇注 | 称重法取样分析 C、S（高速 C、S 仪分析）取样分析成分、光谱分析成分;其时间法测定钢水温度,称重法测定浇注重量 | 严格执行《氧化法炼钢工艺》 |
| 5 | 试样分析 | 光谱分析化学成分,并进行力学性能试验 | 按 HQA/QP10.2–98A 版文件执行 |
| 6 | 毛坯检测 | 检测几何尺寸,目测表面质量 | 按 HQA/QP13.1–98A 版文件执行 |
| 7 | 探伤检测 | 管口焊缝区 150 mm 以内,超声波探伤质量等级为 Ⅱ 级 | 执行 GB 7233—1987 标准 |
| 8 | 热处理 | 自动温度控制仪随机抽查 | 按《热处理工艺》执行 |
| 9 | 最终检测 | 抽样检测几何尺寸及表面质量 | 按 HQA/QP10.3–98A、HQA/QP13.1–98A 版文件执行 |

（2）铸钢件的质量控制要素如表 3-12 所示。

表 3-12　铸钢件的质量控制要素

| 序号 | 过程要素 | 重要程度 | 控制项目 | 备注 |
|---|---|---|---|---|
| 1 | 制模 | 重要 | 外形尺寸、表面质量 | 按 SB025 要求 |
| 2 | 造型 | 关键 | ① 型砂透气率、强度、含水量<br>② 型腔尺寸、粗糙度<br>③ 型芯形状和尺寸、平整度<br>④ 合箱及浇注系统 | 按相关工艺规定要求 |

| 序号 | 过程要素 | 重要程度 | 控制项目 | 备注 |
|---|---|---|---|---|
| 3 | 熔炼 | 特殊、关键 | 炉料配比、化学成分、钢液温度 | 按电弧炉熔炼规程要求 |
| 4 | 浇注 | 特殊、关键 | 浇注温度、浇注速度 | 按浇注规程要求 |
| 5 | 脱模 | 重要 | 保温时间、开箱时机 | 按工艺规定要求 |
| 6 | 清理 | 一般 | 浇、冒口切割高度 | 按 SB025 要求 |
| 7 | 热处理 | 特殊、关键 | 加热速度和温度、处理时间,冷却温度和时间 | 按热处理工艺规定要求 |
| 8 | 缺陷打磨 | 一般 | 粗糙度、深度、消除缺陷 | 按相关标准要求 |
| 9 | 探伤 | 重要 | 砂眼、裂纹、缩孔和缩松 | 按相关标准要求 |
| 10 | 焊补 | 关键 | 焊接规范、焊接牌号、焊补预热 | 按焊补规程要求 |
| 11 | 打磨 | 一般 | 表面粗糙度 | 按相关标准要求 |
| 12 | 检测 | 重要 | 化学成分、力学性能、尺寸及形状偏差 | 按交货标准要求 |
| 13 | 客户监理 | 一般 | 客户监理检验项目 | 按客户监理要求 |
| 14 | 包装发运 | 一般 | 全面检查、包装完好、便于运输 | 按规定的包装要求 |

3. 铸钢焊接施工

铸钢焊接施工如图 3-37~图 3-42 所示。

图 3-37　铸钢节点与 Q345 钢管
对接焊接预热示意图

图 3-38　铸钢节点与 Q345 钢管
对接焊接示意图

图 3-39　铸钢节点与 Q345 钢管
焊缝成型示意图

图 3-40　铸钢节点与 Q345 钢管
对接焊后热示意图

图 3-41　铸钢节点与 Q345 钢管
对接焊保温示意图

图 3-42　铸钢节点与 Q345 钢管
对接焊无损检测示意图

管桁架结构经常存在铸钢节点和 Q345 钢材的焊接,为了正确制订焊接工艺,需要对材料作认真地分析和研究。

在铸钢 GS-20Mn5 和 Q345 钢管焊接前要先对铸钢 GS-20Mn5、Q345 钢材料进行焊接性能分析,再制订工艺。具体工艺如下:

(1)焊接方法的选择。从铸钢节点的形状、尺寸、装配特点和要求可知,支管与 Q345 材料及铸钢支点采用现场定位装配、焊接,考虑到现场焊接工艺和设备的使用特点,可选用的焊接方法有手工电弧焊(SMAW)和半自动焊丝 $CO_2$ 气体保护焊(GMAW)两种。节点和支座的焊接可采用半自动焊丝 $CO_2$ 气体保护焊(GMAW),其他焊接接头因为焊条可选择性强,不受焊接作业的场所限制,使用方便,一般都采用手工电弧焊。

(2)填充材料的选择。碱性焊条药皮里的纤维素、脱氧剂、脱硫、磷剂等含量比酸性焊条高,所以其焊缝质量比酸性焊条好;同时,焊缝中扩散氢含量是直接影响焊接接头抗冷裂纹性能的主要因素之一。对于铸钢 GS-20Mn5 与 Q345 钢管之间的焊接,焊材的扩散氢含量控制应更加严格,现行标准一般规定的允许值小于 5 mL/100g,同时根据低强度焊材选择原则,在工程中应选用低氢型碱性、国际牌号为 E40 系列(E4015、E4016)的焊条。但由于 E4016 对焊机的空载电压要求较高(大于 90 V),故在工程中基本采用 E4015,并且 E4015 的抗裂性能、塑性要求、冲击韧性、低温性能等都能保证焊接接头的技术条件。焊条直径可根据焊缝特点选择 $\phi$3.2 mm、$\phi$4.0 mm 或 $\phi$5.0 mm,焊接电源要求是直流反接。

(3)铸钢 GS-20Mn5 和 Q345 钢材之间的焊接。据美国焊接学会《钢结构焊接规范》(AWS D1.1/D1.1M—2015)的免焊接工艺评定(WPS)和《建筑钢结构焊接技术规程》(JGJ 81—2002)的焊条手工电弧焊全焊透 CJP 坡口形状与尺寸的要求,设计接头类型为 MC-BV-B1 形式,如图 3-43 所示。

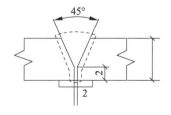

图 3-43　MC-BV-B1 形式
焊接接头

(4)焊接工艺卡。焊接工艺卡是针对某一焊接工序最直接、最具体的焊接工艺参数的细化和量化,是焊工在焊接作业时参考的主要工艺指导文件,也是质量检验人员对焊接作业检验的一个重要参考依据,在每项焊接作业前,应有焊接技术人员向有关操作人员进行技术交底,施工中应严格遵守。表 3-13 为针对工程中铸钢节点焊接制定的焊接工艺卡。

表 3-13　焊接工艺卡

| 部件名称 | 部件类别 | 制造编号 | 焊接工艺评定编号 | 焊缝代号 |
|---|---|---|---|---|
| 铸钢节点 | 索端节点 | | | MC-BV-B1 |

| 材料牌号 | GS-20Mn5+Q235B | |
|---|---|---|
| 材料规格 | 管径厚度 | |
| 焊接方法 | SMAW | |
| 电源种类 | 直流 | |
| 电源极性 | 反接 | |
| 坡口形式 | 单面 V 形 | |
| 焊接位置 | 全位置 6G | |

焊接参数

| 焊层 | 焊材牌号 | 焊材直径/mm | 焊接电流/A | 电弧电压/V | 焊接速度/(cm/min) | 备注 |
|---|---|---|---|---|---|---|
| 1 | E4015 | $\phi3.2$ | 90~140 | 22~24 | 25~35 | |
| 2 | E4015 | $\phi4.0$ | 140~160 | 24~26 | 20~35 | |
| 3 | E4015 | $\phi4.0$ | 140~160 | 24~26 | 20~35 | |
| 4 | E4015 | | | | | |

| 焊接预热 | 加热方式 | 火焰 | 层间温度 | 170~200 ℃ | 焊接记录表 | | | |
|---|---|---|---|---|---|---|---|---|
| | 温度范围 | 150~200 ℃ | 测温方法 | 测温仪 | 姓名工号 | 日期 | 时间 | 检验 |
| 焊后热处理 | 种类 | 后热 | 保温时间 | 1 h | 操作人 | | | |
| | 加热方式 | 火焰 | 冷却方式 | 缓冷 | 操作人 | | | |
| | 温度范围 | 200~250 ℃ | 测温方法 | 测温仪 | | | | |
| 技术措施 | 坡口准备 | 焊前清理 | 药皮处理 | 层间清理 | 检验人 | | | |
| 编制 | | 日期 | | 审核 | | 日期 | | |

### 3.2.6　成品检验、管理、包装、运输和堆放

1. 钢构件成品检验

(1) 成品检查。不同管桁架结构成品的检查项目各不相同,要依据各工程具体情况而定。若工程无特殊要求,一般检查项目可按该产品的标准、技术图纸、设计文件要求和使用情况来确定。成品检查工作应在材料质量保证书、工艺措施、各道工序的自

检和专检等前期工作后进行。钢构件因其位置、受力等的不同,检查的侧重点也有所不同。

（2）修整。构件的各项技术数据经检验合格后,应补焊和磨平加工过程中造成的焊疤、凹坑,割除临时支承和夹具。铲磨后零件表面的缺陷深度不得大于材料厚度负偏差值的 1/2。管桁架结构的钢管和节点处打磨常用电动手砂轮,如图 3-44 所示。在较大平面上磨平焊疤或磨光长条焊缝边缘,常用高速直柄风动手砂轮。

(a) 工人用电动手砂轮打磨焊缝

(b) 打磨后的焊缝

**图 3-44　电动手砂轮及其打磨后的焊缝**

（3）验收资料（要求同学习单元 2）。

2. 包装

钢结构构件包装完毕后,要对其进行标记。标记一般由承包商在制作厂成品库装运时标明。

对于国内的钢结构用户,其标记可用标签方式戴在构件上,也可用油漆直接写在钢结构产品或包装箱上。对于出口的钢结构产品,必须按海运要求和国际通用标准进行标记。

标记通常包括工程名称、构件编号、外廓尺寸（长、宽、高,以 m 为单位）、净重、毛重、始发地点、到达港口、收货单位、制造厂商、发运日期等,必要时还要标明重心和吊点位置。

主标记（图号、构件号）:为提高产品的出库正确率,保证出库构件的完整性,在进行深化设计时对构件进行钢印编码,便于工程材料的可追溯性以及工地材料的科学管理和使用方便,如图 3-45 所示。

图 3-45　工人打钢印编号

3. 运输和堆放

钢结构运输时捆扎必须牢靠,防止松动。钢构件在运输车上的支点、两端伸出的长度及绑扎方法均需保证构件不产生变形、不损伤涂层且保证运输安全。

为保证运输的实效及合理性,可采取工地现场人员与车间发货信息互动的方式,具体如图 3-46 所示。

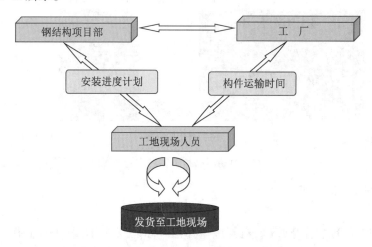

图 3-46　现场人员与车间发货信息互动方式

1)运输形式及包装

(1)构件运输形式分类。为适应公路运输的要求,对钢结构构件进行了工厂分段制作,工厂制作完成后主要有以下几种构件形态:

① 第一类构件。单个在尺寸限制范围内的单根构件,如图 3-47 所示。

② 第二类构件。工厂制作的桁架段、铸钢件、焊接节点等,如图 3-48 所示。

③ 第三类构件。其他散件和节点板,主要包括节点连接耳板、需要工厂代加工的现场定位靠板、制作范围内的螺栓和油漆等其他材料。

(2)包装。钢结构的包装方式有包装箱包装、裸装和捆装等。

① 包装箱包装:适用于外形尺寸较小、质量较轻、易散失的构件,如连接件、螺栓或标准件等,如图 3-49 所示。

图 3-47　单根构件　　　　　　图 3-48　桁架段、铸钢件、焊接节点

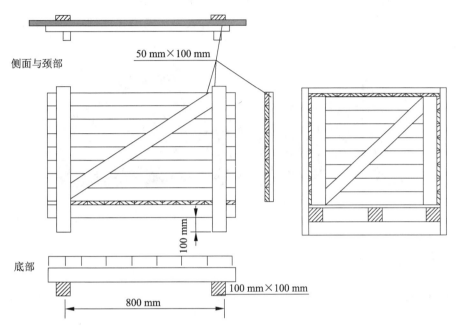

图 3-49　包装箱包装示意图

② 裸装:适用于质量、体积均较大且又不适合于装箱的产品。

③ 捆装:适用于钢管、钢梁等钢结构,每捆质量不宜大于 20 t,如图 3-50 所示。

图 3-50　捆装示意图

钢构件的包装要求:

① 包装依据安装顺序,分单元配套进行包装。

② 装箱构件在箱内应排列整齐、紧凑、稳妥牢固、不得串动,必要时应将构件固定于箱内,以防在运输和装卸过程中滑动和冲撞,箱的充满度不得小于80%。

(3) 运输。根据构件尺寸和施工现场需求,一般采用以公路为主的运输方式,力求快、平、稳地将构件运抵施工现场。

装车时构件与构件、构件与车厢之间应妥善捆扎,以防车辆颠簸而产生构件散落。钢构件在运输车上的支点、两端伸出的长度及绑扎方法均需保证构件不产生变形、不损伤涂层且保证运输安全。常用运输方式如图3-51所示。

**图3-51 常用运输方式**

2) 成品保护措施

(1) 工厂制作成品保护措施。

制作、运输等过程均需制订详细的成品、半成品保护措施,以防止构件变形及表面油漆破坏等,任何单位或个人忽视了此项工作均将对工程的顺利开展带来不利影响,因此制定以下成品保护措施:

① 成品必须堆放在车间中的指定位置。

② 在成品放置前,在构件下安置一定数量的垫木,禁止构件直接与地面接触,并采取一定的措施防止滑动和滚动,如放置止滑块等;构件与构件需要重叠放置时,需在构件间放置垫木或橡胶垫以防止构件碰撞。

③ 构件放置好后,在其四周放置警示标志,防止工厂在其他吊装作业时碰伤构件。

④ 工程构件如有不少散件,则需设计专用的箱子放置工具。

⑤ 在成品的吊装作业中,捆绑点均需加软垫,以免损伤成品表面或破坏油漆。

(2) 运输过程中的成品保护。

① 构件与构件之间必须放置一定的垫木、橡胶垫等缓冲物,防止运输过程中构件因碰撞而损坏。

② 散件按同类型集中堆放,并用钢框架、垫木和钢丝绳进行绑扎固定,杆件与绑扎用钢丝绳之间放置橡胶垫之类的缓冲物。

③ 在整个运输过程中为避免涂层损坏,在构件绑扎或固定处用软性材料的衬垫保护。

（3）现场拼装及安装成品保护。

① 构件进场应堆放整齐,防止其变形和损坏,堆放时应放在稳定的枕木上,并根据构件的编号和安装顺序来分类。

② 构件堆放场地应做好排水,防止积水对构件的腐蚀。

③ 在拼装、安装作业时,应避免碰撞、重击。

④ 避免在构件上焊接过多的辅助设施,以免对母材造成影响。

⑤ 吊装时,在地面铺设刚性平台、搭设刚性胎架进行拼装,拼装支撑点的设置要进行计算,以免造成构件的永久变形。

（4）涂装面的保护。

① 避免与尖锐的物体碰撞、摩擦。

② 减少现场辅助措施的焊接量,尽量采用捆绑、抱箍。

③ 现场焊接破损的母材外露表面,应在最短的时间内进行补涂装,除锈等级达到St3 级,材料采用设计要求的原材料。

（5）摩擦面的保护。

① 工厂涂装过程中,做好摩擦面的保护工作。

② 构件运输过程中,做好构件摩擦面的防雨淋措施。

③ 冬季构件安装时,应用钢丝刷刷去摩擦面的浮锈和薄冰,确保干燥且无其他影响摩擦面的因素。

（6）现场交货及验收。

为保证项目施工工期、安装顺序,使产品数量、质量均达到安装现场的要求,特制定本交货及验收标准。

① 钢结构产品运到安装地点后,根据发货清单及相关质量标准进行产品的交货及验收。

② 派专职人员在安装地负责交货及验收工作。

③ 包装件(箱包装、捆包装、框架包装)开箱清点时由双方工作人员一起进行。

④ 交货。依据产品发货清单和图纸逐件清点,核对产品的名称、标记、数量、规格等内容。

⑤ 交接。产品在名称、标记、数量、规格等方面和发货清单相符并经双方确认,然后办理交接手续。

3）装卸

大、重构件都用吊车装卸,其他管件和零件可用铲车装卸。装车时,车上堆放合理,绑扎牢固,且有专人检查;卸货时,均应采用起重机或现场塔吊卸货,严禁自由卸货。装卸时应轻拿轻放,应严格遵守起重机吊装规范,不得斜拉、斜吊;起吊和放置不能与其他物品发生碰撞。

4）堆放

应在运输车辆上预先准备枕木,加垫泡沫塑料,以防油漆划伤。构件运到现场应按施工顺序分类堆放,尽可能堆放在平整无积水的场地。高强螺栓连接副必须在现场干燥的地方堆放;堆放必须整齐、合理、标识明确,雨雪天气要做好防雨淋措施;高强螺栓摩擦面应得到切实保护。

　　成品验收后,在装运或包装以前堆放在成品仓库。目前国内钢结构产品的主要大部件都是露天堆放的,部分小件一般可用捆扎或装箱的方式置于室内。由于成品堆放的条件一般较差,所以堆放时更应注意防止构件的失散和变形。成品堆放注意事项见学习单元2,堆放方式如图3-52所示。

(a) 错误堆放方式

(b) 正确堆放方式1　　　　　(c) 正确堆放方式2

图 3-52　构件的堆放方式

## 3.3　管桁架的现场拼装及施工安装

　　主桁架是指主要承受屋面及施工荷载的桁架;次桁架是指在另一个方向为主桁架提供侧向支撑和保持结构不变性的桁架。在规划拼装场地时,应综合考虑吊车开行路线、电气设备布置、吊装顺序等因素综合选定场地位置。

### 3.3.1　管桁架的现场拼装

　　管桁架的现场拼装顺序:支撑架胎模基础施工→胎架制作→胎架尺寸、拱度、水平度、稳定性校核→单段桁架起吊就位→桁架整体拼装定位→校正→检验→对接焊缝焊接→超声波探伤检测→焊后校正→监理工程师检查验收→涂装→检验合格→吊入场地。具体操作流程如图3-53所示。

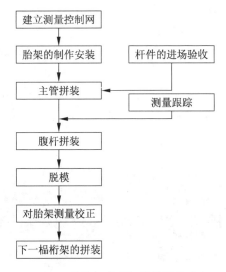

图 3-53　管桁架的现场拼装操作流程

1. 拼装胎架的设计和安装

1) 胎架设计

(1) 胎架制作流程(图 3-54)。

拼装场地整平压实后上铺钢板形成刚性平台,上部胎架固定在钢板上。为了考虑主桁架的拼装精度以及主桁架在拼装完成后便于起吊等因素,在牛腿的上端搁置一个限位块和可调节高度及水平度的调节装置。

电子课件

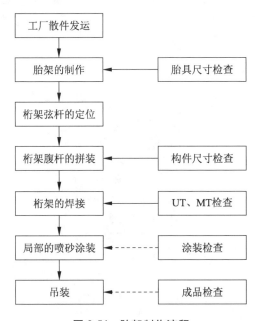

图 3-54　胎架制作流程

管桁架拼装胎架主承重杆件截面形式和截面大小要根据所需拼装的管桁架自重

确定。自重大的管桁架结构主承重杆件可采用 H 型钢截面,自重小的可采用角钢截面,其余杆件采用角钢即可满足要求,如图 3-55 和图 3-56 所示。

胎架的设计和布置根据主拱架的分段情况和分段点的位置来确定,胎架设计时要考虑桁架分段处上下弦杆的接口及腹杆的拼装,在断开面中间设置空档,以留出焊接空间,在对接口下面焊接时,焊工可从胎架侧面进入胎架顶部的第一层平台,施焊胎架的下弦支撑采用 H 型钢,两端搁置在型钢柱的牛腿上,吊装时将此 H 型钢取下,以免影响桁架的吊装。

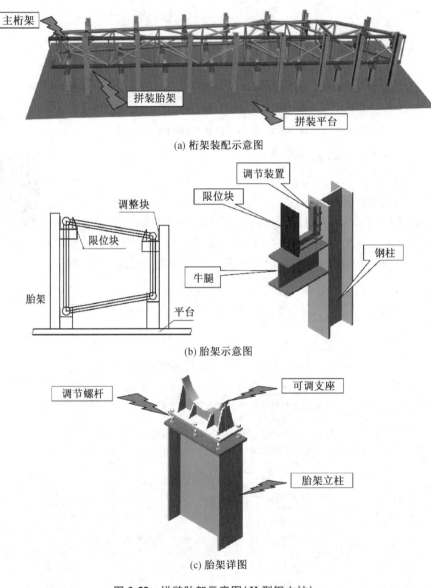

(a) 桁架装配示意图

(b) 胎架示意图

(c) 胎架详图

**图 3-55　拼装胎架示意图(H 型钢立柱)**

(2)胎架制作工艺方案。管桁架拼装胎架如图 3-56 所示。

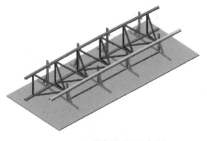

(a) 桁架装配示意图　　　　　　　　　　　　(b) 拼装胎架

图 3-56　管桁架拼装胎架(角钢立柱)

（3）胎架制作技术要求。

① 管桁架一般采用侧卧方式进行地面组拼,平台及胎架支撑必须有足够的刚度。

② 在平台上应明确标记主要控制点,作为构件制作时的基准点。

③ 管桁架安装现场胎架的数量应根据现场场地情况、吊装要求、施工周期等确定,以管桁架拼装速度与安装速度相匹配、减少或避免窝工现象为原则。

④ 拼装时,在平台(已测平,误差在 2 mm 以内)上划出三角形桁架控制点的水平投影点,打上钢印或其他标记。

⑤ 将胎架固定在平台上,用水准仪或其他测平仪器对控制点的垂直标高进行测量,通过调节水平调整板或螺栓确保构件控制点的垂直标高尺寸符合图纸要求,偏差在 2.0 mm 以内。然后将桁架弦杆按其具体位置放置在胎架上,通过挂锤球或其他仪器,确保桁架上控制点的垂直投影点与平台上划的控制点重合,固定定位卡,确保弦杆位置正确,注意在确定主管相对位置时,必须放焊接收缩余量。

2) 桁架弦杆的对接

由于桁架的弦杆较长,需在现场专用的钢管对接架上进行对接,其对接架的胎架如图 3-57 和图 3-58 所示。

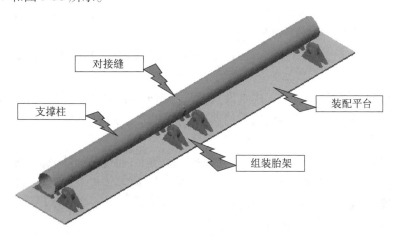

图 3-57　弦杆对接胎架示意图

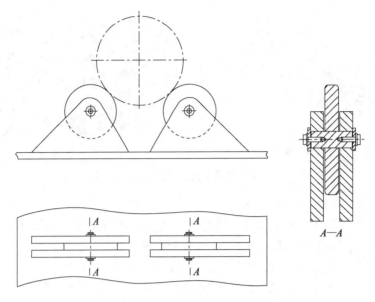

图 3-58　圆管对接用的胎架示意图

管桁架弦杆对接接头形式如图 3-59 所示。

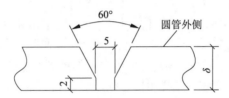

图 3-59　管桁架弦杆对接接头形式

3）管桁架的拼装

由于工程中管桁架的体量较大，所以一般采取工厂散件加工、现场拼装的方法制作管桁架。管桁架拼装顺序如图 3-60 所示。

（1）在平台（已测平，误差在 2 mm 以内）上划出桁架控制点的水平投影点，打上钢印或其他标记。

（2）将胎架焊接在平台上，用水准仪或其他测平仪器对控制点的垂直标高进行测量，通过调节水平调整板或螺栓确保构件控制点的垂直标高尺寸符合图纸要求，偏差在 2.0 mm 以内。

（3）将球节点和弦杆按其具体位置放置在胎架上，通过挂锤球或其他仪器确保桁架上控制点的垂直投影点与平台上划的控制点重合，固定定位卡，确保弦杆位置正确。在确定主管相对位置时，必须放焊接收缩余量。

（4）在胎架上对主管各节点的中心线进行划线。

（5）装配腹杆并定位焊，对腹杆接头定位焊时，不得少于 4 点。

（6）定位好后，对 W 形桁架进行焊接，先焊未靠住胎架的一面，焊好后，用吊机将桁架翻身，再焊另一面。焊接时，为保证焊接质量，应尽量避免仰焊、立焊。

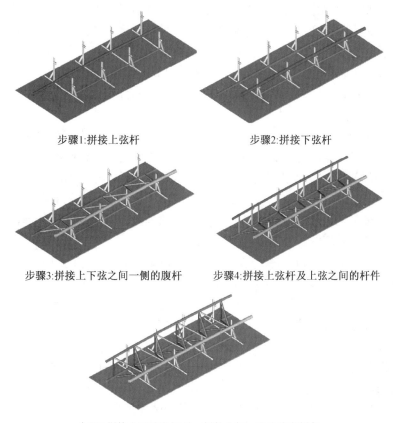

步骤1:拼接上弦杆　　　　　　　　　步骤2:拼接下弦杆

步骤3:拼接上下弦之间一侧的腹杆　　步骤4:拼接上弦杆及上弦之间的杆件

步骤5:拼接上下弦之间另一侧的腹杆,完成该段拼装

图 3-60　管桁架的拼装顺序

（7）在组装时,应考虑桁架的预起拱值。根据起拱高度和跨度,在电脑上用 CAD 软件实际放样可求出每根杆件的下料长度。

预起拱值按照规范规定执行,桁架跨度大于 24 m 时可起拱 $L/500$,跨度小的不需要起拱。

2. 钢管焊接

1）焊接基本要求

（1）选用合适的焊条。选用低氢钾型碱性 E5016 焊条,交、直流两用,焊条有<312 mm 和<410 mm 两种。当采用<312 mm 的焊条时,焊接电流为 100~120 A,主要用于 V 形坡口和角焊缝的根部焊缝,确保根部熔透。当采用<410 mm 的焊条时,焊接电流为 160~210 A,主要用于上层焊道或盖面层的焊接,保证焊道相互熔合,并提高焊接效率。

（2）提高操作技能。掌握运条方式的操作要点:① 根据焊接位置和焊缝走向,随时调整运条方式和焊条倾斜角度;② 保证焊缝根部熔透;③ 防止气孔、夹渣和咬边;④ 当立焊、仰焊时,防止钢水下垂,确保焊缝尺寸;⑤ 施焊中,若发现焊接缺陷,及时查找原因并消除。

（3）配备熟练焊工。工程中有的节点有熔透焊缝也有角焊缝,还有的节点从熔透焊缝逐步过渡到角焊缝,需熟练焊工精心操作,以满足设计图纸规定的要求。

（4）控制应力与变形。在桁架施焊过程中采取各项有效措施,尽量减少焊接残余应力,控制焊接变形。在厚板焊接时,无层状撕裂。

（5）焊接工艺评定。对重要的、比较复杂的节点焊接工艺,在正式施焊前,均应进行焊接工艺评定,确认焊接质量符合设计要求后,才允许施焊。

2）焊接工艺评定

钢结构现场安装焊接工艺评定方案,是针对现场钢结构焊接施工特点,选用适应工程条件的焊接位置进行试验。按照《钢结构焊接规范》（GB 50661—2011）（以下简称"焊接规范"）第六章"焊接工艺评定"的具体规定及设计施工图的技术要求,在施工前进行焊接工艺评定。焊接工艺评定试件应该从工程中使用的相同钢材中取样。

（1）焊接工艺评定的目的。针对各种类型的焊接节点确定出最佳焊接工艺参数,制定完整、合理、详细的工艺措施和工艺流程。

（2）焊接工艺评定的条件。除符合焊接规范第6.6节规定的免予评定条件外,施工单位首次采用的钢材、焊接材料、焊接方法、接头形式、焊接位置、焊后热处理制度以及焊接工艺参数、预热和后热措施等各种参数的组合条件,应在钢结构构件制作及安装施工之前进行焊接工艺评定。

（3）焊接工艺评定的内容。选择有工程代表性的材料品种、规格、拟投入的焊材,进行可焊性试验及评定;选定有代表性的焊接接头形式,进行焊接试验及工艺评定;选择拟使用的作业机具,进行设备性能评定;模拟现场实际的作业环境条件,采取预防措施和不采取措施进行焊接,评定环境条件对焊接施工的影响程度;对已经取得焊接作业资格的焊接技工进行代表性检验,评定焊工技能在工程焊接施工的适应程度;通过相应的检测手段对焊件的焊后质量进行评定;通过评定来确定指导实际生产的具体步骤、方法及参数;通过评定来确定焊后实测试板的收缩量,确定所用钢材的焊后收缩值。

（4）焊接工艺评定程序。按表3-14和图3-61进行。

表3-14　焊接工艺评定程序

| 序号 | 焊接工艺评定程序 |
|---|---|
| 1 | 由技术人员提出焊接工艺评定任务书(焊接方法、试验项目和标准) |
| 2 | 焊接责任工程师审核任务书并拟定焊接工艺评定指导书(焊接工艺规范参数) |
| 3 | 焊接责任工程师依据相关国家标准规定,监督由本企业熟练焊工施焊的试件,以及试件和试样的检验、测试等工作 |
| 4 | 焊接试验室责任人负责评定送检试样并汇总评定检验结果,提出焊接工艺评定报告 |
| 5 | 焊接工艺评定报告经焊接责任工程师审核、企业技术总负责人批准后,正式作为编制指导生产焊接工艺的可靠依据 |
| 6 | 焊接工艺评定所用设备、仪表应处于正常工作状态,钢材、焊材必须符合相应标准,试件应由本企业中持有合格证书的技术熟练焊工施焊 |

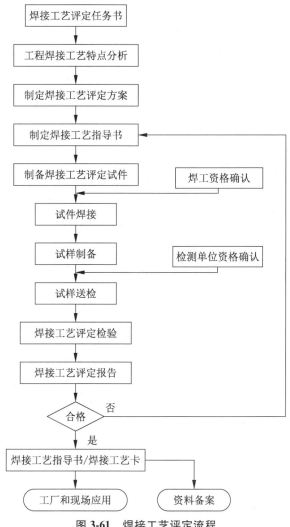

**图 3-61　焊接工艺评定流程**

（5）焊接工艺评定的试件要求。焊接工艺评定的试件应该从工程中使用的相同钢材中取样，由钢结构制作厂家按要求制作加工并运至指定的地点，试件必须满足焊接规范"6.4　试件和检验试样的制备"的要求。

（6）焊接工艺评定指导书。在工程中所有的焊接工艺评定应依据焊接规范进行。焊接工艺评定指导书的形式及案例如表 3-15 所示。

**表 3-15　焊接工艺评定指导书**

| 工程名称 | ××工程 | | | 指导书编号 | | | |
|---|---|---|---|---|---|---|---|
| 母材钢号 | Q345C | 规格 | | 供货状态 | 热轧 | 生产厂 | |
| 焊接材料 | 生产厂 | | 牌号 | 类别 | | 备注 | |
| 焊丝 | | | ER50-3 | E50 | | | |
| 保护气体 | | | $CO_2$ | | | | |

| 焊接方法 | CO$_2$气体保护焊 GMAW | | | 焊接位置 | 6G（管 45°定位焊） | |
|---|---|---|---|---|---|---|
| 焊接设备型号 | | | | 电源及极性 | 直流反接 | |
| 预热温度/℃ | 不预热 | 层间温度 | 120~150 ℃ | 后热温度（℃）及时间（min） | | |
| 焊后热处理 | 焊态不热处理 | | | | | |

| 接头及坡口尺寸图 | | 焊接顺序图 | |
|---|---|---|---|

| | 道次 | 焊接方法 | 焊丝 | | 保护气 | 保护气流量 L/min | 电流/A | 电压/V | 焊接速度/（cm/min） |
|---|---|---|---|---|---|---|---|---|---|
| | | | 牌号 | $\phi$/mm | | | | | |
| 焊接工艺参数 | 1 | GMAW | ER50-3 | 1.2 | CO$_2$ | 20~25 | 160~210 | 26~28 | 18~25 |
| | 2 | GMAW | ER50-3 | 1.2 | CO$_2$ | 20~25 | 180~230 | 26~28 | 18~25 |
| | 3 | GMAW | ER50-3 | 1.2 | CO$_2$ | 20~25 | 160~210 | 26~28 | 18~25 |
| | 4 | GMAW | ER50-3 | 1.2 | CO$_2$ | 20~25 | 160~210 | 26~28 | 18~25 |
| | 5 | GMAW | ER50-3 | 1.2 | CO$_2$ | 20~25 | 160~210 | 26~28 | 18~25 |

| 技术措施 | 焊前清理 | 需要时火焰清理油污 | 层间清理 | 清理药皮 |
|---|---|---|---|---|
| | 背面清根 | 不清根 | | |
| | 其他：① 导电嘴至工件距离：10~15 mm。<br>② 打底层焊条与焊接方向成 70°~80°，单点平拉短弧、月牙形运条。<br>③ 盖面层焊条与焊接方向呈 90°。 | | | |

| 编制 | | 日期 | 年　月　日 | 审核 | | 日期 | 年　月　日 |
|---|---|---|---|---|---|---|---|

（7）焊接工艺卡。根据焊接工艺评定制定应用于工厂和现场的焊接工艺卡形式如表 3-16 所示。

表 3-16　焊接工艺卡

| 工程名称 | 制造编号 | 部件类别 | 焊接工艺评定编号 | 焊缝代号 | 第　页 |
|---|---|---|---|---|---|
| | | | | | 共　页 |

| 材料编号 | | 焊接层次、顺序示意图　　$\alpha$、$p$、$H$、$b$ 是否清根 |
|---|---|---|
| 材料规格 | | |
| 焊接方法 | | |
| 电源种类 | | |
| 电源极性 | | |
| 坡口类型 | | |
| 焊接位置 | | |

续表

| 焊接预热 | 加热方式 | | 层间温度 | |
| --- | --- | --- | --- | --- |
| | 温度范围 | | 测温方法 | |
| 焊后预热 | 种类 | | 保温时间 | |
| | 加热方式 | | 冷却方式 | |
| | 温度范围 | | 测温方法 | |

焊接参数

| 焊层 | 焊材牌号 | 焊材直径/mm | 焊接电流/A | 电弧电压/V | 焊接速度/(cm/min) | 保护气流量/(L/min) |
| --- | --- | --- | --- | --- | --- | --- |
| | | | | | | |
| | | | | | | |
| | | | | | | |
| | | | | | | |

技术措施：_____
摆动焊或不摆动焊：_____
摆动参数：_____
焊前清理：_____
层间清理：_____
背面清根方法：_____
导电嘴至工件距离/mm：_____
锤击：_____
其他：_____

| 编制 | | 日期 | | 审核 | | 日期 | |
| --- | --- | --- | --- | --- | --- | --- | --- |

3）焊接方法

管桁架工程现场焊接主要采用手工电弧焊、$CO_2$ 气体保护半自动焊两种方法，如图 3-62 所示。

使用部位：
① 点焊固定
② 打底焊接
③ 钢构件与预埋件焊接
④ 其他焊接工作量较小的部位

(a) 手工电弧焊

使用部位：
① 柱焊接
② 主桁架焊接
③ 次桁架焊接等

(b) $CO_2$ 气体保护焊

图 3-62　焊接方法

4）焊接工艺

（1）焊接参数表及焊缝外观尺寸。

① 手工电弧焊参数（表3-17）。

表3-17　手工电弧焊参数

| 位置＼参数 | 电弧电压/V | | 焊接电流/A | | 焊条极性 | 层厚/mm | 层间温度/℃ | 焊条型号 |
| --- | --- | --- | --- | --- | --- | --- | --- | --- |
| | 平焊 | 其他 | 平焊 | 其他 | | | | |
| 首层 | 24~26 | 23~25 | 105~115 | 105~160 | 阳 | — | — | E5015 $\phi3.2~\phi4.0$ |
| 中间层 | 29~33 | 29~30 | 150~180 | 150~160 | 阳 | 4~5 | 86~150 | |
| 表面层 | 25~27 | 25~27 | 130~150 | 130~150 | 阳 | 4~5 | 85~150 | |

② $CO_2$气体保护焊平焊参数（表3-18）。

表3-18　$CO_2$气体保护焊平焊参数

| 位置＼参数 | 电弧电压/V | 焊接电流/A | 焊丝伸出长度 | | 层厚/mm | 焊条极性 | 气体流量/（L/min） | 焊丝型号 | 层间温度/℃ |
| --- | --- | --- | --- | --- | --- | --- | --- | --- | --- |
| | | | ≤40 | >40 | | | | | |
| 首层 | 22~24 | 180~200 | 20~25 | 30~35 | 7 | 阳 | 45~50 | ER50-3 $\phi1.2$ | 85~100 |
| 中间层 | 25~27 | 230~250 | 20 | 25~30 | 5~6 | 阳 | 40 | | |
| 表面层 | 22~24 | 200~230 | 20 | 20 | 5~6 | 阳 | 35 | | |

送丝速度:5.5 mm/s;气体有效保护面积:1000 mm²

③ 焊缝外观尺寸标准要求（表3-19）。

表3-19　焊缝外观尺寸标准要求　　　　　　　　　　　　　mm

| 焊接方法 | 焊缝余高 | | 焊缝错边量 | | 焊缝宽度 | |
| --- | --- | --- | --- | --- | --- | --- |
| | 平焊 | 其他位置 | 平焊 | 其他位置 | 坡口每边增宽 | 宽度差 |
| 手工焊 | 0~3 | 0~4 | ≤2 | ≤3 | 0.5~2.5 | ≤3 |
| $CO_2$保护焊 | 0~3 | 0~4 | ≤2 | ≤3 | 0.5~2.5 | ≤3 |

（2）焊接技术交底。工程正式开工前需进行各级、各项充分的技术交底。我们应让每一个施工参与者掌握在施工过程中应当处于"什么时间""什么位置""干什么""怎么干""干到什么程度""干完提交给谁"等信息。而且,每位焊接施工人员必须熟悉在焊接工艺评定中确定的最佳焊接工艺参数和注意事项,并严格执行技术负责人批准的焊接技术要求,以保证焊缝质量和焊接施工的顺利完成。

（3）焊前清理。正式施焊前应清除焊渣、飞溅等污物。定位焊点与收弧处必须用角向磨光机修磨成缓坡状且确认无未熔合、收缩孔等缺陷。

（4）电流调试。

① 手工电弧焊:不得在母材和组对的坡口内进行,应在试弧板上分别做短弧、长弧、正常弧长试焊,并核对极性。

② $CO_2$ 气体保护焊:应在试弧板上分别做焊接电流、电压、收弧电流、收弧电压对比调试。

(5)气体检验。核定气体流量、送气时间、滞后时间、确认气路无阻滞、无泄露。

(6)焊接材料。

① 钢结构现场焊接施工所需的焊接材料和辅材,均要有质量合格证书。

② 施工现场设置专门的焊材存储场所,并分类保管。

③ 焊条使用前均须进行烘干处理。

(7)焊接工艺流程。构件安装定位后,严格按照工艺试验规定的参数和作业顺序施焊,并按图 3-63 所示的工艺流程作业。

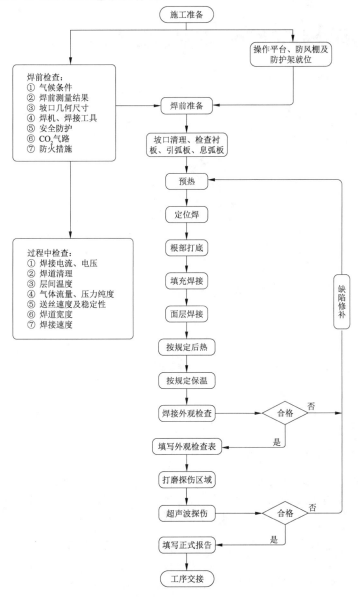

图 3-63　焊接工艺流程

191

5）焊接顺序

焊接接头形式及焊接顺序:现场焊接主要采用手工电弧焊、$CO_2$气体保护半自动焊两种方法。焊接施工按照先主桁架后次桁架、先主梁后次梁的顺序,分区分单元进行,保证每个区域都形成一个空间框架体系,以提高结构在施工过程中的整体稳定性,便于逐区调整校正,最终合拢,减少安装过程中的累积误差。

（1）主桁架钢管的焊接顺序如图 3-64 所示。桁架钢管焊接时采取两个人分段对称焊的方式进行,即先 1、2 同时对称焊,再 3、4 同时对称焊。

图 3-64  主桁架钢管的焊接顺序

（2）次桁架钢管的焊接顺序如图 3-65 所示。桁架钢管焊接时采取两个人分段对称焊的方式进行,即 1、2 同时对称焊。

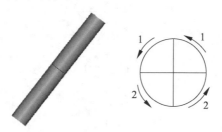

图 3-65  次桁架钢管的焊接顺序

6）焊接施工

（1）焊接施工及其要求。焊接施工及其要求如表 3-20 所示。

表 3-20  焊接施工及其要求

| 序号 | 焊接施工 |
| --- | --- |
| 1 | 板焊采用根部手工焊封底、半自动焊中间填充、面层手工焊盖面的焊接方式。带衬板的焊件全部采用 $CO_2$ 气体保护半自动焊焊接 |
| 2 | 全部焊段尽可能保持连续施焊,避免多次熄弧、起弧。穿越安装连接板处的工艺孔时必须尽可能将接头送过连接板中心,接头部位应错开 |
| 3 | 同一层道焊缝出现一次或数次停顿需再续焊时,始焊接头需在原熄弧处后至少 15 mm 处起弧,禁止在原熄弧处直接起弧。$CO_2$ 气体保护焊熄弧时,应待保护气体完全停止供给、焊缝完全冷凝后方能移走焊枪。禁止电弧刚停止燃烧即移走焊枪,使红热熔池暴露在大气中失去 $CO_2$ 气体保护 |
| 4 | 打底层:在焊缝起点前方 50 mm 处的引弧板上引燃电弧,然后运弧进行焊接施工。熄弧时,电弧不允许在接头处熄灭,而是应将电弧引带至超越接头 50 mm 处的熄弧板熄弧,并填满弧坑。运弧采用往复式运弧手法,在两侧稍加停留,避免焊肉与坡口产生夹角,达到平缓过渡的要求 |

| 序号 | 焊接施工 |
|---|---|
| 5 | 填充层:在进行填充焊接前应清除首层焊道上的凸起部分及引弧造成的多余部分,清除粘连在坡壁上的飞溅物及粉尘,检查坡口边缘有无未熔合及凹陷夹角,如果有,则必须用角向磨光机除去。$CO_2$ 气体保护焊施工时,$CO_2$ 气体流量宜控制在 $40 \sim 55$ L/min,焊丝外伸长度为 $20 \sim 25$ mm,焊接速度控制在 $5 \sim 7$ mm/s,熔池保持水准状态,运焊手法采用画斜圆方法,在填充层焊接面层时,应注意均匀留出 $1.5 \sim 2$ mm 的深度,便于盖面时能够看清坡口边 |
| 6 | 面层焊接:它直接关系到该焊缝外观质量是否符合质量检验标准,开始焊接前应对全焊缝进行修补,消除凹凸处,尚未达到合格处应先予以修复,保持该焊缝的连续均匀成型。面层焊缝应在最后一道焊缝焊接工序,注意防止边部出现咬边缺陷 |
| 7 | 焊接过程中:焊缝的层间温度应始终控制在 $100 \sim 150$ ℃,要求焊接过程具有最大的连续性,在施焊过程中出现修补缺陷、清理焊渣所需停焊的情况造成温度下降,则必须用加热工具进行加热,直至达到规定值后方能再进行焊接。焊缝出现裂纹时,焊工不得擅自处理,应报告焊接技术负责人,查清原因,定出修补措施后,方可进行处理 |
| 8 | 焊后热处理及防护措施:母材厚度 $T > 25$ mm 的焊缝,必须进行后热保温处理,后热应在焊缝两侧各 100 mm 宽幅均匀加热,加热时自边缘向中部,又自中部向边缘、由低向高均匀加热,严禁持热源集中指向局部,后热消氢处理的加热温度为 $200 \sim 250$ ℃,保温时间应依据工件板厚按每 25 mm 板厚 1 h 确定。达到保温时间后应缓冷至常温。焊接完成后,还应根据实际情况进行消氢处理和消应力处理,以消除焊接残余应力 |
| 9 | 焊后清理与检查:焊后应清除飞溅物与焊渣,清除干净后,用焊缝量规、放大镜对焊缝外观进行检查,不得有凹陷、咬边、气孔、未熔合、裂纹等缺陷,并做好焊后自检记录,自检合格后鉴上操作焊工的编号钢印,钢印应鉴在接头中部距焊缝纵向 50 mm 处,严禁在边沿处鉴印,防止出现裂源。外观质量检查标准应符合《钢结构工程施工质量验收标准》(GB 50205—2020)中的规定 |
| 10 | 焊缝的无损检测:焊件冷却至常温 24 h 后,进行无损检验,检验方式为 UT 检测,检验标准应符合《焊缝无损检测　超声检测技术、检测等级和评定》(GB/T 11345—2013)规定的检验等级并出具探伤报告 |

（2）焊接变形的控制。焊接变形的控制如表 3-21 所示。

表 3-21　焊接变形的控制

| 序号 | 焊接变形控制要求 |
|---|---|
| 1 | 下料、装配时,根据制造工艺要求,预留焊接收缩余量,预置焊接反变形 |
| 2 | 在得到符合要求的焊缝的前提下,尽可能采用较小的坡口尺寸 |
| 3 | 装配前,矫正每一构件的变形,保证装配符合装配公差表的要求 |
| 4 | 使用必要的装配和焊接胎架、工装夹具、工艺隔板及撑杆等刚性固定来控制焊后变形 |
| 5 | 在同一构件上焊接时,应尽可能采用热量分散、对称分布的方式施焊 |
| 6 | 采用多层多道焊代替单层焊 |
| 7 | 双面均可焊接时,要采用双面对称坡口,并在多层焊时采用以构件中心轴为对称的焊接顺序 |
| 8 | T 形接头板厚较大时采用开坡口角对接焊缝 |
| 9 | 对于长构件的扭曲,不要靠提高板材的平整度和构件组装精度来使坡口角度和间隙准确,电弧的指向或对中准确,以使焊缝角变形和翼板及腹板纵向变形值沿构件长度方向一致 |
| 10 | 在焊缝众多的构件组焊时或结构安装时,要选择合理的焊接顺序 |

3. 钢管焊接质量控制

1) 钢管焊接质量控制的工艺措施

（1）控制焊接变形的工艺措施。焊接顺序控制不当易产生变形和应力集中，因此，在焊接时采取以下技术措施来控制焊接变形：

① 先焊中间，再焊两边。

② 先焊受力大的杆件，再焊受力小的杆件。

③ 先焊受拉杆件，再焊受压杆件。

④ 先焊焊缝少的部位，再焊焊缝多的部位。

⑤ 先焊大管径杆件，再焊小管径杆件。

⑥ 先焊趾部，再焊根部。

（2）控制厚板层状撕裂的工艺措施。某些工程中由于箱型梁有部分厚板，在焊接时如果工艺措施采取不当或因材料缺陷，极易出现 $Z$ 向层状撕裂。为防止在厚度方向出现层状撕裂，采取措施如下：

① 在拼装前，对钢板坡口现侧 150 mm 区域内进行 UT 探伤检查，对发现有裂纹、夹层及分层的弃用，重新下料、加工。

② 在设计焊缝时采取对称 V 形坡口形式和交错对称焊接的方法。

③ 拼装前对母材焊道中心线两侧各 130 mm 左右的区域进行超声波探伤检查，母材中不得有裂纹、夹层及分层等缺陷存在。

④ 按工艺卡编写的焊接顺序及措施进行焊接，尽可能减少板厚方向的约束。

⑤ 严格按照工艺卡要求进行预热和后热处理。

⑥ 对所有的焊缝要进行 UT 超声波检查，确保焊缝达到一级标准。

（3）VSR 时效振动焊接应力消除。在箱型体结构中，翼板、加筋板和腹板的焊接造成板间很大的约束，焊接残余应力的存在将给工程造成许多不良影响，如降低静载强度、焊接变形等。为此，我们制定了有效降低焊接残余应力的措施。

消除应力的措施从工艺上讲主要有热处理、锤击、振动法和加载法。在工地现场，除了对焊接接头做后热处理和锤击外，没有其他的有效方式。通常，消除应力在工厂进行，VSR 时效振动法对于长度在 10 m 以内、重量在 20 t 以下的钢构件应力的消除特别有效，其操作工艺简单、生产成本较低（与热处理时效相比），所以越来越多地应用到生产施工当中。VSR 时效振动法使用的主要设备是 VSA 时效振动仪，如图 3-66 所示。

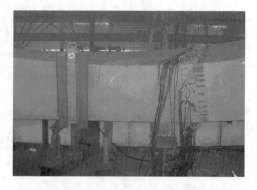

图 3-66　VSA 时效振动仪

2) 钢管焊接质量检验

（1）外观检查。对全部焊缝进行外观检查，用焊接专用检验尺对焊缝尺寸进行抽检。除对个别外观缺陷进行修补外，其他均成型良好，未见表面气孔、夹渣、咬边、裂缝、焊瘤等缺陷,质量符合焊接规范及设计图纸中相应的质量等级要求。

（2）内部检查。

① 超声波无损探伤。对钢桁架制作对接焊缝、耳板连接熔透性角焊缝、钢柱与预埋板连接熔透性角焊缝、腹杆与上下弦的相贯线熔透性角焊缝、抗风柱安装焊缝、抗风柱柱脚连接熔透性角焊缝进行超声波探伤检测,设计规定为二级焊缝的,可按 20% 抽检,为确保质量时增加至 100%。检测结果显示,内部焊接缺陷的形态和分布基本为点状离散,缺陷脉冲特征均未超过有关标准限定的二级焊缝指标,合格。其中,现场拼装对接焊缝达到一级质量要求。

② 磁粉探伤。对工厂制作的腋肋板连接焊缝,设计要求抽检 15%,对现场腹杆连接相贯线焊缝,抽检 20%,均进行磁粉探伤检验,无表面裂缝及其他超标缺陷,质量等级达到一级要求。

### 4. 异种钢焊接

#### 1）焊材及焊接机具选择

铸钢节点与钢管的对接焊接,坡口形式为带内衬管的 U 形坡口（此坡口形式可减少焊缝断面,减少根部与面缝部收缩差,防止由于焊接应力过度集中在近面缝区产生撕裂现象）。采用手工电弧焊焊接,焊条选用 E5015,直径选用 $\phi3.2\sim\phi4$ mm,配备功率强大（可远距离配线,电压降极小）、性能先进,可随时由操作者远距离手控电压、电流变幅的整流式 $CO_2$ 焊机（型号:NB600）,以适应高空作业者为满足全位置焊接需要频繁调整焊接电压、电流的要求。

#### 2）焊前准备

焊前准备工作如表 3-22 所示。

表 3-22　焊前准备工作

| 序号 | 准备工作 | 示意图 |
|---|---|---|
| 1 | 组对前,先采用锉刀、砂布、盘式钢丝刷将铸钢件接头处坡口内壁 15~20 mm 处的锈蚀及污物仔细清除掉。由于铸钢件的表面光洁度较差,在组对前必须把凹陷处用角向磨光机磨平,坡口表面不得有不平整、锈蚀等现象 | 坡口检查 |
| 2 | 无缝钢管对接处的清理与铸钢件相同 | |
| 3 | 不得在铸钢件部位进行硬性敲打,防止产生裂纹 | |
| 4 | 预留焊接收缩量,用千斤顶之类的起重器具把接头处坡口间隙顶至上部大于下部 2~3 mm 的焊接收缩预留量,以保证整个焊接节点最终的收缩相等;预检采用钢直尺、角尺、楔尺、焊缝量规核查拼对间隙、错边状况、坡口有无损伤,确认符合规程要求 | |
| 5 | 对接接头定位焊采用小直径（$\phi3.2$ mm）E5015 焊条进行,焊条必须严格按照使用说明书进行烘烤,定位焊的焊接长度要求为每处≤50 mm,焊肉厚度约为 4 mm | 坡口打磨清理 |
| 6 | 定位焊后采用角向磨光机将始焊与终焊处磨成缓坡状 | |

3）焊接参数和预热参数

焊接参数如表 3-23 所示,预热参数如表 3-24 所示。

表 3-23 焊接参数

| 焊材 | 层数 | 焊条规格/mm | 电流/A | 电压/V | 焊速/(cm/s) | 电弧极性 |
|---|---|---|---|---|---|---|
| E5015 | 底层 | φ3.2 | 90~100 | 18~22 | 0.23~0.3 | 阳 |
| | 填充 | φ4.0 | 140~150 | 24~27 | 0.25~0.3 | 阳 |
| | 面层 | φ3.2 | 100~120 | 23~25 | 0.3 | 阳 |

表 3-24 预热参数

| 钢材材质 | 焊接方式 | 壁厚/mm | | | |
|---|---|---|---|---|---|
| | | 16~20 | 20~30 | 30~50 | 50~60 |
| Q345 | 手工焊 | 180 ℃ ≤ $T_{预热}$ ≤ 200 ℃ | 180 ℃ ≤ $T_{预热}$ ≤ 200 ℃ | 200 ℃ ≤ $T_{预热}$ ≤ 220 ℃ | 220 ℃ ≤ $T_{预热}$ ≤ 250 ℃ |
| 铸钢件 | 手工焊 | 200 ℃ ≤ $T_{预热}$ ≤ 220 ℃ | 200 ℃ ≤ $T_{预热}$ ≤ 220 ℃ | 200 ℃ ≤ $T_{预热}$ ≤ 220 ℃ | 220 ℃ ≤ $T_{预热}$ ≤ 250 ℃ |

4）焊接施工工艺

焊接施工工艺如表 3-25 所示。

表 3-25 焊接施工工艺

| 序号 | 名称 | 焊接施工 |
|---|---|---|
| 1 | 底层 | 管对管对接接头在焊接根部时,应自焊口的最低处中线 10 mm 处起弧至管口的最高处中心线超过 10 mm 左右止,完成半个焊口的封底焊,另一半焊前应将前半部始焊与收尾处用角向磨光机修磨成缓坡状并确认无未熔合现象后,在前半部分焊缝上起弧始焊至前半部分结束处焊缝上终了整个管口的封底焊接。根部焊接需注意衬板与无缝钢管坡口部分的熔合,并确保焊肉介于 3~3.5 mm<br>要点:① 严禁在构件上进行电流、电压等调试,起、收弧必须在坡口内进行,焊条接正极(直流反接);② 燃弧时采用擦拉弧法,自坡壁前段燃弧后引向待焊处,确保短弧焊接;③ 运燃弧时采用往复式运焊手法,在两侧稍加停留,避免焊肉与坡口产生夹角,应达到平缓过渡要求 |
| 2 | 填充层 | 在进行填充焊接前应剔除首层焊后焊道上的凸起部分与粘连在坡壁上的飞溅粉尘,仔细检查坡口边沿有无未熔合及凹陷夹角,如果有上述现象则必须采用角向磨光机除去,不得伤及坡口边沿。焊接时注意每道焊道应保持在宽 8~10 mm、厚 3~4 mm 的范围内,运焊时采用小"8"字方式,仰焊焊接部位时采用小直径焊条,爬坡时电流逐渐增大,在平焊部位再次增大电流密度焊接,在坡口边注意停顿,以便于坡口间的充分熔合,每一填充层完成后都应做与根部焊接完成后相同的处理方法进行层间清理,焊缝的层间温度应始终控制在 120~150 ℃,要求焊接过程具有较强的连续性,施焊过程中出现修理缺陷、清洁焊道所需的停焊情况会造成层间温度下降,则必须用加热工具进行加热,直到温度达到规定值后才能再进行焊接。在接近盖面时应注意均匀留出 1.5~2 mm 的深度,便于盖面时能够清楚观察两侧熔合情况 |

| 序号 | 名称 | 焊接施工 |
|---|---|---|
| 3 | 面层 | 选用小直径焊条适中的电流、电压值并注意在坡口两边熔合时间稍长,当为水平固定口时不需采用多道面缝,当为垂直与倾斜固定口须采用多层多道焊,严格执行多道焊接的原则,焊缝严禁超宽(应控制在坡口以外 2~2.5 mm),余高保持0.5~3.0 mm<br>要点:① 在面层焊接时为防止焊道太厚而造成焊缝余高过大,应选用偏大的焊接电压进行焊接;② 为控制焊缝内金属的含碳量增加,在焊道清理时尽量减少使用碳弧气刨,以免刨后焊道表面附着的高碳晶粒无法清除致使焊缝含碳量增加出现裂纹;③ 为控制线能量,应严格执行多层多道的焊接原则,特别是面层焊接,应控制焊道宽度不得大于 8~10 mm,焊接参数应严格规定热输入值,其整个管口的焊接层次示意图如下: |

### 5. 焊接检验

焊缝的质量检验包括焊缝的外观检验和焊缝的无损探伤检验。焊缝探伤根据设计图纸及工艺文件要求而定,并按照国家标准《焊缝无损检测　超声检测　技术、检测等级和评定》(GB/T 11345—2013)进行检测,具体检验项应符合表 3-26、表 3-27 和表 3-28 的要求。

**表 3-26　焊缝外观质量要求**

| 焊缝质量检查项目 | 允许偏差/mm | | | 图例 |
|---|---|---|---|---|
| 等级 | 一级 | 二级 | 三级 | |
| 裂纹 | 不允许 | | | |
| 表面气孔 | 不允许 | | 每 50 mm 焊缝长度内允许存在直径<0.4$t$ 且≤3.0 mm 的气孔 2 个,孔距≥6 倍孔径 | 表面气孔 |
| 表面夹渣 | 不允许 | | 深 ≤ 0.2$t$, 长 ≤ 0.5$t$ 且 ≤ 20.0 mm | 表面夹渣 |
| 咬边 | 不允许 | 深度≤0.05$t$ 且≤0.5 mm;连续长度≤100 mm 且焊缝两侧咬边总长 ≤10%焊缝全长 | 深度≤0.1$t$ 且≤1.0 mm, 长度不限 | 咬边缺陷 |

| 焊缝质量 | | 允许偏差/mm | | 图例 |
|---|---|---|---|---|
| 接头不良 | 不允许 | 缺口深度≤0.05t 且≤0.5 mm | 缺口深度≤0.1t 且≤1.0 mm | |
| | | 每1000 mm 焊缝不超过1处 | | |
| 根部收缩 | 不允许 | ≤0.2 mm+0.02t 且≤1.0 mm | ≤0.2 mm+0.04t 且≤2.0 mm | |
| | | 长度不限 | | |
| 未焊满 | 不允许 | ≤0.2 mm+0.02t 且≤1.0 mm | ≤0.2 mm+0.04t 且≤2.0 mm | |
| | | 每100 mm 长度焊缝内未焊满累积长度≤25.0 mm | | |
| 电弧擦伤 | | 不允许 | 允许存在个别电弧擦伤 | |

表3-27　全熔透焊缝焊脚尺寸允许偏差

| 项目 | 允许偏差/mm | | 图例 |
|---|---|---|---|
| | 一、二级 | 三级 | |
| 对接焊缝余高 $C$ | $B<20.0$ 时，$C$ 为 0~3.0；$B≥20.0$ 时，$C$ 为 0~4.0 | $B<20.0$ 时，$C$ 为 0~3.5；$B≥20.0$ 时，$C$ 为 0~5.0 | |
| 对接焊缝错边 $d$ | $d<0.1t$ 且≤2.0 | $d<0.15t$ 且≤3.0 | |
| 结合的错位 | $t_1≥t_2≤2t_1/15$ 且≤3 mm | | |
| | $t_1<t_2≤2t_1/6$ 且≤4 mm | | |
| 一般全熔透的角接与对接组合焊缝 | $h_f≥(t/4)+4$ 且≤10.0 | | |
| 需经疲劳验算的全熔透角接与对接组合焊缝 | $h_f≥(t/2)+4$ 且≤10.0 | | |
| T形接头焊缝余高 | $t≤40$ mm $a=t/4$ mm | +5 0 | |
| | $t<40$ mm $a=10$ mm | +5 0 | |

注：焊脚尺寸 $h_f$ 由设计图纸或工艺文件规定。

表 3-28　角焊缝及部分熔透的角接与对接组合焊缝偏差

| 项目 | 允许偏差/mm | 图例 |
|---|---|---|
| 焊脚高度 $h_f$ 偏差 | $h_f \leqslant 6$ 时，$C$ 为 $0 \sim 1.5$ | |
| | $h_f > 6$ 时，$C$ 为 $0 \sim 3.0$ | |
| 角焊缝余高($C$) | $h_f \leqslant 6$ 时，$C$ 为 $0 \sim 1.5$ | |
| | $h_f > 6$ 时，$C$ 为 $0 \sim 3.0$ | |

注:焊脚尺寸 $h_f$ 由设计图纸或工艺文件规定。

① $h_f > 8.0$ mm 的角焊缝,其局部焊脚尺寸允许比设计要求值少 1.0 mm,但总长度不得超过焊缝长度的 10%。

② 焊接 H 型梁腹板与翼板的焊缝两端在其两倍翼板宽度范围内,焊缝的焊脚尺寸不得低于设计值。

对于 40 mm 厚板之间的焊接,最有可能出现的焊接缺陷应该是冷裂纹和根部裂纹,如果经渗透检验(PT)或超声波检验(UT)确定有裂纹存在,要在裂纹两端钻止裂孔,并由具有操作证的碳弧气刨工对缺陷进行清除,清除长度为裂纹长度两端各加 50 mm,然后将刨槽磨成四侧边斜面角大于 10°的坡口,必要时应用渗透探伤来确定裂纹是否彻底清除。焊补时预热的温度应比原来的预热温度高 15~25 ℃,返修部位应连续焊成,不得间断。另外,同一部位返修不宜超过两次;对于返修仍不合格的部位,要重新修订返修方案,并报工程技术人员审批且报监理工程师认可后方可执行。对于出现概率较小的气孔、夹渣等,参照以上方法返修;对于余高过大、尺寸不足、咬边、弧坑等缺陷,应进行打磨和焊补至达到合格焊缝的标准。

6. 焊工的技术和资格审查

在整个钢结构制作的过程中,焊接工作占据较高的工作量比例,而焊工作为焊接作业的主要实施者,其个人的业务技能和工作态度直接影响到整个工程的质量,为此,我们对所有即将焊接操作的焊工进行严格的培训和资格审查,只有考核成绩合格的焊工方能上岗,从而保证结构的焊接质量。

### 3.3.2　管桁架结构的现场安装

吊点的选择原则是选择使桁架构件弯矩最大值最小的位置。MIDAS、SAP2000、ETABS 或 3D3S 等软件都是现场最常用的结构吊装验算软件,主要是控制桁架在吊装工况下不致产生不可恢复的变形和应力比大于 1 的情况。

管桁架结构现场安装的主要顺序:轴线复测→钢立柱安装(若有)→钢柱间水平支撑安装(若有)→钢结构桁架的吊装→桁架支座相贯焊接→水平系杆的焊接→屋面檩条的安装→屋面系统安装。

桁架的现场安装施工:① 首先进行安装工况验算。桁架吊装时,吊点不得少于 4

个。根据最大吊装单元重量,查表后选用一台、两台或多台履带式起重机和汽车式起重机配合进行吊装施工。每台吊车绑扎点一般选取在距离吊装单元端部 1/4 长的位置;② 吊装前采用悬吊钢尺加水准仪将标高引测到下部结构上,以此来控制桁架与下部结构相贯各点的标高。吊装前应在两头用溜绳控制,钢桁架梁缓缓起吊后注意安装方向,以防碰撞下部结构,然后缓缓落下就位,待桁架梁弦杆与下部结构相贯节点达到设计标高后,先将桁架梁弦杆与下部结构点焊连接,待两端标高及整榀桁架垂直度等空间位置确定后,进行焊接固定,再安装连接桁架梁之间的支撑桁架杆件,所有构件安装焊接完成后对吊点进行卸载,并缓缓摘钩;③ 管桁架高空焊接主要采用手工电弧焊或 $CO_2$ 气体保护焊的焊接方法。焊接施工按照先主管后次管、先对接后角焊的顺序分层分区进行,保证每个区域都形成一个空间体系,以提高结构在施工过程中的整体稳定性,并且减少了安装过程中的误差。

施工焊接质量检测包括外观检测和超声波无损探伤检测。外观检测主要的检查内容:焊接方法、焊接电流、选用的焊条直径等。所有全熔透焊缝需进行超声波探伤检测并形成记录。钢结构管桁架施工完成后,焊缝按照等级按比例采用超声波进行检测,自检合格后报监理、业主验收。经检验,所查钢结构节点角焊缝和对接焊缝符合《钢结构工程施工质量验收标准》(GB 50205—2020)中一级、二级焊接要求,其余焊

行业规范

接外观质量及焊接尺寸、主要构件变形、主体构件尺寸、桁架起拱均符合设计及施工质量规范要求,即完成了管桁架的安装。

管桁架安装现场胎架的数量需根据现场场地情况、吊装要求、施工周期等而定,以管桁架拼装速度与安装速度相匹配、减少或避免窝工现象为基本原则。

各区域中应具备各自堆放散件的场地,工厂加工后的散件必须严格按照现场拼装所需进行配套发货和卸货,避免二次倒运。

1. 管桁架主结构安装

1) 管桁架吊装施工

(1) 吊装设备选用。吊装设备的选用要综合考虑工程特点、现场的实际情况、工期等因素,预设多种安装方案,并将各种方案的经济、技术指标进行比较,考虑吊装设备、与土建交叉配合要求及施工方便,管桁架吊装一般至少选择 1 台履带式起重机和一台汽车式起重机配合进

电子课件

行管桁架地面拼装、设备转运及吊装主桁架。吊装设备额定起重量要综合考虑施工现场的具体条件、吊装半径、管桁架自重和吊装位置具体选定。

(2) 埋设埋件。埋件的埋设要保证精度,首先测设好埋件位置的控制线及标高线,并采取加钢筋将埋件锚杆与钢筋混凝土主筋焊接牢固的固定措施,防止在浇灌、振捣混凝土时产生移动变形。

(3) 吊装验算。吊装验算一般是将管桁架 CAD 模型导入 MIDAS、SAP2000 或 3D3S 等软件进行验算,某管桁架吊装验算如图 3-67 所示。

对于复杂空间结构,如果杆件截面偏小,由于施工图中杆件截面的选择是依据管桁架空间结构整体分析及验算的结果,对于各种吊装工况并不一定都能满足要求,一

般需要进行施工阶段非线性分析,得出各种吊装工况下管桁架的应力及位移,若能满足要求,即可按照既定方案吊装施工,若不能满足要求或产生不可恢复的变形,就需要在吊装过程中对管桁架结构进行加固处理。某管桁架结构施工工序及施工阶段非线性分析结果如图 3-68 所示。

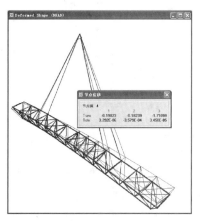
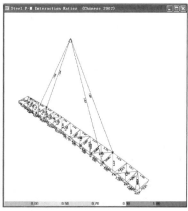

图 3-67　某管桁架吊装验算结果

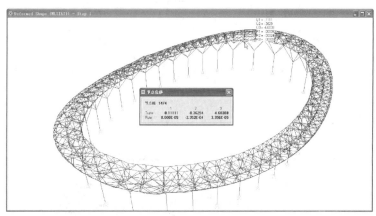

(a) 施工第一步

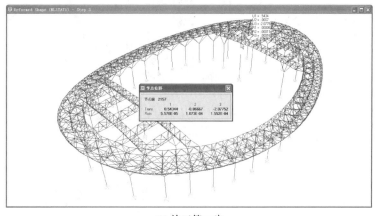

(b) 施工第二步

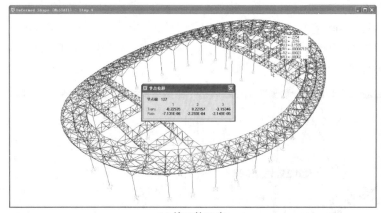

(c) 施工第三步

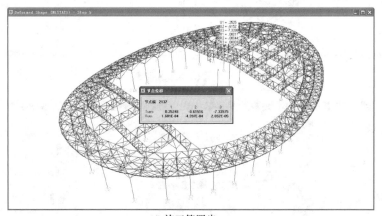

(d) 施工第四步

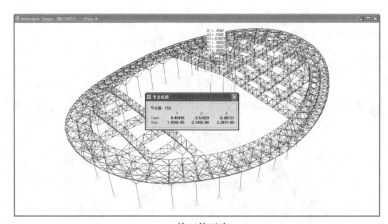

(e) 施工第五步

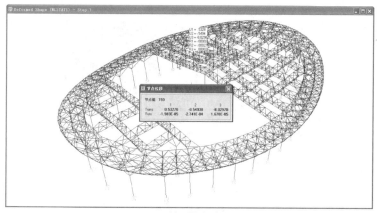

(f) 施工第六步

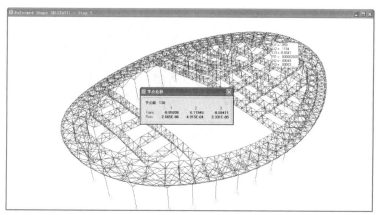

(g) 施工第七步

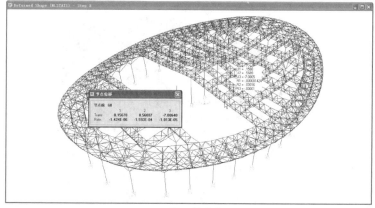

(h) 施工第八步

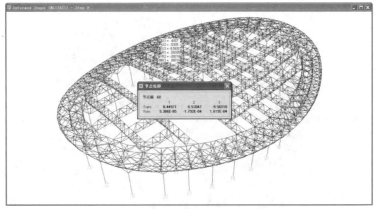

(i) 施工第九步

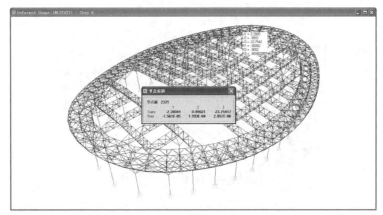

(j) 施工第十步

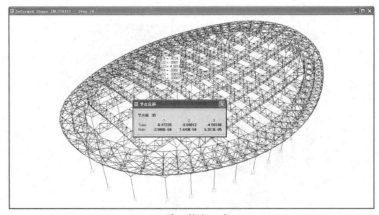

(k) 施工第十一步

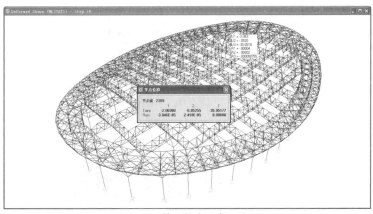

(l) 施工第十二步

**图 3-68　某管桁架结构施工工序及施工阶段非线性分析结果**

（4）支承架验算。由于管桁架结构往往体量较大，分段吊装时需要进行高空对接，此时需要设置支承架以支承管桁架自重和施工荷载，还需要对支承架进行结构验算，支承架可采用脚手架钢管搭设、使用角钢焊接塔架或塔吊标准节，如图 3-69 所示。

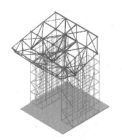

(a) 脚手架支承架

(b) 角钢焊接塔架支承架

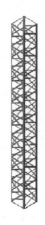

(c) 塔吊标准节支承架

**图 3-69 管桁架支承架**

（5）管桁架吊装。管桁架吊装一般采取履带吊和汽车吊配合吊装,履带吊吊装拼装好的管桁架单元,汽车吊吊装杆件进行管桁架单元的连接。某管桁架结构吊装如图3-70 所示。

吊装第一步:把环桁架单元在地面上拼装成整体,采用履带吊吊装到安装位置处,同时在桁架的下弦球位置设置临时支撑点,待环桁架定位稳后,采用汽车吊把环桁架的斜杆补上,并焊接牢固。

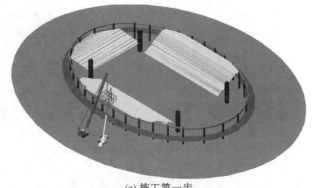

(a) 施工第一步

吊装第二步:用同样的安装办法吊装第二环桁架单元,注意环桁架支撑胎架不能拆除。

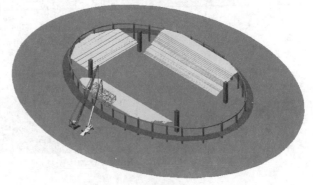

(b) 施工第二步

吊装第三步:用同样的安装办法吊装其余环桁架单元,1/4 椭圆封闭。

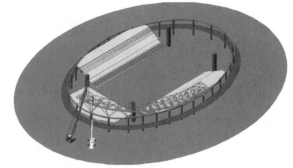

(c) 施工第三步

吊装第四步:用同样的安装办法吊装其余环桁架单元,半个椭圆的环桁架封闭。

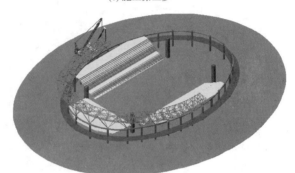

(d) 施工第四步

吊装第五步:用同样的安装办法吊装其余环桁架单元,3/4 椭圆的环桁架封闭。

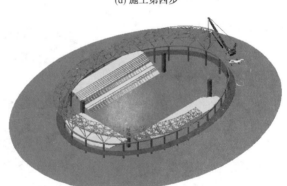

(e) 施工第五步

吊装第六步:用同样的安装办法吊装其余环桁架单元,整个椭圆的环桁架封闭。

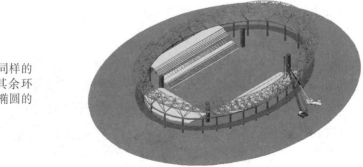

(f) 施工第六步

吊装第七步:整个椭圆的环桁架封闭后,开始由主席台位置吊装第一榀主桁架,采用履带吊在场外进行分段吊装,中间对接点采用塔吊标准节支撑。

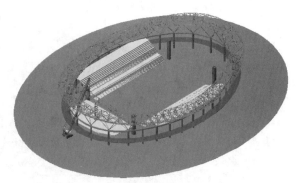

(g) 施工第七步

吊装第八步:当第一榀主桁架吊装完成后,开始吊装第二榀主桁架,由于此桁架在会议室上面,吊装半径较大,采用大吨位汽车式起重机吊装,且把桁架分成 4 段,分段进行吊装。同时用次桁架把第一榀主桁架和第二榀主桁架连接成整体。

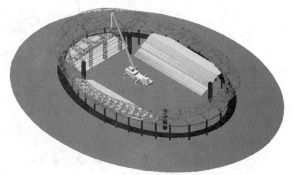

(h) 施工第八步

吊装第九步:用同样的吊装方法吊装主场地上面的两榀主桁架,同时用次桁架把主桁架连接成整体。

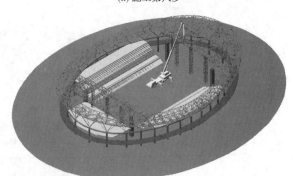

(i) 施工第九步

吊装第十步:待两边的主桁架全部吊装完成后,整个环桁架和主桁架连接成一个整体,开始吊装中间部位第五榀主桁架,这些中间桁架分成两段,先吊装第一段,用塔吊标准节进行支撑,同时用次桁架和已吊装的主桁架连接成整体。

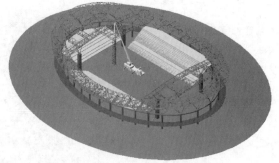

(j) 施工第十步

吊装第十一步:吊装第五榀主桁架的另一段,同样在地面上拼装成整体,采用空中对接方式,对接点同样用塔吊标准节进行支撑。

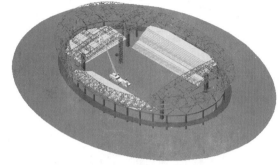

(k) 施工第十一步

吊装第十二步:用以上同样的吊装方法吊装剩余主桁架,并用次桁架连接成整体。

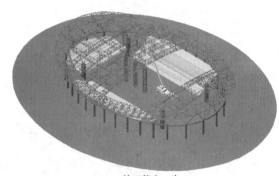

(l) 施工第十二步

吊装第十三步:整个吊装完成,汽车吊在 GHJ5 和 GHJ4 之间收臂,同时退出场内,然后对辅助安装的特点标准节支承架同时卸载,即完成管桁架主构件的安装。

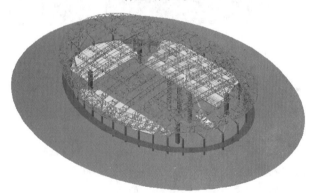

(m) 施工第十三步

图 3-70　某管桁架结构施工顺序

2)滑移法安装管桁架

(1)高空滑移法的分类。

① 按滑移方式可分为单榀滑移法和逐榀累积滑移法。单榀滑移法如图 3-71a 所示,即将管桁架按榀分别从一端滑移到另一端就位安装,各条之间分别在高空用次桁架和系杆再行连接,即逐榀滑移,逐榀连成整体。逐榀累积滑移法如图 3-71b 所示,即先将各榀管桁架单元滑移一段距离(这一段距离能连接上第二榀管桁架的宽度即可),连接好第二榀管桁架后,两榀管桁架一起再滑移一段距离(宽度同上),再连接第三榀,三榀又一起滑移一段距离,如此循环操作直到接上最后一榀管桁架为止。

电子课件

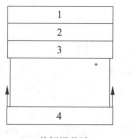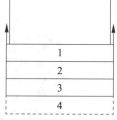

| (a) 单榀滑移法 | (b) 逐榀积累滑移法 |

**图 3-71　管桁架高空滑移法分类**

② 按摩擦方式可分为滚动式滑移和滑动式滑移两类,如图 3-72 所示。滚动式滑移即在管桁架上装上滚轮,管桁架滑移是通过滚轮与滑轨的滚动摩擦方式进行的;滑动式滑移即将管桁架支座直接搁置在滑轨上,通过支座底板与滑轨的滑动摩擦方式进行的。

(a) 滚动式滑移　　　　　　　　　　　　(b) 滑动式滑移

**图 3-72　管桁架按摩擦方式分类**

③ 按滑移坡度可分为水平滑移、下坡滑移、上坡滑移和旋转滑移四类。当建筑平面为矩形时,可采用水平滑移或下坡滑移(下坡滑移可省动力);当建筑平面为梯形时(图 3-73),为短边高、长边低、上弦节点支承式管桁架,可采用上坡滑移;当建筑平面为圆形或环形时,可采用旋转滑移。

④ 按滑移时外力的作用方向可分为牵引法和顶推法两类。牵引法即将钢丝绳绑扎于管桁架前方,用卷扬机或手扳葫芦拉动钢丝绳,牵引管桁架前进,作用点受拉力。顶推法即用千斤顶顶推管桁架后方,使管桁架前进,作用点受压力。

**图 3-73　建筑平面为梯形时的情况**

(2) 高空滑移法的特点。

① 管桁架安装是在土建完成框架、圈梁以后进行的,而且管桁架安装是架空作业,对建筑物内部施工没有影响,管桁架安装与下部土建施工可以平行立体作业,大大加快了施工进度。

② 高空滑移法对起重设备、牵引设备的要求不高,小型起重机或卷扬机即能满足要求,而且只需搭设局部拼装支撑架。如果建筑物端

滑移法视频

部有平台,可不搭设脚手架。

③ 采用单榀滑移法,摩擦阻力较小,如果再加上滚轮跨度小,则用人力撬棍即可撬动前进。当用逐榀积累滑移法,牵引力会逐渐加大,即使为滑动摩擦方式,也只需用小型卷扬机即可完成。例如,最终屋盖管桁架总重为 200 t,实测涂黄油后滑道摩擦系数为 0.1,故牵引力为 20 t,滑车引出 5 根钢丝绳,则卷扬机只需提供 20/4=5 t 牵引力即可,故采用 5 t 卷扬机进行牵引,设 4 组动滑轮组,卷扬机绕出 5 根绳,牵引力即为 25 t,满足要求。管桁架滑移时速度不能过快($\leqslant 1$ m/min),一般均需通过滑轮组变速。

(3) 高空滑移法的适用范围。

① 高空滑移法可用于矩形、多边形、梯形、圆形、环形等建筑平面。

② 支承情况可为周边简支,或点支承与周边支承相结合等情况。

③ 当建筑平面为矩形时,滑轨可设在两边圈梁上,实行两点牵引。

④ 当跨度较大时,可在中间增设滑轨,实行三点或四点牵引,这时管桁架不会因单榀受力导致挠度过大(需对单榀管桁架进行自重作用下的强度、挠度和整体稳定性的计算),但需保持各点牵引的同步。另外,也可采取加反梁的办法解决。

⑤ 高空滑移法适用于狭窄现场、山区等处的施工,也适用于跨越施工。例如车间屋盖的更换,轧钢厂、机械厂等厂房内的设备基础、设备与屋面结构的平行施工。

⑥ 第一榀管桁架高空滑移时由于无侧向支承,桁架中心铅垂面外侧稳定性差,需设置辅助侧向支承杆件和多道缆风绳。另由于第一榀管桁架自重轻,滑车组省力系数取得小(钢丝出股数少),导致滑移速度不易控制,现场施工时应求慢、求稳,统一指挥,防止因滑移速度过快引起管桁架振动使得结构承受动荷载作用和由稳定性差引起的严重工程事故。滑移安装管桁架结构工程施工实例如图 3-74 所示。

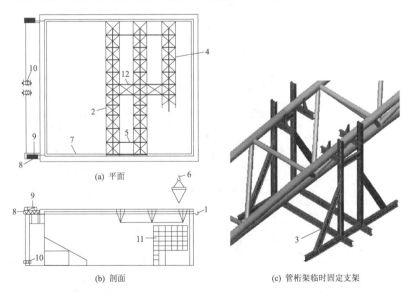

(a) 平面

(b) 剖面

(c) 管桁架临时固定支架

1—天沟梁;2—管桁架;3—拖车架;4—分段吊装单元;5—系杆;6—起重机吊钩;7—牵引绳;
8—反力架;9—牵引滑轮组;10—卷扬机;11—脚手架;12—次桁架

**图 3-74　滑移安装管桁架结构工程施工实例**

（4）管桁架滑移安装。管桁架滑移安装流程如图3-75所示。

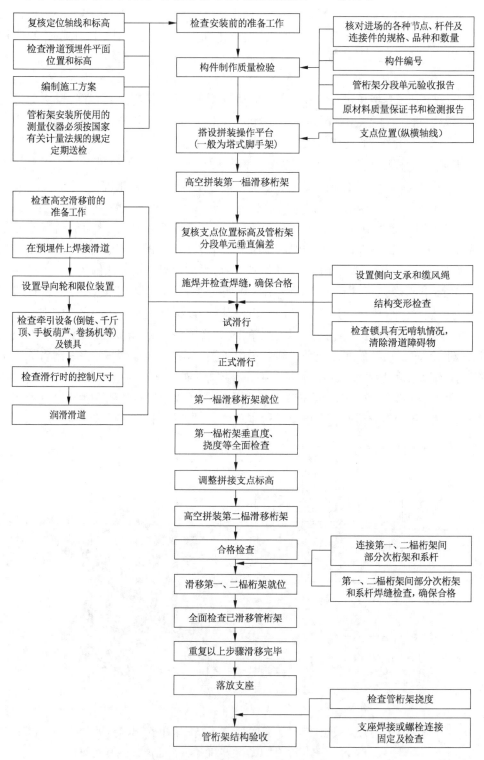

图 3-75　管桁架滑移安装流程

① 滑道设计。滑道在结构滑移中起承重导向和横向限制滑板水平位移的作用,设计时需明确滑道布置位置;由于钢结构自重大,水平滑移距离长,并存在一定的水平推力,需经计算确定滑道的截面,可采用焊接 H 型钢或箱形截面梁;滑道采用型钢,滑道下表面的标高与柱顶埋件上表面相平,滑道上涂润滑油(用滑动法滑移);滑道与柱顶埋件临时焊接固定,因滑道的跨度较大,且其承重量大,若不采取一定的措施,其截面需要很大才能满足要求。为了更经济且保证安全,宜在滑道钢梁两侧设支撑,支撑于下部结构。

② 滑道安装。由于滑道较长,现场施工时需对滑道进行拼接,拼焊采用剖口焊,焊接后需用磨光机将焊缝处打磨平整,滑道的节点一般可按图 3-76 所示进行设置。

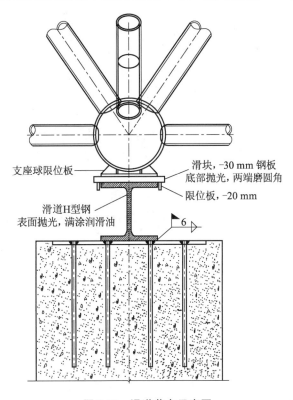

**图 3-76　滑道节点示意图**

③ 滑移的牵引力验算。

选取最大、最重的滑移单元,整体构件自重标准值为 $G_k$ ,则滑重为

$$G = \gamma G_k$$

式中:$G_k$ 为构件自重标准值;$\gamma$ 为动力系数,一般可取 1.5~2.0。

当为滑动摩擦时,滑块与滑道的滑动摩擦系数设计值为 0.12~0.15,而实际滑动摩擦系数需通过施工前试验确定。取最大摩擦系数为 $\mu$,则共需要牵引力为

$$F = \eta \mu G$$

式中:$\eta$ 为多个牵引力的不均匀系数,一般取 1.3~1.5。

当为滚动摩擦时,共需牵引力为

$$F = \mu_2 \frac{K}{r_1} \frac{r}{r_1} G_k$$

式中：$F$ 为总启动牵引力；$K$ 为滚动摩擦系数，钢制轮与钢之间，可取 0.5；$\mu_2$ 为摩擦系数，在滚轮与滚轮轴之间或经机械加工后充分润滑的钢与钢之间，可取 0.1；$r_1$ 为滚轮外圆半径，mm；$r$ 为轴的半径，mm。

$F = \eta \mu G$ 和 $F = \mu_2 \frac{K}{r_1} \frac{r}{r_1} G_k$ 计算的结果是指的总的启动牵引力。

如果选用两点牵引滑移，则将上述结果除以 2 得到每边卷扬机所需的牵引力。工程实测结果表明，两台卷扬机在滑移过程中牵引力是不等的，在正常滑移时，两台卷扬机牵引力之比约为 1：0.7，个别情况为 1：0.5。因此，建议适当放大所选用的卷扬机功率。

④ 牵引设备选择。可根据单个设备牵引力和动滑轮组数选择牵引用卷扬机或顶推用千斤顶。为了保证管桁架滑移时的平稳性，牵引速度不宜太快，根据经验，牵引速度控制在 1 m/min 左右为宜。因此，若采用卷扬机牵引，应通过滑轮组降速。

⑤ 同步控制。管桁架滑移时同步控制的精度是滑移技术的主要指标之一。当管桁架采用两点牵引滑移时，如果不设导向轮，要求滑移同步主要是为了不使管桁架滑出轨道；如果设置导向轮，牵引速度差（不同步值）应以不使导向轮顶住导轨为准。当三点牵引时，除应满足上述要求外，还要求不使管桁架增加太大的附加内力。允许的不同步值应通过验算确定，两点或两点以上牵引时必须设置同步监测设施。

当采用逐条积累滑移法并设导向轮两点牵引时，其允许的不同步值与导向轮间隙、管桁架积累长度有关。管桁架积累越长，允许的不同步值就越小，其几何关系如图3-77 所示。

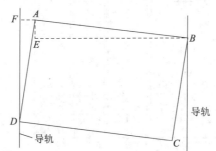

图 3-77  管桁架滑移时不同步值的几何关系

图中，设当 $B$、$D$ 两点正好碰上导轨时，$A$、$B$ 两牵引点为允许不同步的极限值，若点 $A$ 继续领先，则点 $B$、$D$ 越易压紧，即产生 $R_1$ 及 $R_2$ 的顶力，管桁架就产生施工应力，这在同步控制上是不允许的。故当 $B$、$D$ 两点正好碰上导轨时，$A$、$B$ 两牵引点允许的不同步值为 $AE$，用下式进行计算：

$$AE = \frac{AB \cdot AF}{AD}$$

式中：$AB$ 为管桁架跨度；$AF$ 为两倍导向轮间隙；$AD$ 为管桁架滑移单元长度。

上式中，$AB$ 和 $AF$ 已是定值，而 $AE$ 与 $AD$ 成反比，因此，对积累滑移法，$AE$ 值是个变数，随着管桁架的接长，$AE$ 值逐渐变小，同步要求就越来越高。

规定管桁架滑移两端不同步值不大于 50 mm,只是作为一般情况而言,各工程在滑移时应根据具体情况经验算后再自行确定具体值。两点牵引时不同步值应小于 50 mm,三点牵引时不同步值经验算后确定。

控制同步最简单的方法是在管桁架两侧的梁面上标出尺寸,在牵引的同时报滑移距离,但这种方法精度较差,特别是对三点以上牵引时不适用。自整角机同步指示装置是一种较可靠的测量装置,这种装置可以集中于指挥台随时观察牵引点的移动情况,读数精度为 1 mm。

⑥ 安全要求。管桁架结构采用高空滑移法施工,高空作业应制订专项安全方案,采取安全防护措施,尽量避免立体交叉作业。

⑦ 环境要求。做到工序完、脚下清;在安装过程中,尽量减小噪声。

⑧ 管桁架滑移。先吊装第一榀管桁架,第一榀管桁架要设置可靠的侧向支撑以防止侧翻,并设有较多的缆风绳以保证滑移过程中的稳定。

⑨ 管桁架落放就位。桁架整体滑移到安装位置,在每个支撑点设置千斤顶进行整体顶升后,撤出滑道,将支座放入安装位置,回落千斤顶使支座球降落到安装位置上,具体顶升和落放示意如图 3-78 所示。

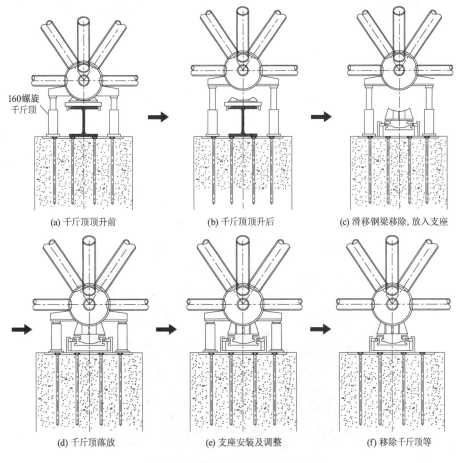

图 3-78　管桁架顶升和落放就位

### 2. 屋面安装

管桁架结构工程采用的屋面板一般为压型金属板或铝镁锰合金面板,压型钢板底板的双层屋面板系统是一种比较成熟的系统,它能有效地解决屋面板的热胀冷缩问题,并能增强屋面板的整体性和防水性能。该屋面系统最突出的特点是整体性好。为提高屋面的防水性能,一般要求屋面板的长度方向不得有搭接。

屋面安装工艺流程:屋面檩条放线定位→檩托、檩条安装→天沟安装→吊顶板安装→屋面底座安装→无纺吸音纤维纸安装→钢丝网及保温棉安装→屋面板及檐口泛水安装→其他零星工程安装→交工验收。

1)屋面放线定位

屋面放线定位是屋面系统施工的第一步,是非常重要的环节,它直接影响屋面系统的安装质量和外观效果。

具体操作步骤如下:

(1)明确屋面系统施工边界,按照设计图纸进行屋面边界尺寸定位,同时参照屋面收边节点,确定屋面板的实际铺设区域。确定屋面板布置区域后,进行屋面板布置放线。

(2)建立测量基准点,在桁架四周天沟位置两端建立控制节点,分别拉钢丝通线放出各控制线,在桁架上弦杆顶面分线、划出各檩托的实际安装尺寸,如图 3-79 所示。

2)屋面檩托、檩条的安装

(1)檩托安装。檩托安装前,首先在桁架上弦顶面分线划出檩托立杆的安装边线,复测、检查定位点无误后方可安装。由于檩托单个重量较轻,人工转运至作业面下方直接用麻绳吊运到安装地点即可安装。

檩托安装焊接:檩托定位后,采用点焊将檩托与桁架上弦杆焊接牢固,最后在焊接檩条时将檩托、檩条一并成型。檩托焊接的焊缝质量和外观要求:焊道均匀密实、焊缝光滑流畅、焊缝宽度适宜、无焊瘤、无咬边等;焊缝内部无夹渣、无裂纹、无气孔等。

**图 3-79　测量放线示意图**

（2）檩条安装。主檩条一般采用C型钢、Z型钢,主檩条垂直于桁架,其水平间距一般为1500 mm。屋面檩条是屋面板及面板与支座固定的支撑构件,通过檩托和屋面主钢结构檩条(主桁架上弦管)连接。屋面檩条的安装误差会严重影响屋面和吊顶板的安装,因此需要严格控制好屋面檩条的安装精度。在复核好的主钢结构檩托上放出屋面檩条的安装边线,再将檩条对线安装。檩托安装时,其横向沿檩条方向并且与地面垂直,纵向与主钢结构檩条方向的曲面法线垂直。檩托焊接要满足设计要求,成型美观,无夹渣、气孔、焊瘤、裂纹等缺陷,焊接完成后要及时进行焊缝清理和防腐处理。檩条安装时要特别注意标高位置,横向要在同一平面上且在同一直线上,纵向与主钢结构在同一曲面上并达到设计安装要求。

由于檩条的单根重量较大、长度较长,故檩条的垂直运输采用汽车吊运,高空水平运输采用滑移的方法。

檩条的安装是涉及屋面效果的关键工序,安装前必须仔细复查檩托高差,以保证檩条面始终垂直于桁架,相邻高差不大于10 mm。

3）天沟安装

天沟一般采用不锈钢天沟或3 mm壁厚的钢天沟,天沟按设计安装完成后需检查误差。验收后及时在各焊接点补涂防锈底漆及银粉漆。首先将不锈钢板按照设计尺寸加工,采用折方机将不锈钢板折成天沟设计尺寸。将分段的天沟运输至安装位置,进行焊接。钢天沟采用手工电弧焊焊接,不锈钢天沟需采用专门的氩弧焊接设备进行焊接,焊工需通过专门的培训并取得氩弧焊焊接资格方能从事焊接作业。

氩弧焊焊接要领:运条要稳、送风要匀、运条速度与送风大小要匹配。不锈钢焊接受热时很容易产生较大的变形。故要尽量减小其焊接变形。焊缝外观:焊波均匀、焊缝光滑流畅、焊缝宽度适宜、无焊瘤、无咬边。焊缝内部质量:无夹渣、无裂纹、无气孔。不锈钢天沟焊缝防水是工程屋面防水的关键,因此,应加强对焊缝质量的控制。焊接完成后需自行进行煤油抗渗试验,检验合格后方可盖屋面板。

4）吊顶系统安装

（1）吊顶放线定位。吊顶放线定位是吊顶层施工的第一步,是非常重要的环节,它直接影响到吊顶层的安装质量和外观效果。具体操作步骤如下:

① 明确吊顶施工边界,按照设计图纸进行边界尺寸定位,同时参照收边节点确定吊顶板的实际铺设区域。确定吊顶板布置区域后,进行吊顶板布置放线,要注意尽量避开孔洞。

② 在地面上建立测量基准点,同时在屋面主钢结构和檩条上确立吊顶板的标高线、起始线、分区控制线,并用仪器测出各控制节点之间的标高误差,找出吊件调节的重点位置并确定最大调节高度。

（2）吊顶板安装。管桁架结构建筑的吊顶板一般为铝质穿孔薄板,安装过程中必须轻拿轻放,以防变形。如果变形严重且无法校正,则板块必须做报废处理,不得安装。吊顶板为卡入式设计,安装前需撕除表面的保护膜。撕膜后需小心保护,以免刮花等损坏外观的现象发生,并且需保证撕膜后的板在当天必须安装完毕,做到有计划地施工。

（3）无纺吸音纤维纸安装。无纺吸音纤维纸安装应紧随吊顶板安装之后。安装时应避免整卷纸直接搁置在吊顶板上，以免压坏板材。无纺吸音纤维纸的搭接处应保证有不少于 50 mm 的搭接距离，且需用胶带等将两块无纺吸音纤维纸固定，铺设平整，满铺整个吊顶板。

5）钢丝网及保温棉安装

保温棉安放在钢丝网表面，为达到优良的保温效果，保温棉应完全覆盖屋面板底，两张棉之间不能有间隙，相邻两块棉的接口处要粘牢，若发现有搭接不良，需及时纠正。铺保温棉时，应注意收听天气预报，准备两张雨布做好充分的防雨准备，当天铺的保温棉必须在当天安装完面板。

保温层一般采用 100 mm 厚的玻璃纤维保温棉，保温棉的一面带有铝箔防潮层。安装时有铝箔的一面朝下，并且需保证铝箔的搭接长度达到 100 mm，且不能出现穿洞现象。保温棉的搭接位置需保证两块棉紧密靠紧，保温棉的铺设要与面板安装同时进行，施工完成后要做好防雨保护。

6）屋面板安装

为使整个屋面安装顺利进行，在安装之前应对屋面放几条与主钢结构相平行的控制线，在安装时依据控制线来确定安装屋面板的位置，具体操作如下：

（1）定尺。为了避免材料浪费，在底座安装完毕后要对面板的长度进行反复测量，面板伸入天沟的长度以略大于设计值为宜，便于剪裁整齐。

（2）就位。施工人员将板抬到安装位置，就位时先对板端控制线，然后将搭接边用力压入前一块板的搭接边。检查搭接边是否能够紧密接合，若发现问题必须及时处理。

（3）锁边。面板位置调整好后，安装端部面板下的泡沫塑料封条，然后进行手动锁边。要求锁边后的板肋连续、平直，不能出现扭曲和裂口。锁边的质量关键在于在锁边过程中是否用强力使搭接边紧密接合。当天就位的面板必须临时锁边固定，以确保风大时面板不会被吹坏或刮走。

（4）折边。折边的原则为水流入的天沟处折边向下，否则折边向上。折边时不可用力过猛，应均匀用力，折边的角度应保持一致。

（5）打胶。屋面板与天窗接口处需打胶密封。打胶前要清理接口处泛水上的灰尘、其他污物及水分，并在要打胶的区域两侧适当位置处贴上胶带，对于有夹角的部位，打完胶后用直径适合的圆头物体将胶刮一遍，使胶变得更均匀、密实和美观。最后将胶带撕去。

（6）收边泛水安装。底泛水安装，泛水分为两种，一种是压在屋面板下面的，称为底泛水；另一种是压在屋面板上面的，称为面泛水。天沟两侧的泛水为底泛水，必须在屋面板安装之前安装。底泛水的搭接长度、铆钉数量和位置应严格按设计施工。泛水搭接前应先用干布擦拭泛水搭接处，目的是为了除去水和灰尘，保证硅胶的可靠粘接。打出的硅胶要求均匀、连续、厚度合适。

（7）面泛水安装。用于屋面四周能直接看到的收边泛水均为面泛水，其施工方法与底泛水基本相同，但外观效果要求更高，在面泛水安装的同时要安装泡沫塑料封条。

要求封条不能歪斜,与屋面板和泛水接合紧密,这样才能防止风将雨水吹进板内。安装泛水时,预钻孔的钻头不能大于铆钉直径,且铆钉直径不能小于 5 mm,否则在热膨胀的作用下可能会拉脱铆钉。

（8）保护。已安装好的屋面板,要尽量减少施工人员在上面走动,安装泛水不可避免在上面走动时,需将脚踏在屋面板的肋上,而不能踩在面板的平板处,如图 3-80 所示。

图 3-80　屋面行走保护措施示意图

### 3.3.3　钢结构防火涂装

防火涂料涂装前,钢构件表面除锈及防锈底漆涂装应符合设计要求和国家现行有关规范规定,并经验收合格后方可进行防火涂料涂装。

电子课件

防火涂料按照涂层厚度可划分为 B 类和 H 类。B 类为薄涂型钢结构防火涂料,涂层厚度一般为 2~7 mm,有一定的装饰效果,高温时涂层膨胀增厚,具有耐火、隔热作用,耐火极限可达 0.5~2 h,又称为钢结构膨胀防火涂料;H 类为厚涂型钢结构防火涂料,涂层厚度一般为 8~50 mm,粒状表面,密度较小,热导率低,耐火极限可达 0.5~3 h,又称为钢结构防火隔热涂料。

1. 防火涂料施工方法

1）喷涂

喷枪宜选用重力式涂料喷枪,喷嘴口径宜为 2~5 mm（最好采用口径可调的喷枪）,空气气压宜控制在 0.4~0.6 MPa。喷嘴与被喷涂面距离应适中,一般两者应相距 25~30 cm,喷嘴与基面基本保持垂直,喷枪移动方向与基材表面平行,不能是弧形移动,否则喷出的涂层中间厚、两边薄。操作时应先移动喷枪再打开喷枪送气阀,喷涂完成后应先关闭喷枪送气阀门才能停止移动喷枪,以免每一排涂层首尾过厚,影响涂层的美观。

喷涂构件阳角时,可先由端部自上而下或自左而右垂直基面喷涂,然后再水平喷涂;喷涂阴角时,不要对着构件角落直喷,应当先分别从角的两边由上而下垂直先喷一下,然后再水平方向喷涂。垂直喷涂时,喷嘴离角的顶部要远一些,以便产生的喷雾刚好在角的顶部交融,不会产生流坠;喷涂梁底时,为了防止涂料飘落在身上,应尽量向后站立,喷枪的倾斜角度不宜过大,以免影响出料。喷嘴在使用过程中若有堵塞,需用小竹签疏通,以免出料不均匀,影响喷涂效果,喷枪用毕即用水或稀释剂清洗。

2）刷涂

刷涂宜选用宽度为 75~150 mm 的猪鬃毛刷,这种毛刷的刷毛均匀且不易脱落。为防止涂刷中途掉毛,可先将其蘸上涂料,使涂料浸入毛刷根部将毛根固定,毛刷用毕应及时用水或溶剂清洗。

刷涂时,先将毛刷用水或稀释剂浸湿甩干,然后再蘸料刷涂,刷毛蘸入涂料不要太深,蘸料后在匀料板上或胶桶边刮去多余的涂料,然后在钢基材表面依顺序刷开,布料刷子与被涂刷基面的角度为 $50° \sim 70°$,涂刷时动作要迅速,每个涂刷片段不要过宽,以保证相互衔接时边缘尚未干燥,不会显出接头的痕迹。

刷涂施工时,必须分遍成活,并且单遍防火涂料刷涂不宜过厚,以免涂料过厚造成流坠或堆积。涂料干燥后,若有必要可用灰刀对局部的乳突进行铲平,然后再刷涂第二遍涂料,以保证涂层的平整度。

2. 施工工艺

1)防火涂料施工前的基层处理

防火涂料施工前必须对需做防火涂料的钢构件表面进行清理。用铲刀、钢丝刷等工具清除构件表面的浮浆、泥沙、灰尘和其他黏附物。钢构件表面不得有水渍、油污,否则必须用干净的毛巾擦拭干净。钢构件表面的返锈必须清除干净,清除方法依锈蚀程度而定,再按防锈漆的刷涂工艺进行防锈漆刷涂。对相邻钢构件接缝处或钢构件表面的孔隙,必须先修补和填平。基层表面处理完毕并通过相关单位检查合格后,方可进行防火涂料的施工。

2)施工准备及要求

清除构件表面的油污、灰尘,保持钢材基面的洁净、干燥以及涂层表面平整、无流淌、无裂痕等现象,方可均匀喷涂。前一遍基本干燥或固化后,才能喷涂下一遍。涂料应当日搅拌当日使用。薄型防火涂料要采用压送式喷涂机喷涂,空气压力为 $0.4 \sim 0.6$ MPa,喷枪口直径一般选用 $6 \sim 10$ mm,每遍喷涂厚度为 $5 \sim 10$ mm。

3. 防火涂料施工注意事项

(1)防火涂料施工必须分遍成活,每一遍施工必须在上一遍施工的防火涂料干燥后方可进行。

(2)防火涂料施工的重涂时间间隔应视现场施工环境的通风状况及天气情况而定,若施工现场通风情况良好且天气晴朗,重涂时间间隔为 $4 \sim 8$ h。

(3)当风速大于 $5$ m/s、相对湿度大于 $90\%$、雨天或钢构件表面有结露时,若无其他特殊处理措施,不宜进行防火涂料的施工。

(4)室内防火涂料施工前,若钢结构表面有潮湿、水渍,必须用毛巾擦拭干净后方可进行防火涂料的施工。

(5)防火涂料施工时,对可能污染到的施工现场成品用彩条布或塑料薄膜进行遮挡保护。

4. 施工工艺流程

防火涂料施工工艺流程如图 3-81 所示。

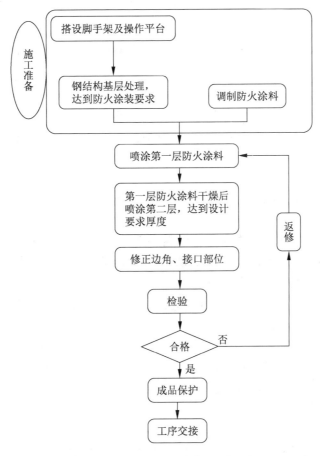

**图 3-81　防火涂料涂装施工工艺流程**

5. 防火涂料的修复

防火涂料的修复方法见表 3-29。

**表 3-29　防火涂料的修复方法**

| 名称 | 防火涂料的修补 |
|------|----------------|
| 修补方法 | 喷涂、刷涂等方法 |
| 表面处理 | 必须对破损的涂层进行处理,铲除松散的防火涂层并清理干净 |
| 修补工艺 | 按照施工工艺要求进行修补 |

## 3.4　管桁架结构的验收

钢桁架的验收检验分为材料检验、工序检验及出厂检验。

### 3.4.1 检验规则

管桁架在验收之前必须由施工单位首先进行自检,自检是发现问题和减少损失的有效途径。

**1. 检验规定**

(1)管桁架在制作过程中要对各工序进行自检、互检,并由质量检验部门抽检。

(2)管桁架制作完工后,要由企业质量检验部门检验,质量合格,则出具质量合格证。

**2. 批量划分**

以一个工程同类产品的一个型号作为一批。

**3. 检验数量**

工序检验:① 下料用的样板、样杆要逐件检查,要求100%合格;② 下料零件至少检查同一型号的首件和末件,检验部门随机抽检,数量不少于5%;③ 组装及焊缝的外观(包括尺寸)质量检查应逐件进行。

出厂检验:① 钢桁架交付使用前应进行试拼装,试拼数量不少于3节;② 钢桁架出厂前要全部进行检验。

**4. 检验方法**

(1)结构钢材。钢材的品种、型号、规格及质量必须符合设计文件的要求,并应符合现行相应标准的规定,钢材的试验项目、取样数量及试验方法如表3-30所示。

电子课件

表3-30　钢材的试验方法

| 检验项目 | 取样数量(每批钢材) | 取样方法 | 试验方法 |
|---|---|---|---|
| 化学分析 | 3 | GB222 | GB223 |
| 拉伸 | 1 | GB2975 | GB228 |
| 冷弯 | 1 | | GB232 |
| 常温冲击 | 3 | | GB2106 |
| 低温冲击 | 3 | | GB4159 |

检验方法:检查钢材的出厂合格证和试验报告;钢材规格可用钢尺、卡尺测量,对于钢材表面的缺陷和分层可用肉眼观察、用尺量,必要时可做渗透试验或超声波探伤检查。

(2)连接材料。焊条、焊剂、焊丝和施焊用的保护气体等应符合设计文件的要求,并应符合相关标准的规定。

高强度螺栓和普通螺栓的材质、型式、规格等应符合设计文件的要求,并应符合相关标准的规定。

检验方法:检查焊条、焊丝、焊剂、高强度螺栓、普通螺栓等的出厂合格证,并检查焊条、焊剂等的烘焙记录及包装。

（3）防腐材料。结构件所采用的底漆及面漆应符合设计文件的要求,并应符合有关规定。

检验方法:检查油漆牌号及出厂质量合格证明书。

### 3.4.2　工序检验

1. 下料及矫正

钢材下料及矫正应符合规范的要求。

检验方法:观察并用尺量,对钢材断口处的裂纹及分层必要时可用磁粉渗透试验及超声波探伤检查,并应检查操作记录。

2. 组装

管桁架的组装应符合规范的规定。

检验方法:① 检查定位焊点工人的焊接操作合格证;② 检查定位焊点所用的焊条是否与正式焊接所用的焊条相同;③ 检查组装时的极限偏差,需用钢尺、卡尺测量,用塞尺检查。

3. 焊接

对焊缝的质量要求应符合规范的规定。

检验方法:① 检查焊工及无损检验人员的考试合格证,并需检查焊工的相应施焊条件的技术合格证明及考试日期。② 对一、二级焊缝除外观检查外尚需做探伤检验。一级焊缝的探伤比例为 100%,二级焊缝的探伤比例不少于 20%,探伤比例的计数方法应按以下原则确定:对工厂制作焊缝,应按每条焊缝计算百分比,且探伤长度应不小于 200 mm,当焊缝长度不足 200 mm 时,应对整条焊缝进行探伤;对现场安装焊缝,应按同一类型、同一施焊条件的焊缝条数计算百分比,探伤长度应不少于 200 mm,并应不少于 1 条焊缝。③ 应用肉眼观察焊缝外观质量,用量规检查焊缝的高度,用钢尺检查焊缝的长度,对圆形缺陷和裂纹,可用磁粉复验。

4. 除锈及涂漆

管桁架除锈及涂漆的质量要求应遵照规范的规定。

检验方法:① 除锈是否彻底可用肉眼观察;② 检查油漆牌号是否符合设计要求及是否具有出厂合格证明书;③ 观察漆膜外观是否光滑、均匀,并用测厚仪检查漆膜厚度。

5. 出厂检验

管桁架制作完工后,应按规范的要求检查钢桁架成品的外形和几何尺寸,其检验方法按表 3-31 的规定进行。

表 3-31　钢桁架制作尺寸的检验方法

| 项次 | 项目 | 检验方法 |
|---|---|---|
| 1 | 钢桁架跨度最外端两个孔的距离或两端支承面最外侧距离 $l$ | 用装有 5 kg 拉力弹簧秤的钢尺量 |
| 2 | 钢桁架按设计要求起拱<br>钢桁架按设计不要求起拱 | 用钢丝拉平再用钢尺盘 |
| 3 | 固定檩条或其他构件的孔中心距离 $l_1$、$l_2$ | 用钢尺量 |
| 4 | 在支点处固定桁架上、下弦杆的安装孔距离 $l_3$ | |
| 5 | 刨平顶紧的支承面到第一个安装孔的距离 $a$ | |
| 6 | 桁架弦杆在相邻节间的不平直度 | 用拉线和钢尺检查 |
| 7 | 镶条间距 $l_5$ | 用钢尺量 |
| 8 | 杆件轴线在节点处的错位 | |
| 9 | 桁架支座端部上、下弦连接板的平面度 | 用吊线和钢尺量 |
| 10 | 节点中心位移 | 按放样划线用钢尺检查 |

6. 验收

1）应提供的资料

（1）质量合格证明书。钢桁架必须通过制造厂的质量检验部门检验合格后方许出厂。对于合格产品,制造厂应出具钢桁架的质量合格证明书,并提供下列文件备查:

① 钢桁架施工图及更改设计的文件,并在施工图中注明修改部位。

② 制作中对问题处理的协议文件。

③ 结构用钢材、连接材料（焊接材料及紧固件）、油漆等的出厂合格证明书,钢材的复（试）验报告。

④ 焊缝外观质量检验报告及无损检验报告。

⑤ 高强度螺栓连接用摩擦面的抗滑移系数实测试验报告。

⑥ 高强度螺栓工厂连接的质量检验报告。

（2）成品质量检验报告。

（3）发货清单。

2）甲方验收

厂内检验合格后,按照施工图要求及国家标准进行验收。

3）复验

（1）验收中若有任何一项指标不合格必须加倍复验,如果复验仍不合格,应对所有桁架进行逐件复验。

（2）钢桁架出厂检验中如有项目未达到质量指标,允许进行修整。

### 3.4.3　组装与施工安装验收

1. 管桁架组装验收

组装桁架结构杆件时,轴线交点错位的允许偏差不得大于 3.0 mm,允许偏差不得大于 4.0 mm。

检查数量:按构件数抽查 10%,且不应少于 3 个;每个抽查构件按节点数抽查10%,且不应少于 3 个节点。

检验方法:尺量检查。

2. 管桁架安装验收

1)一般规定

(1)管桁架结构安装工程可按变形缝或空间刚度单元等划分成一个或若干个检验批。

(2)安装检验批验收应在进场验收、焊接连接、紧固件连接、制作等分项工程验收合格的基础上进行。

(3)负温度下进行管桁架结构安装施工及焊接工艺等,应在安装前进行工艺试验或评定,并应在此基础上制定相应的施工工艺或方案。

(4)管桁架结构安装偏差的检测,应在结构形成空间刚度单元并连接固定后进行。

(5)管桁架结构在安装时,必须控制屋面、楼面、平台等的施工荷载,施工荷载和冰雪荷载等严禁超过梁、桁架、楼面板、屋面板、平台铺板等的承载能力。

2)主控项目

(1)管桁架及受压杆件的垂直度和侧向弯曲矢高的允许偏差应符合表 3-32 的规定。

检查数量:按同类构件数抽查 10%,且不应少于 3 个。

检验方法:用吊线、拉线、经纬仪和钢尺现场实测。

表 3-32　管桁架及受压杆件的垂直度和侧向弯曲矢高的允许偏差

| 项目 | 允许偏差/mm | 图例 |
|---|---|---|
| 跨中的垂直度 | $h/250$,且不应大于 15.0 | |

续表

| 项目 | 允许偏差/mm | | 图例 |
|---|---|---|---|
| 侧向弯曲<br>矢高 $f$ | $l \leqslant 30$ m | $l/1000$，且不应大于 10.0 | 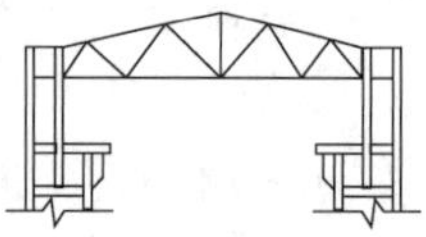 |
| | 30 m$<l \leqslant$60 m | $l/1000$，且不应大于 30.0 | 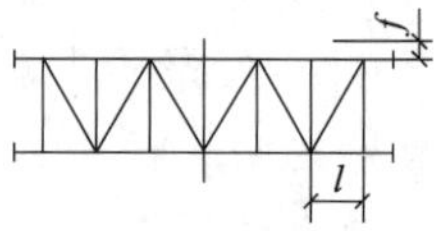 |
| | $l>$60 m | $l/1000$，且不应大于 50.0 | 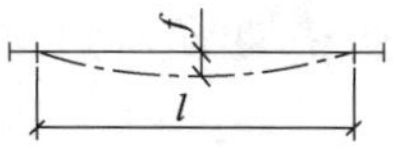 |

（2）当钢桁架安装在混凝土柱上时，其支座中心对定位轴线的偏差不应大于 10 mm；当采用大型混凝土屋面板时，钢桁架间距的偏差不应大于 10 mm。

检查数量：按同类构件数抽查 10%，且不应少于 3 榀。

检验方法：用拉线和钢尺现场实测。

（3）现场焊缝组对间隙的允许偏差应符合表 3-33 的规定。

检查数量：按同类节点数抽查 10%，且不应少于 3 个。

检验方法：尺量检查。

表 3-33　现场焊缝组对间隙的允许偏差

| 项目 | 允许偏差/mm |
|---|---|
| 无垫板间隙 | +3.0<br>-0.0 |
| 有垫板间隙 | +3.0<br>-2.0 |

（4）钢结构表面应干净，结构主要表面不应有疤痕、泥沙等污垢。

检查数量：按同类构件数抽查 10%，且不应少于 3 件。

检验方法：观察检查。

任务单

## 3.5　工作任务单

### 3.5.1　管桁架结构图纸识读

| 工作任务名称:管桁架结构图纸识读 | | | | | |
|---|---|---|---|---|---|
| 授课班级 | | 上课时间 | 周　月　日第　节 | 上课地点 | 校内识图实训室 |
| | | | 周　月　日第　节 | | |
| 教学目的 | 　　通过训练使学生熟悉管桁架结构施工图的组成和识读方法,能充分把握管桁架结构施工图纸的会审要点与组织图纸会审、协调设计、制作和安装之间的关系,达到能为下一步加工制作和施工安装做好准备的目的。 | | | | |
| 教学目标 | 能力(技能)目标 | | | 知识目标 | |
| | 　　(1)能够审查图纸是否缺图(如是否缺少节点详图)和是否正确;<br>　　(2)结构设计说明中是否有缺项和未说明的问题(如防火措施和等级要求等);<br>　　(3)节点构造是否存在冲突和便于施工;<br>　　(4)能够根据图纸进行材料需求量计算(选取一榀管桁架进行材料算量)。 | | | 　　掌握管桁架施工图的组成和识读方法,熟悉管桁架的结构组成和节点形式,能进行构件的材料需求量计算和组织图纸会审。 | |
| 重难点及训练任务 | 　　重点:钢结构构件材料需求量计算。<br>　　难点:施工图纸的正确性和节点冲突检查。<br>　　解决办法:(1)多媒体演示管桁架结构施工图的识读过程。<br>　　　　　　　(2)在识图实训室全过程模拟练习。<br>　　训练任务:<br>　　(1)结合所给工程图纸,要求学生发现问题并能够进行正确处理,按图纸要求计算选定构件的材料总量,培养识读钢结构图纸和组织图纸会审的能力。<br>　　(2)对选定构件进行材料需求量计算。<br>　　(3)组织模拟图纸会审并填写图纸会审记录表。 | | | | |
| 参考资料 | 　　(1)李顺秋.钢结构制造与安装[M].北京:中国建筑工业出版社,2005.<br>　　(2)中华人民共和国住房和城乡建设部.钢结构工程施工质量验收标准(GB 50205—2020)[S].北京:中国计划出版社,2020.<br>　　(3)中华人民共和国住房和城乡建设部.钢结构焊接规范(GB 50661—2011)[S].北京:中国建筑工业出版社,2011.<br>　　(4)张惠华,等.快速识读钢结构施工图[M].福州:福建科学技术出版社,2004. | | | | |

行业规范

**课前准备:**

将全班同学每6人分成一组(第1组识读某主席台设计图;第2组识读某主席台深化图;第3组识读某游泳馆设计图;第4组识读某游泳馆深化图;课外识读某体育场深化图。具体见附图1~附图5),并给每组准备施工图纸、图纸会审记录表等工具。所需轻钢门式刚架的施工图可提前1周下发学生,要求学生提前进行自选构件材料算量(利用给定的工程量计算电子稿模板)。

附图1　　　　附图2　　　　附图3　　　　附图4　　　　附图5

**步骤1:**引入课程。

引导:前面的几节课已经学过了管桁架结构施工图的组成、管桁架结构组成、节点形式和识读方法,现在每组同学根据各组分配的图纸进行讨论和图纸会审,思考各组图纸的完整性和正确性。自选构件材料算量进行对比,是否存在问题?

(大家思考,个别回答)

教师多媒体演示管桁架结构施工图的识读过程,观后要求大家总结施工图识图要点和识图方法。

**步骤2:**图纸审核与算量。

每组同学分别审核所分配的图纸,审核内容包括图纸设计文件的完整性、构件尺寸标注的齐全度、节点清晰度、构件连接形式合理度、加工符号与焊接符号齐全度、图纸规范度等内容。将审查图纸过程中发现的问题向实训指导教师提出,并提出修改建议,再由实训指导教师视学生问题的反馈情况指导学生完成图纸审核过程。

按审核后的图纸内容进行算量。先请同学按图纸计算所需材料用量,并思考按照图纸计算所得是否即为实际备料量? 实际工程备料时应在计算备料的基础上如何增减以满足要求? 然后实训指导教师通过实例分析让学生重新算量。

**步骤3:**成果检验。

各小组首先进行成员自检,给出自我评价并做相应的记录,然后以小组为单位进行互评。

**步骤4:**学生讨论。

教师提问:管桁架结构的组成有哪些? 管桁架结构施工图的识读要点有哪些? 哪些施工图内容是你们认为可能出现错误的?

**步骤5:**图纸会审。

按图纸会审程序,令不同学生分别担任设计、业主、监理、施工单位和专业技术人员等角色进行图纸会审,依据设计文件及相关资料和规范,把施工图中错漏、不合理、不符合规范和国家建设文件规定之处解决在施工前。

针对图纸问题协调业主、设计和施工单位,以确定具体的处理措施或设计优化。

督促施工单位整理会审和设计交底,最后各方签字盖章确认后分发各单位。

(1) 开工前一个月,配合建设单位向施工单位提供施工图纸 4 份和有关资料。

(2) 收图后督促检查施工单位,认真组织各专业技术人员审查图纸和有关资料。

(3) 开工前 15 天协助建设单位主持设计交底和图纸会审工作。

(4) 会审出现的问题,在会审后 2 天内建议施工单位会同设计单位签发设计变更通知单。

设计图纸会审、变更及洽商记录应符合下列规定:

(1) 设计图纸会审记录需经过建设、监理、设计、施工单位及质监站参与会审人员签字及盖章后方才有效。

(2) 设计单位的设计变更通知须经过设计人员签名、盖出图章及建设、监理单位签名且盖章后,方可执行。

(3) 由施工单位提出变更的洽商,应先报监理,监理单位经监理工程师签署意见后,送交设计单位,设计单位审核同意后再送给建设单位,建设单位签署意见后转发给监理及施工单位实施。

(4) 洽商记录应有建设单位、监理单位、设计单位及施工单位负责人共同签字并盖章后方才有效。

(5) 凡设计变更洽商记录,应先办理手续后施工,不得后补及随意涂改。

(6) 图纸会审的主要内容:

① 设计是否符合国家有关的技术政策、标准和规范,是否经济合理。

② 设计是否符合施工技术装备条件。如需要采取特殊技术措施,技术上有无困难,能否保证安全施工和工程质量。

③ 有无特殊材料(包括新材料)要求,其品种、规格、数量是否满足需要。

④ 建筑结构与设备安装之间有无重大矛盾。

⑤ 图纸及其说明是否齐全、清楚、明确,图纸尺寸、坐标、标高及管线、道路交叉连接点是否相符等。

**步骤 6:**教师归纳总结。

(1) 管桁架结构的组成;

(2) 图纸审核的必要性和审核内容;

(3) 管桁架结构施工图识读要点;

(4) 施工图经常出现错误的内容(如节点杆件角度等);

(5) 图纸会审内容。

**步骤 7:**评价总结、布置作业。

教师讲解完毕后总结这次实训中的错误和失误点。同学们算量和图纸会审演练完毕,并陆续把对自己和对对方小组的作品评价打分情况给老师,老师把最终分数打好,对自始至终做得比较好的同学提出口头表扬。最后,根据课程安排布置思考题和书面作业。

### 3.5.2 管材焊接工艺评定

| 工作任务名称:管材焊接工艺评定 | | | | | |
|---|---|---|---|---|---|
| 授课班级 | | 上课时间 | 周 月 日第 节 | 上课地点 | 校内钢结构工程实训室 |
| | | | 周 月 日第 节 | | |

| 教学目的 | 通过训练使学生熟悉焊接工艺评定程序、管材焊接工艺评定任务书、管材焊接工艺评定指导书等的拟定及试件制作、送检和检验方法,达到能组织管材焊接工艺评定和应用焊接工艺评定规则的目的。 |
|---|---|

| 教学目标 | 能力(技能)目标 | 知识目标 |
|---|---|---|
| | (1) 能熟练掌握焊接工艺评定程序;<br>(2) 能进行管材焊接工艺特点分析;<br>(3) 能编制管材焊接工艺的评定任务书和评定指导书;<br>(4) 能进行试件制作、送检和检验;<br>(5) 能组织管材焊接工艺评定;<br>(6) 能应用焊接工艺评定规则。 | 掌握焊接工艺的评定程序、管材焊接工艺评定任务书、管材焊接工艺评定指导书等的拟定及试件制作、送检和检验方法,能组织管材焊接工艺评定。 |

| 重难点及训练任务 | 重点:管材焊接工艺评定任务书、评定指导书等的拟定。<br>难点:试件制作、送检和检验。<br>解决办法:(1) 多媒体演示管材焊接工艺评定的案例过程。<br>         (2) 在钢结构工程实训室全过程模拟管材焊接工艺评定。<br>训练任务:<br>(1) 结合所给工程特点,要求学生熟练掌握管材焊接工艺评定任务书和评定指导书的拟定方法。<br>(2) 熟悉焊接工艺评定规则,培养焊接工艺评定规则的应用能力。<br>(3) 编制管材焊接工艺评定任务书。<br>(4) 编制管材焊接工艺评定指导书。<br>(5) 组织管材焊接工艺评定。 |
|---|---|

| 参考资料 | (1) 李顺秋.钢结构制造与安装[M].北京:中国建筑工业出版社,2005.<br>(2) 中华人民共和国住房和城乡建设部.钢结构工程施工质量验收标准(GB 50205—2020)[S].北京:中国计划出版社,2020.<br>(3) 中华人民共和国住房和城乡建设部.钢结构焊接规范(GB 50661—2011)[S].北京:中国建筑工业出版社,2011.<br>(4) 张惠华,等.快速识读钢结构施工图[M].福州:福建科学技术出版社,2004. |
|---|---|

**课前准备：**

将全班同学每 6 人分成一组，并给每组准备计算机、办公软件、已制作好的工艺评定试件、$CO_2$ 气体保护焊焊机、砂轮机等工具。学生任务单及教师准备的知识提前 1 周下发学生，要求学生提前进行管材焊接工艺评定任务书、管材焊接工艺评定指导书的编制。

行业规范

**步骤 1：**引入课程。

引导：前面的几节课已经学过了管材对接焊接的基本知识、焊接方法、焊接工艺评定程序和焊接工艺评定规则，现在每组同学根据工作任务单进行讨论并确定最终的管材焊接工艺评定任务书、评定指导书，思考各组原始的管材焊接工艺评定任务书、评定指导书存在什么问题？

（大家思考，个别回答）

教师多媒体演示管材焊接工艺评定案例过程，观后要求大家总结管材焊接工艺评定的步骤、内容、实施及评定方法。

**步骤 2：**确定各组最终的管材焊接工艺评定任务书、评定指导书。

每组同学对原任务书和方案进行优、缺点分析，商定各组最终的管材焊接工艺评定任务书、评定指导书。将发现的问题向实训指导教师提出，并提出修改建议，再由实训教师视学生问题的反馈情况指导学生完成任务书、指导书的编制。

按最终的管材焊接工艺评定任务书、评定指导书考虑实施方法。请同学思考，管材焊接工艺评定的实施需要哪些设备？需要进行哪些工作？

**步骤 3：**由各组组长对组员布置管材焊接工艺评定任务。

**步骤 4：**管材焊接工艺评定试件制备。

**步骤 5：**管材焊接工艺评定试件检验。

各组在实训指导教师的指导下进行焊缝外观检查、超声波探伤等试验，轮流进行，并填写管材焊接工艺评定记录表、管材焊接工艺检验结果表和评定报告。

**步骤 6：**教师归纳总结。

（1）管材焊接工艺评定的目的、方法和内容；

（2）管材焊接工艺评定试件制备；

（3）管材焊接工艺评定试件检验及结果评定。

**步骤 7：**评价总结、布置作业。

教师讲解完毕后总结这次实训中的错误和失误点。同学们管材焊接工艺评定实训演练完毕，并陆续把对自己和对对方小组的作品评价打分情况给老师，老师把最终分数打好，对自始至终做得比较好的同学提出口头表扬。最后，根据课程安排布置思考题和书面作业。

### 3.5.3 管桁架结构施工方案设计

| 工作任务名称:管桁架结构施工方案设计 | | | | | |
|---|---|---|---|---|---|
| 授课班级 | | 上课时间 | 周　月　日　第　　节 | 上课地点 | 校内钢结构工程实训室 |
| | | | 周　月　日　第　　节 | | 校内吊装实训场 |
| 教学目的 | 　　通过训练使学生熟悉管桁架结构的安装方法、吊机选择、吊点选择、吊装验算及吊装专项方案的设计编制方法,能充分把握管桁架常用的安装方法、相关计算内容及吊装专项方案编制要点,达到能编制吊装专项方案和组织施工安装的目的。 | | | | |
| 教学目标 | 能力(技能)目标 | | | 知识目标 | |
| | 　　(1) 能够熟练掌握管桁架结构的常用安装方法及工序;<br>　　(2) 能根据构件特点熟练进行吊机等吊装设备的选择和计算;<br>　　(3) 能正确选择吊点和进行吊装验算;<br>　　(4) 能编制滑移和吊装专项方案;<br>　　(5) 能根据滑移和吊装专项方案组织管桁架的施工安装。 | | | 　　掌握管桁架结构的安装方法,吊机、吊具的计算与选择,能利用 3D3S 等软件进行吊装验算和滑移相关计算,能编制滑移和吊装专项方案并付诸实施。 | |
| 重难点及训练任务 | 　　重点:吊装方法的选择。<br>　　难点:吊点选择和吊装验算。<br>　　解决办法:(1) 多媒体演示管桁架结构的吊装和滑移法案例过程;<br>　　　　　　　(2) 在吊装实训场全过程模拟安装。<br>　　训练任务:<br>　　(1) 结合所给工程图纸,要求学生选择吊装方法和吊装设备,并对不同方案进行技术对比和经济性指标对比,培养应用所学吊装知识的能力。<br>　　(2) 对选定构件进行吊点选择和吊装验算。<br>　　(3) 编制吊装专项方案。<br>　　(4) 模拟吊装钢构件。 | | | | |
| 参考资料 | 　　(1) 李顺秋.钢结构制造与安装[M].北京:中国建筑工业出版社,2005.<br>　　(2) 中华人民共和国住房和城乡建设部.钢结构工程施工质量验收标准(GB 50205—2020)[S].北京:中国计划出版社,2020.<br>　　(3) 中华人民共和国住房和城乡建设部.钢结构焊接规范(GB 50661—2011)[S].北京:中国建筑工业出版社,2011.<br>　　(4) 张惠华,等.快速识读钢结构施工图[M].福州:福建科学技术出版社,2004. | | | | |

**课前准备:**

将全班同学每 6 人分成一组(第 1 组:某主席台管桁架结构;第 2 组:某游泳馆管桁架结构;第 3 组:某体育场管桁架结构。具体见附图 1~附图 3),并给每组准备了计算机、3D3S 软件,吊装实训场的塔吊、汽车吊、吊索、卡具等工具。所需管桁架结构施工图可提前 1 周下发学生,要求学生提前进行吊装方法的选择、滑移和吊装专项方案的编制。

行业规范　　　　附图 1　　　　附图 2　　　　附图 3

**步骤 1:**引入课程。

引导:前面的几节课已经学过了管桁架的拼装、施工安装方法、滑移法相关计算、吊点选择和吊装验算方法,现在每组同学根据各组的分配图纸进行讨论并确定最终的吊装方案,思考各种吊装安装方法的优、缺点(从可行性和技术经济指标分析)。

(大家思考,个别回答)

教师多媒体演示管桁架结构滑移安装施工全过程,观后要求大家总结施工安装方法的选择、吊装验算及安装实施方法。

**步骤 2:**确定各组的最终吊装方案。

每组同学分别审核所分配的图纸,对比组内各位同学的吊装专项方案,进行优缺点分析,商定各组的最终吊装方案。将发现的问题向实训指导教师提出,并提出改进建议,由实训教师视学生问题的反馈情况指导学生完成最终吊装和滑移方案的确定(包括吊装设备、索具设备、滑移钢梁设置、卷扬机和千斤顶等)。

按最终滑移和吊装方案考虑实施方法。请同学们思考方案的实施需要进行哪些工作? 吊装场地是否满足要求?

**步骤 3:**吊点选择和吊装验算。

选定构件(一般选择一榀管桁架)的吊点并利用 3D3S 等软件进行吊装验算,提交验算结果并得出结论。各组首先进行成员自检,给出自我评价并做相应的记录,然后以小组为单位互评。

**步骤 4:**交底。

由各组组长按照最终吊装方案对组员进行任务布置并进行技术交底,填写各项交底记录表。

**步骤 5:**实训场吊装实训。

准备吊机及所用的吊索、卡具、白棕绳、高强螺栓、普通扳手、角钢支撑等工具设备,在实训指导教师的指导下进行管桁架的吊装实训,各组轮流进行。

**步骤 6:**教师归纳总结。

(1)管桁架的常用吊装方法;

(2)吊装时如何考虑现场条件;

（3）吊装验算如何进行；

（4）吊装过程中有哪些注意事项。

**步骤7**：评价总结、布置作业。

教师讲解完毕后总结这次实训中的错误和失误点。同学们吊装实训演练完毕，并陆续把对自己和对对方小组的作品评价打分情况给老师，老师把最终分数打好，对自始至终做得比较好的同学提出口头表扬。最后，根据课程安排布置思考题和书面作业。

## 单元小结

本学习单元主要按照"管桁架结构图纸识读→管桁架结构加工制作→管桁架结构拼装与施工安装→管桁架结构验收"的工作过程对管桁架结构特点与构造、加工制作设备选择、加工制作工艺与流程、拼装与施工安装方法和验收等内容并结合《钢结构焊接规范》（GB 50661—2011）和《钢结构工程施工质量验收标准》（GB 50205—2020）的规定进行了阐述和讲解。本学习单元还安排了学生完成3个工作任务单，以便他们最终形成管桁架结构加工制作方案、施工安装方案及付诸实施的职业能力。

网架图纸

［实训］

（1）管桁架结构图纸识读训练。

① 某三角断面管桁架结构设计图识读。

② 某管桁架结构深化图识读。

（2）管桁架结构施工方案设计。

（3）管材焊接工艺评定。

［课后讨论］

（1）管桁架结构件是怎样组成不变体系的？

（2）管桁架结构与其他杆系结构有何不同？

（3）管桁架结构施工中要注意哪些问题？

## 练习题

（1）管桁架结构的节点构造有什么特点？

（2）管桁架结构可分为哪几种主要类型？它们的适用范围是什么？

（3）试观察你所能遇到的管桁架结构的工程实例，注意它们的外形尺寸、构件的截面形式、使用的材料以及建筑物的用途和功能要求。

（4）管桁架结构由哪些部分组成？各起什么作用？

（5）管桁架结构安装一般有哪几种方法？各有什么特点？

# 参考文献

［1］戚豹.钢结构工程施工［M］.北京:中国建筑工业出版社,2010.

［2］戚豹.钢结构工程施工［M］.北京:人民邮电出版社,2015.

［3］孙韬,戚豹.钢结构工程施工［M］.北京:高等教育出版社,2020.

［4］李顺秋.钢结构制造与安装［M］.北京:中国建筑工业出版社,2005.

［5］曹平周,朱召泉.钢结构［M］.北京:中国技术文献出版社,2003.

［6］董卫华.钢结构［M］.北京:高等教育出版社,2003.

［7］刘声杨.钢结构［M］.北京:中国建筑工业出版社,1997.

［8］轻型钢结构设计指南编辑委员会.轻型钢结构设计指南［M］.北京:中国建筑工业
出版社,2002.

［9］熊中实,倪文杰.建筑及工程结构钢材手册［M］.北京:中国建材工业出版
社,1997.

［10］周绥平.钢结构［M］.武汉:武汉理工大学出版社,2003.

［11］《建筑施工手册》编写组.建筑施工手册2［M］.4版.北京:中国建筑工业出版
社,2003.

［12］王景文.钢结构工程施工与质量验收实用手册［M］.北京:中国建材工业出版
社,2003.

［13］中国钢结构协会.建筑钢结构施工手册［M］.北京:中国计划出版社,2002.

［14］中华人民共和国国家标准.钢结构工程施工质量验收规范［S］.北京:中国计划出
版社,2002.

［15］中华人民共和国国家标准.钢结构设计标准［S］.北京:中国计划出版社,2017.

［16］中华人民共和国国家标准.建筑工程施工质量验收统一标准［S］.北京:中国建筑
工业出版社,2013.

［17］中华人民共和国国家标准.建筑工程施工质量评价标准［S］.北京:中国建筑工业
出版社,2016.

［18］中华人民共和国国家标准.钢结构工程施工规范［S］.北京:中国建筑工业出版
社,2012.

［19］中华人民共和国国家标准.钢结构焊接规范［S］.北京:中国建筑工业出版
社,2011.

［20］李耐.钢结构［M］.北京:中国电力出版社,2010.

# 附录　焊接工艺评定资料

【内容提要】

附录主要介绍焊接工艺试验计划书的具体内容,提供焊接工艺试验计划书样例、记录表和焊接工艺评定报告书模板;通过教师组织进行焊接工艺评定实操训练等强化学生从事空间网格结构涉及焊接工艺评定的相关技能。

电子资料

## 附录1　焊接工艺试验计划书(样例)

### 一、编制依据

本焊接工艺试验计划书适用于××××工程钢网架(或管桁架)的现场安装焊接工程。

本次焊接工艺试验及评定计划是根据焊接网架(或管桁架)的节点形式、钢材类型及规格、采用的焊接方法、现场操作情况、拟投入的焊接机具、焊接材料等条件进行编制的。

### 二、焊接工艺评定的目的

(1)对本工程具有代表性的材料类型及规格、拟投入的焊接材料进行焊接试验及评定。

(2)对本工程的焊接接头形式进行焊接试验及评定。

(3)对拟使用的作业机具进行设备性能评定。

(4)模拟现场实际的作业环境条件进行焊接,评定环境条件对焊接施工的影响程度。

(5)对已经取得焊接操作资格的焊接技工进行技能检验,评定焊工技能在本工程的适应程度。

(6)通过评定来确定指导本工程实际施工的具体步骤、方法及焊接规程。

### 三、焊接工艺评定组织机构

焊接工艺评定组织由本项目技术管理、生产设备供给、劳动组织、工程质检、安全监督、工艺实施及专业检验、外协质量鉴定的负责人员和特殊专业人员组成,并特邀业主代表、监理代表参加指导和监督。组织人员构成如附表 1-1 所示。

附表 1-1  网架工程焊接工艺评定的组织人员构成

| 序号 | 单位 | 姓名 | 职务 | 职称 |
|---|---|---|---|---|
| 1 | ××××公司(业主单位) | | 业主代表 | |
| 2 | ××××咨询监理公司 | | 现场总监 | |
| 3 | ××××无损检测公司 | | | |
| 4 | ××××质量安全检测中心 | | 主任 | |
| 5 | ××××公司(施工方) | | 项目总工程师 | |
| 6 | ××××公司(施工方) | | 项目执行经理 | |
| 7 | ××××公司(施工方) | | 项目生产经理 | |
| 8 | ××××公司(施工方) | | 项目技术负责人 | |
| 9 | ××××公司(施工方) | | 项目劳资员 | |
| 10 | ××××公司(施工方) | | 焊接工长 | |
| 11 | ××××公司(施工方) | | 质检员 | |
| 12 | ××××公司(施工方) | | 机电员 | |
| 13 | ××××公司(施工方) | | 材料员 | |
| 14 | ××××公司(施工方) | | 安全员 | |
| 15 | ××××公司(施工方) | | 焊接技工 | |
| 16 | ××××公司(施工方) | | 焊接技工 | |
| 17 | …… | | …… | |

计划投入本次焊接工艺评定的焊接技工为专业焊工,正式试验可由评定委员会选用。

### 四、工艺试验作业计划

(1)焊接机械:××××焊机,电流调节范围 ××~××× A,电压调节范围 ××~×× V。

(2)试件材质:××××,规格:××××钢板,××××钢管,$L=×××$。

(3)焊材材质:对 Q345B 钢,选用 E5015 焊条,$\phi×.×$ mm。

　　　　　　　对 Q235B 钢,选用 E4315 焊条,$\phi×.×$ mm。

(4)接头形式:管—板对接接头。

（5）焊接方法：××××焊。

（6）试验场地：××××临设作业场地。

（7）试验日期：计划日期××××年××月××日—××日。

## 五、焊接试件组对、焊道分布

焊接试件详图如附图 1-1 所示，焊接接头详图如附图 1-2 所示。

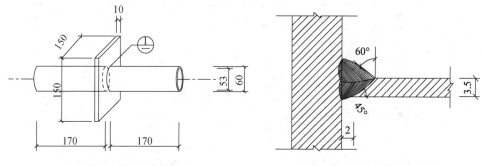

附图 1-1　焊接试件详图　　　　　附图 1-2　焊接接头详图

焊接方法：××××焊；打底：×层×道；盖面层：×层×道。

## 六、母材、焊条的化学成分及机械性能

具体统计见附表 1-2～附表 1-5。

附表 1-2　Q235 钢材、焊条的化学成分　　　　　　　　　　%

| 项目 | C | Mn | Si | S | P |
|------|---|----|----|----|----|
| Q235B | | | | | |
| E4315 | | | | | |

附表 1-3　Q235 钢材、焊条的机械性能

| 项目 | 屈服强度/MPa | 抗拉强度/MPa | 延伸率/% | 冲击试验 | |
|------|------|------|------|------|------|
| | | | | 温度/℃ | 冲击功 |
| Q235B | | | | | |
| E4315 | | | | | |

附表 1-4　Q345 钢材、焊条的化学成分　　　　　　　　　　%

| 项目 | C | Mn | Si | S | P |
|------|---|----|----|----|----|
| Q345B | | | | | |
| E5015 | | | | | |

附表 1-5  **Q345 钢材、焊条的机械性能**

| 项目 | 屈服强度/MPa | 抗拉强度/MPa | 延伸率/% | 冲击试验 | |
|------|------------|------------|---------|---------|---------|
| | | | | 温度/℃ | 冲击功 |
| Q345B | | | | | |
| E5015 | | | | | |

### 七、焊接参数及焊缝外观尺寸

具体见附表 1-6 和附表 1-7。

附表 1-6  **手工电弧焊的焊接参数**

| 项目 | 电弧电压/V | | 焊接电流/A | | | 电弧极性 | 层厚/mm | 焊条规格 |
|------|---------|------|---------|------|------|--------|--------|--------|
| | 立焊 | 其他 | 平焊 | 立焊 | 仰焊 | | | |
| 首  层 | | | | | | | | |
| 面  层 | | | | | | | | |

附表 1-7  **焊缝外观尺寸标准**

| 项目 | 焊缝余高/mm | 焊缝宽度比坡口每侧增宽/mm | 焊脚尺寸偏差/mm |
|------|-----------|----------------------|--------------|
| 组合焊缝 | | | |

### 八、焊接环境要求

（1）平均气温在-5 ℃以上,风力≤5 m/s,相对湿度≤70%。

（2）焊接作业环境:

拟采用钢管脚手架搭设焊接作业平台。

（3）焊前清理:

① 彻底清除坡口边缘的油污、灰尘等杂质。

② 坡口表面不得有不平整、锈蚀现象。

③ 彻底清除点焊固定处的焊渣。

### 九、焊缝检测

（1）焊缝外观检查:焊接后的试件外观应波纹均匀,不得有裂纹、未熔合、夹渣、咬边、烧穿、弧坑和针状气孔等缺陷;焊接区无飞溅残留物。

（2）无损检测:对试件按《焊缝无损检测超声波检测技术、检测等级和评定》(GB 11345—2013)的有关规定进行 UT 检测,检测结果应符合规范《钢结构工程施工质量验收标准》(GB 50205—2020)的一级标准,检验合格后出具无损检测报告。

### 十、对接接头试件的截取、加工及试验

对接接头试件的截取、加工及试验方法按国家标准 GB 2649、GB 2656 进行。

（1）试件全断面拉力试验。为便于拉力试验时拉力机有效、牢固地夹持试件，达到直接检查焊缝强度的目的，拟采用如下方法对试件进行加工：

在被测钢管的一侧管口开口，镶焊一块××××规格的钢板。钢板两侧采用双面角焊缝与钢管焊接，焊缝长度×××mm，确保其强度与试件等强。

对接接头试件制作详图如附图 1-3 所示。

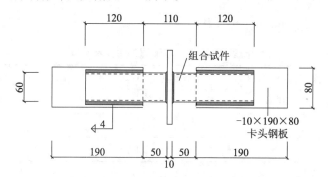

**附图 1-3　对接接头试件制作详图**

拉力试验中，被测焊缝的强度应与钢管母材等强。

（2）接头宏观酸蚀试验。宏观酸蚀试件详图如附图 1-4 所示。

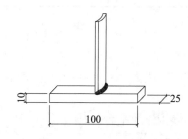

**附图 1-4　宏观酸蚀试件详图**

宏观酸蚀试验试件接头焊缝及热影响区表面不应有肉眼可见的裂纹、未熔合等情况。

### 十一、检验类别和数量

试件检验类别和试样数量统计结果见附表 1-8。

**附表 1-8　试件检验类别和试件数量统计**

| 母材形式 | 试件形式 | 试件厚度/mm | 试件数量/个 | |
| --- | --- | --- | --- | --- |
| | | | 全断面拉伸 | 宏观酸蚀试验 |
| 管+板 | 组合接头 | ×.×+×× | | |

十二、焊接工艺评定

上述焊接工艺经制作、检测、试验合格后，出具工艺评定报告和检验报告对本次焊接结果进行评判。

表格下载
提取码 jsjz

## 附录2 现场焊工考试焊接参数记录表（样表）

附表 2-1 现场焊工考试焊接参数记录表（样表）

| 施工单位 | \multicolumn{11}{c}{××××钢结构公司} | | | | | | | | | | |
|---|---|---|---|---|---|---|---|---|---|---|---|
| 评定人员 | 业主：<br>监理：<br>总包： | \multicolumn{11}{l}{钢结构公司：<br>无损检测公司：} | | | | | | | | | |
| 操作人员 | 焊工编号 | | | 试件形式 | \multicolumn{8}{l}{管+板<br>管：φ××× ×.× 板：-××××××××××} | | | | | | | |
| 试件材质 | 焊接材料及规格 | \multicolumn{2}{c}{焊接参数} | \multicolumn{9}{c}{试件编号} | | | | | | | | |
| | | | | NO1 | NO1′ | NO2 | NO2′ | N03 | NO3′ | N04 | N04′ |
| Q235B | E4315<br>φ×.× | 底层 | 开始时间 | | | | | | | | |
| | | | 结束时间 | | | | | | | | |
| | | | 焊接电流 | | | | | | | | |
| | | 面层 | 开始时间 | | | | | | | | |
| | | | 结束时间 | | | | | | | | |
| | | | 焊接电流 | | | | | | | | |
| Q345B | E5015<br>φ×.× | 底层 | 开始时间 | | | | | | | | |
| | | | 结束时间 | | | | | | | | |
| | | | 焊接电流 | | | | | | | | |
| | | 面层 | 开始时间 | | | | | | | | |
| | | | 结束时间 | | | | | | | | |
| | | | 焊接电流 | | | | | | | | |

检查：　　　　记录：　　　　时间：　　　年　月　日

## 附录 3  焊接工艺评定任务书、指导书、报告书(样例)

附表 3-1  焊接工艺评定任务书(样表)

工程名称:　　　　　　　　　　　　　　　　　　　　　　　　　编号:

表格下载
提取码 j

| 工 件 名 称 | 评定焊缝 | 材料牌号规格 | 焊材牌号 | 热处理 | 接头分类 | 任务书编号 |
|---|---|---|---|---|---|---|
|  |  |  |  |  |  |  |

本实验的目的:

　1. 根据现场作业条件,采用手工电弧焊对代表网架球节点的"管+板"组合件进行焊接工艺试验。对在焊接机具、焊材、参数、工艺流程等作业条件下完成的焊接接头进行外观质量检验、无损检测、力学性能合格确认。

　2. 对参与焊接施工的作业人员进行资格确认。

| | 工艺评定要求 | |
|---|---|---|
| 评定项目 | 焊缝质量 | |
| 外观检验 | 焊缝表面无裂纹、气孔、未熔合、夹渣、未焊满、飞溅、焊瘤等 | |
| 无损检测 | UT 检测,质量等级达到 JG/T 3034.1—1996 的规定 | |
| 机械性能试验 | 全截面拉力试验,要求焊缝强度与钢管母材等强 | |
| 宏观酸蚀试验 | 要求焊缝及其热影响区表面不应有肉眼可见的裂纹、未熔合等情况 | |
| 编　　制 | | 批　准 | | 日　期 | |

附表 3-2 焊接工艺评定指导书(样表)

工程名称:                                                                编号:

| 试验单位 | ××××钢结构公司 | | | |
|---|---|---|---|---|
| 任务书编号 | | 产品名称<br>工艺评定试件 | 试板编号 | |

评定检验内容:
1. 对投入本工程使用的机具、设备进行性能确定。
2. 对投入本工程的焊材品质、种类及主要辅材进行核定。
3. 对试件接头的外观质量、焊缝无损检测质量、接头的力学性能等进行合格确认。
4. 对拟参加钢结构网架焊接施工的作业人员进行技能评定。

焊接节点简图:

焊道分布图(打底焊×道,盖面焊×道)

焊接材料:
焊条:_____ 规格:φ×.× 烘干规范:_____
焊丝:_____ 规格:_____
焊剂:_____ 烘干规范:_____
保护气体:_____

试件钢材牌号:_____××××_____ 规格:_板:-××××××××;管:φ××××.×_

实验步骤

| | |
|---|---|
| 1 | 作业环境维护,清除易燃易爆物品,检查焊条、焊机的极性、电流、电压值等。 |
| 2 | 试板组对,定位焊接,清理焊道上的飞溅物、油污、灰尘等。 |
| 3 | 调整焊机电流,进行施焊。 |
| 4 | 首层打底焊:采用φ×.×焊条手工电弧焊,焊接参数见指导书。 |
| 5 | 面层焊接:采用φ×.×焊条手工电弧焊,焊接参数见指导书。 |
| 6 | 焊后处理:试件焊接完成后,焊工自行检查焊缝外观质量,清除飞溅、焊瘤等缺陷,最后打上焊工钢印编号。 |
| 说明 | 1. 打底焊:焊接应从定位焊的对边,从下面开始,始焊处必须超过底部中线位置往左××~××mm。在仰爬坡位置采用锯齿形的运条方法,焊至立焊位置后采用锯齿形和月牙形运条方法。当焊平焊爬坡一段焊缝时,应严格注意两边的停留时间,并注意新熔池的大部分应覆盖在第一层熔池上,以防反面的焊瘤。前半部的焊接应焊到顶部平焊以后的位置,焊后立即加工底部及顶部焊缝,尽量将其加工成与原坡口形状相似,再进行后半部的焊接。后半部焊接时,应从底部偏右的位置引弧,先拉长电弧,待温度较高时,压低电弧,这时方可把焊条引向底部加工处。<br>2. 面层焊接:盖面时采用锯齿形和月牙形的运条方法。焊仰爬坡位置时,速度可略快。在焊平焊爬坡的焊缝时,焊条应用月牙形并把新熔池的大部分覆盖在前一层熔池上,如此可保证焊道焊缝一致。整道焊缝应注意圆滑过度,不得使中间焊缝过高。<br>3. 焊后清理及检查:焊接完成后需认真除去飞溅物和焊渣,采用焊缝量规等器具对焊缝外观几何尺寸进行检查,不得有凹陷、超高、焊瘤、咬边、气孔、夹渣、未熔合、裂纹等外观缺陷,检查后应做好焊后检查记录,自检合格后在杆件根部打上焊工的钢印。 |

附表 3-3    焊接工艺评定报告书(样表)

工程名称:                                                     编号:

| 试验单位 | ××××钢结构公司 | | | | |
|---|---|---|---|---|---|
| 任务书编号 | | 指导书编号 | | 评定记录号 | |
| 报告编号 | | 焊接方法 | | 手工或机械 | |

**一、焊接(坡口形式、尺寸、焊缝层次及顺序等)**

焊道分布图(打底焊×道,盖面焊×道)

**二、焊接参数**

母材:
钢材标准号:＿＿＿＿＿＿＿＿＿＿＿＿＿
类别＿＿＿＿＿与类别＿＿＿＿＿＿＿焊接
钢板厚度:＿＿＿＿＿＿10 mm＿＿＿＿＿
钢管直径:＿＿＿＿φ60×3.5＿＿＿＿＿＿

焊材:
焊条牌号:＿＿＿＿＿＿＿＿＿＿＿＿＿＿
焊条规格:＿＿＿＿φ×.×、φ×.×＿＿＿＿
焊条品牌:＿＿＿＿＿＿＿＿＿＿＿＿＿＿
其    他:＿＿＿＿＿＿＿＿＿＿＿＿＿＿

焊接位置:
对接焊缝位置:＿＿＿＿＿＿＿＿＿＿方向
角焊缝位置:＿＿＿＿＿＿＿＿＿＿＿＿＿

气体:
气体种类:＿＿＿＿＿＿＿＿＿＿＿＿＿＿
混合气体成分:＿＿＿＿＿＿＿＿＿＿＿＿

预热及热处理:
预热温度/℃:＿＿＿＿＿＿＿＿＿＿＿＿
层间温度/℃:＿＿＿＿＿＿＿＿＿＿＿＿
焊后热处理温度/℃:＿＿＿＿＿＿＿＿＿
保温时间/h:＿＿＿＿＿＿＿＿＿＿＿＿＿

电特性:
电流种类:＿＿＿＿＿＿＿＿＿＿＿＿＿＿
级    性:＿＿＿＿＿＿＿＿＿＿＿＿＿＿
电流值/A:××~××
电压值/V:××~××
其    他:＿＿＿＿＿＿＿＿＿＿＿＿＿＿

技术操作:
焊接速度/(mm/s):＿＿×.×＿＿＿
焊条摆动:＿是＿(√)＿否＿(  )
摆动参数:＿＿＿焊条直径××倍＿＿

焊接层数:
每面焊道数:＿＿＿＿＿×层×道
单焊丝或多焊丝:＿＿＿＿＿＿＿＿＿＿＿
其    他:＿＿＿＿＿＿＿＿＿＿＿＿＿＿